U0182654

云计算与虚拟化技术丛书

阿里云
云原生架构实践

阿里集团 阿里云智能事业群 云原生应用平台 著

Alibaba Cloud Native Architecture Practice

机械工业出版社
CHINA MACHINE PRESS

图书在版编目（CIP）数据

阿里云云原生架构实践 / 阿里集团阿里云智能事业群云原生应用平台著 . – – 北京：机械工业出版社，2021.4（2023.3 重印）
（云计算与虚拟化技术丛书）
ISBN 978-7-111-68109-0

I. ①阿…　II. ①阿…　III. ①云计算　IV. ①TP393.027

中国版本图书馆 CIP 数据核字（2021）第 074997 号

阿里云云原生架构实践

出版发行：机械工业出版社（北京市西城区百万庄大街 22 号　邮政编码：100037）
责任编辑：佘　洁　李　艺　　　　　　　　责任校对：殷　虹
印　　刷：北京铭成印刷有限公司　　　　　版　　次：2023 年 3 月第 1 版第 5 次印刷
开　　本：186mm×240mm　1/16　　　　　印　　张：17.25
书　　号：ISBN 978-7-111-68109-0　　　　定　　价：89.00 元

客服电话：（010）88361066　68326294

当前，全社会正在加速迈入数字经济时代。数字技术正在通过与实体经济的深度融合，加速重构生产体系、创新生活方式、再造治理流程，数字产业化、产业数字化和数字治理正在深刻影响经济社会和居民生活的方方面面。数字化工作已经历了信息化、在线化两个阶段，通过使用 IT 技术，建设 IT 系统来替代人工流程，优化升级组织、流程和业务模式，促进降本增效。现在数字化工作进入数字创新阶段，通过使用以云计算、大数据、人工智能等为核心的数字技术，重构原有的业务体系，创造新的生产力。

以容器、微服务、Serverless 为代表的云原生技术作为一套生于云时代的新技术体系，充分沿用云的设计理念，使得开发者在使用相关产品技术时，可以充分享受云计算带来的分布式、可扩展、高弹性等技术红利，高效敏捷开发，大幅降低业务试错成本，提升应用部署和迭代效率。云原生产品也显著降低了云计算的使用门槛，让企业和开发者更加聚焦到业务创新中。

2020 年云原生已经在互联网、金融、教育等行业得到了广泛应用。比如基于阿里云容器解决方案，钉钉 2 小时内扩容 1 万台云服务器，支撑 2 亿人在线开工；申通快递将核心系统搬到阿里云上，并进行应用容器化和微服务改造，在日均处理订单数量提升的情况下，IT 成本降低一半。

阿里云愿意携手广大合作伙伴和开发者，共同发展云原生技术和产业生态，加速全社会的数字化创新进程。

张建锋

阿里云智能总裁、达摩院院长

序 2 *Preface*

计算是数字世界的动力，云计算是数字时代的"水电煤"。但相比"水电煤"的"即插即用"，云计算所具备的易用性还有很长的路要走。云原生，究其根本意义，是规范"用云"的架构模式、技术标准，提供相应的工具，是把云计算真正变成"水电煤"的关键所在。未来的一切应用应该是按照云原生规范构建的，通过云原生工具，可以即插即用地对接到任何一朵云上而获得澎湃动力。

数字时代，对应用的弹性与韧性，提出了更高要求。2020年，为了保障社会正常运转，满足人们工作、生活、医疗、教育全方位的新需求，很多开发者需要在短时间内上线新系统，快速伸缩以满足突增的访问量，确保系统在任何情况下持续正常运转。为此，开发者付出了无数个不眠之夜。除了易用性，我们希望云原生能将过去在应用架构层做的大量工作，尤其是弹性与韧性，下沉到云平台层去实现，让应用只需要关注客户体验与业务逻辑。我们理应期待，未来基于云原生的应用，将天然具备弹性与韧性。

阿里巴巴既是云计算服务的提供者，也是用云的先行者。从2009年启动云计算平台建设开始，当时的小微企业贷款业务就与云共同成长；随后阿里巴巴的业务系统与云并肩发展，共同扛过一次次双十一，不断将云的技术先进性转化为业务效率与客户体验；到2019年，阿里巴巴的核心系统已经全量上云。我们期望云原生能推动云计算行业走向新的发展阶段。我们相信云原生架构与技术一定是开放的、与全行业共同定义与建设的。只有如此，才能让云计算真正成为即插即用，具备弹性、韧性，由全社会共建共享的数字基础设施。阿里巴巴坚持"三位一体"的云原生理念：技术社区的云原生产品及标准与阿里云客户、阿里巴巴自身业务系统使用的产品及标准，必须是同一套。我们希望阿里巴巴的最佳实践、阿里巴巴客户的最佳实践，也是全行业可分享的最佳实践。

让我们共同用实践，推动云计算"水电煤"时代的到来。

程立（鲁肃）

阿里巴巴首席技术官

如今，企业上云已经成为一种必然趋势。与此同时，作为诞生于云计算时代的新技术理念，云原生也让企业用云方式从"上云"到"云上"转变。

云原生拥有传统 IT 无法比拟的优势，它能从技术理念、核心架构、最佳实践等方面，帮助企业 IT 平滑、快速、渐进式地落地上云之路。可以预测，在未来企业加快数字化转型的过程中，云原生一定会得到最广泛的应用。

通过云原生，可以让企业最大化使用云的能力，聚焦于自身业务发展，也可以让开发者基于云原生的技术和产品，提升开发效率，并将精力更多地聚焦于业务逻辑实现。云原生正在成为新基建落地的重要技术抓手，只有提前拥抱新基础设施，才不会被时代淘汰。2020 年，越来越多的企业坚定了上云和实现数字化转型的信念，而云原生技术则是实现数字化转型的最短路径。

在过去传统工作方式下，一家企业想使用云原生的技术或产品，需要花费大量精力研究一些开源项目，自己做运维和管理，还需要考虑集成、稳定性保障等问题。今天，为了方便企业和开发者使用云原生技术和产品，更好地接受云原生理念，阿里云做了很多工作。

一方面，我们在内部积极推进云原生技术使用，阿里云内部有非常丰富、大规模的使用场景，通过这些场景充分打磨云原生技术；另一方面，阿里云拥有国内最丰富的云原生产品家族、最全面的云原生开源贡献以及最大规模的云原生应用实践，去为最大云原生客户群体赋能。在容器、DevOps、分布式应用、服务网格、数据智能和 Serverless 等领域均为企业提供丰富的技术和产品体系，覆盖八大类别 100 余款产品，满足不同行业和场景的需求。

2020 年云栖大会期间，阿里云宣布成立"云原生技术委员会"。除了承担推动阿里集团全面云原生化的职责，阿里云更重要的责任是将阿里巴巴沉淀 10 多年的云原生实践对外输出，赋能数百万家企业进行云原生改造，提升研发效率，同时降低 IT 成本，携手客户迈入数字原生时代。

云原生的核心是创新。硬核技术要创新，服务客户的模式也要创新。今天我们讲云原生是阿里云的再升级，其实，云原生也是阿里云的 DNA。相信在阿里云云原生的助推下，"云"将成为"日用品"，让企业业务"生于云，长于云"，帮助企业实现全面数字化，享受云计算技术带来的红利。

蒋江伟（小邪）

阿里云智能基础产品事业部负责人

为何写作本书

如果你想得到从未拥有过的东西，你就得去做从未做过的事。

——托马斯·杰斐逊

20 世纪 60 年代提出的云计算是 20 世纪最伟大的技术理念之一。伴随着云计算所引发的技术爆炸而产生的创新商业模式正在冲击着各行各业，声势浩大地改变着整个世界。支付宝重塑了我们的支付习惯，Netflix 彻底颠覆了我们收看电视和电影的习惯，滴滴与 Uber 改变了我们交通出行的习惯，这一切在十几年前都是不可想象的。而现在，云计算与互联网的影响正在渗透到各行各业，为这些行业带来新的商业模式与业务逻辑。在云计算的驱动下，新的商业模式正在不断为人们创造更加美好的生活。

作为云计算的再升级，云原生为商业带来了更多元且海量的技术红利。比如，快速迭代与更快地使用新技术，利用云端资源的集群和弹性优势来降低经营成本并提高经济效益，借助云原生技术加速新商业模式的探索等。通过云原生，企业可以重新审视现有的商业模式，重新思考如何更好地构建新的商业模式。随着云原生应用的成功和普及，越来越多的企业开始采用云原生架构来开发软件，有些企业甚至还将云原生的理念运用到了传统企业软件的开发和交付中。

在 IT 架构日益复杂的今天，企业急需完整的技术与理论方法，以重塑软件全生命周期研发管理体系与技术栈，改造传统 IT 架构，融合先进技术，提高服务能力，为企业的高速发展提供支持，而这一套完整的技术与理论方法就是云原生。云原生作为企业各业务所需技术支持的提供方，通过自身的平台能力与服务能力，打造了一套高效、可靠的研发流程体系与技术支持体系。当出现新的市场变化、需要构建新的前台应用时，云原生可以迅速提供技术服务，从而能够敏捷地支持企业的创新。技术赋能业务，业务驱动技术，二者形成一个完整的闭环。

实际上，云原生不只是一种技术架构或者概念，单纯地加大技术和人才方面的投入是无法保障企业经营效能的持续提升的，只有站在技术价值观和方法论的高度，才能系统性地解决企业经营发展中关于技术的诸多问题。而谁能率先解决具有云计算特征的全新技术价值观和方法论的问题，并打造出平台级能力，谁就能从真正意义上使用云计算。

2019 年是云原生技术爆炸的元年，阿里云认为云原生必将依循"概念引爆—落地尝试—规模复制"的认知升级路径，从行业头部企业普惠至更多中小型企业，成为云计算时代的"基础设施"。当前，很多人也正在努力尝试利用这些技术来设计和开发云原生应用。

本书将重点阐述云原生技术和架构建设的方法，这也是阿里巴巴多年以来在云计算领域的落地实践以及在云原生架构建设方面的经验总结。阿里云写作本书的初衷是，希望阿里巴巴的云原生技术以及架构建设方法能为计划进行数字化转型或者已经在数字化转型之路上奋力前行的企业决策者、业务推动者和技术实现者提供认知和升级方面的参考和借鉴，帮助企业结合自身特点，在战略规划的牵引下，从组织、保障、准则、内容、步骤五个层面综合考虑，最终建立起一套可持续发展的云原生架构，以加速企业的数字化转型进程。阿里云希望帮助开发者和架构师更从容地开启云原生应用设计之旅，与更广泛的行业从业者交流、分享，从而更好地帮助企业享受云计算所带来的技术红利，用技术驱动企业快速增长。

本书主要内容

本书不是教读者如何一步步打造一个满足特定业务需求的云原生应用，而是告诉读者如何设计、构建和运维一个优秀的云原生应用，让读者了解云原生能为企业带来什么样的实际业务价值。在实现业务需求的过程中，使用说明固然很重要，但只有系统性地理解云原生应用的基本原理、架构设计规则和构建方法，才能更好地打造成功的云原生应用。

本书聚焦于云原生业务形态背后的技术选型和架构设计落地，从"技术 + 商业"的视角阐述如何利用云原生赋能业务，并结合阿里巴巴云原生技术团队在云原生领域的探索与沉淀，帮助企业重塑软件全生命周期研发管理体系与技术栈。

本书将回顾阿里云多年积累的云原生实践经验，分享云原生为业务带来巨大技术红利的经验。具体章节划分及主要内容如下。

第 1 章主要介绍云原生的重要性，以及企业内部云原生落地的现状与所面临的挑战。

第 2 章重点阐述云原生架构的定义，以及云原生架构在企业中实际落地时需要遵循的关键原则。

第 3 章为读者介绍云原生架构的各种模式与反模式。

第 4 章进一步介绍容器和微服务等云原生相关的技术和理念。

第 5 章以阿里云 ACNA 架构设计方法开篇，重点讲解评估云原生架构成熟度所需要考虑的维度与细则。

第 6 章从职能价值角度出发，阐述云原生对于不同岗位的业务赋能。

第 7 章聚焦于企业落地价值，分享具有代表性的企业案例和最佳实践。这些最佳实践对于打造一个成功的云原生应用来说具有非常大的帮助。

第 8 章从行业角度出发，阐述未来的云原生技术发展趋势。

附录 A 简要介绍了阿里云现有的云原生产品家族。

附录 B 总结了一些常见分布式设计模式。

本书读者对象

- ❑ **开发人员**：本书可帮助开发人员熟悉云原生架构的相关技术，使之能够从宏观架构的角度研究业务，从而拓宽技术视野，提升技术能力。
- ❑ **运维人员**：本书可帮助运维人员提升运维实践技能，拓宽知识广度，帮助其向高级运维工程师、架构师晋升或转变。
- ❑ **架构师**：本书包含大量云原生实践案例及实践场景，对架构师有很大的启发意义。
- ❑ **技术管理者**：本书介绍了云原生对于企业经营的实际应用价值，在成本把控、技术方向把控、决策、技术人员管理等方面对技术管理者具有重要的指导意义。

同时，本书也适合对云计算实践和技术拥有浓厚兴趣的爱好者阅读，相信大量的案例、实践场景会让读者受益匪浅。

作者名单

曹 伟 　陈长城 　陈立兵 　杜 恒 　杜 万

黄博远 　李广望 　李小平 　李 响 　李艳林

李 云 　林松英 　罗 毅 　邱戈川 　司徒放

王 峰 　王佳毅 　王 旭 　许晓斌 　闫 鹏

杨成虎 　杨皓然 　杨 宁 　叶正盛 　易 立

曾凡松 　赵艳标 　张 磊 　张 勇 　张 振

周振兴

Contents 目 录

第 1 章 *Chapter 1*

云原生：云计算的再升级

云原生（Cloud Native）的概念，最早是由 Pivotal 于 2015 年提出的，但是即使到了 2019 年上半年，国内对其的关注依然相对有限。直到 2019 年 9 月，"云原生"才突然一跃成为行业最热门的词汇。不过，时至今日，业界对于云原生的定义并没有完全统一，在云原生不断演进的过程中，衍生出了包括 Pivotal、CNCF（Cloud Native Computing Foundation，云原生计算基金会）、十二因子应用等多个版本的定义。同时，还有不少人将云原生与容器或基于 Kubernetes 的微服务混为一谈。还有云原生技术、云原生产品、云原生架构、云原生理念等看起来意思相近的词汇。那么云原生到底是什么？云原生会对我们的应用开发产生什么样的影响呢？

1.1 什么是云原生

云原生可分解为"云"（Cloud）和"原生"（Native）两个词。这里还隐藏了一个词——"计算"（Computing），因为云原生本质上是一种与云计算（Cloud Computing）相同的计算方式，因此通常我们在说云原生的时候，实际上是暗指云原生计算（Cloud Native Computing）。基于这样的背景，下面我们将进一步探讨云原生的概念及其影响。

1.1.1 云原生的概念

既然说到了云原生（计算），那么哪些计算方式不是云原生（计算）呢？要回答这个问题,同时辨析云原生的概念,我们需要先回顾云计算的发展历史,以及与之密切相关的分布式计算的复杂性问题。

云计算的概念最先由戴尔公司于 1996 年提出。2006 年,亚马逊公司率先推出了弹性计算云(Elastic Compute Cloud,EC2)服务,随后越来越多的企业开始逐步接受云计算这一概念,并将应用逐步迁移到云端,享受这一新型计算方式带来的技术红利。2009 年,阿里巴巴率先开始研制具有完全自主知识产权的云产品——飞天操作系统,由此揭开了中国云计算的序幕。

纵观软件架构的演化历史可以发现,任何新的底层软硬件技术出现后,上层应用软件都需要很长一段时间才能够真正"认识"到新的软硬件给上层应用软件带来的价值,并开发新的软件架构,以便充分利用新软硬件的能力。最典型的例子就是 x86 CPU 和服务器在面世二十多年后,以 CORBA、EJB、RPC、瘦客户端等为主的多层架构才逐步成为应用开发的主流架构。类似的还有容器技术,它最早是由 FreeBSD 于 2000 年在 Jails 中提出的,但真正得到大规模应用是在 2013 年 Docker 兴起之后,而应用层的代表则是几年之后基于容器的微服务架构。

对于云计算这一新基础设施来说,也是如此。在 2015 年之前,对于大多数应用来说,云端只是一个用于计算的场所,开发人员所要做的就是将原来在私有数据中心或 IDC 中的应用,迁移到云端。在迁移的过程中,应用无须重新编写,只需要重新部署,因为云平台提供的计算、存储、网络等,完全兼容应用迁移之前的计算环境。在迁移模式中,应用通常会将原来的物理机部署模式改成虚拟机(规格更小)部署模式;存储则选用兼容的块存储或者文件存储;网络使用 SLB(Server Load Balancer,服务器负载均衡)替换传统的负载均衡器,构建 VPC(Virtual Private Cloud,虚拟私有云)或 NAT(Network Address Translation,网络地址转换)网络环境;使用云数据库替换原来的 MySQL 或 SQL Server,或者自行在云上搭建 Oracle 数据库。迁移之后,应用的整体成本(Total Cost of Ownership,TCO)因为采用了"按量付费"的模式而大幅下降,同时,企业的 IT 支出从 CapEx(Capital Expenditure,资本性支出)模式转变为 OpEx(Operating Expense,管理支出)模式,整个 IT 支出变得更可控。

如果对迁移过程进行技术分析,就会发现大部分应用使用的技术或者产品都在进行"一对一"的替换,只有极少量应用会基于 OSS(对象存储服务)、MaxCompute(大数据计算服务)等云服务进行部分重构。OSS 能够帮助解决分布式状态的存储问题,而 MaxCompute 能够解决数据仓库的快速搭建和成本问题。但由于没有或者只进行了少量重构,因此应用的技术栈本身几乎没有发生变化,也就是说,软件的架构没有发生变化,只是软件运行的平台和运维的技术体系发生了变化，即只有平台层面的变化。而软件在分布式场景下需要解决的问题，包括稳定性、组件或服务之间的数据同步、整体的高可用或容灾、CI/CD 过程的自动化、资源利用率不高、端到端链路跟踪等，仍然需要应用自行解决。这些问题并不会因为应用迁移到了云平台就从根本上得到了解决。当然，各云平台为了帮助应用解决上述分布式复杂性问题，不断推出各类云服务，但是由于应用架构本身并没有发生变化，因此这些云服务并不能帮助应用解决整体问题，只能从局部提升应用的效率。

面对大量的业务需求和场景迭代，很多云平台都提供非常专业的垂直领域服务，这些服务比企业基于开源自行搭建的系统具备更高的 SLA（Service Level Agreement，服务等级协议）。比如，在数据持久性方面，亚马逊 AWS 的数据持久性可以达到 99.9…%（11 个 9），阿里云 OSS 的数据持久性甚至达到了 99.9…%（12 个 9）；在跨可用区的高可用方面，阿里云 RocketMQ 的高可用达到了 99.95%，即使整个机房不可用也能继续对外提供消息服务。如果不是应用的所有存储访问代码都在 S3 或 OSS 上重构，那么"木桶效应"就会凸显，即整个系统的数据持久性将取决于能力最差的组件；如果应用不是将所有自持的开源组件都迁移到云平台上，那么当一个机房出现故障时，应用仍然会出现高可用性的问题；如果应用不是基于 FaaS（Function as a Service，功能即服务）技术开发的，那么应用仍然需要自行解决单个组件不可用时的 Fail Over（失效转移）以及故障恢复时的 Fail Back（失效后自动恢复）等问题。

可见，应用迁移到云上并不代表从此以后就高枕无忧了，如果应用本身没有基于"新"的云服务进行重构，而是继续采用"老"的架构，那么即使业务运行没有问题，应用也不能充分利用"新"的云运行环境的能力。因为这些架构是为了"老"的分布式运行环境而设计的，不是"云原生的"，所以需要对这些架构以及围绕这些架构建立的技术栈、工具链、交付体系进行升级，依托于云技术栈将其重新部署、部分重构甚至全部重写，才能将应用变成"云原生的"，从而保证能够充分利用云计算的能力。

为了让应用能够更好地使用云的 PaaS 平台能力开发 SaaS（Software as a Service，软件即服务），Heroku 于 2011 年提出了十二因子应用的概念。十二因子应用适用于任何编程语言，通常被认为是最早的云原生应用的技术特征，详情请参考 http://12factor.net/zh_cn/。

之后，Pivotal 于 2015 年明确地提出了云原生的概念，指出云原生是一种可以充分利用云计算优势构建和运行应用的方式。

在经过 CNCF 的修改后，最新版云原生的定义为："云原生技术有利于各组织在公有云、私有云和混合云等新型动态环境中构建和运行可弹性扩展的应用。云原生的代表技术包括容器、服务网格、微服务、不可变基础设施和声明式 API。这些技术能够构建容错性好、易于管理和便于观察的松耦合系统。结合可靠的自动化手段，云原生技术使工程师能够轻

松地对系统做出频繁和可预测的重大变更。"⊖

上面三个主流的定义，分别从顶层架构原则、计算模型和代表技术的角度，对云原生进行了描述。这些定义的共同点是它们都将云原生看作一种新的计算方式，让应用能够充分使用云的计算优势。进一步分析这些定义所体现出的技术观点，我们可以达成这样一个共识：只有结合云原生所提供的云服务，改造应用的架构，才能够更好地使用云原生技术，更好地构建弹性、稳定、松耦合的分布式应用，并解决分布式复杂性问题。此外，对架构的改造还意味着相关的开发模式、交付方式、运维方式等都要随之改变，比如，采用微服务架构重写应用，用声明式 API 和自动化工具升级运维方式，等等。简单来说，云原生使得整个软件的生产流水线都发生了巨大的变化，而具体的变化程度又取决于企业对云原生的使用情况。

实际上，云原生的范围还不止于此。要正确实施云原生这一新计算模式，还需要企业的 IT 决策者、架构师、开发人员与运维人员正确理解和应用云原生的理念，利用合适的云原生技术及产品。有太多的反例可以证明，仅靠单边的技术升级是很难让云原生升级产生价值的。云原生相关概念之间的关系如图 1-1 所示。

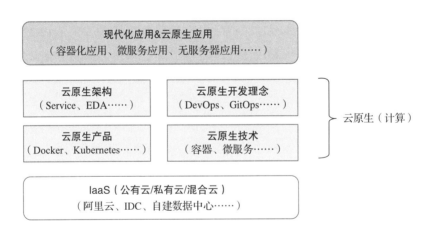

图 1-1　云原生相关概念之间的关系

在图 1-1 中，现代化应用在不少场合与云原生应用的概念是等同的，因为它们的很多特征都是相似的，比如，都采用了容器技术打包和交付，都具备很强的弹性能力等。这两个概念的细微差别在于：现代化应用可以与云相关，也可以与云不相关；而云原生应用通

⊖　参考来源为 https://github.com/cncf/toc/blob/master/DEFINITION.md。

常都与云相关。

　　所以云原生（或者说云原生计算）应当包括云原生技术、云原生产品、云原生架构以及构建现代化应用的开发理念，如 DevOps，具体说明如下。

　　1）云原生产品和云原生技术需要基于公有云、私有云或混合云的云基础设施（IaaS）。

　　2）云原生架构和云原生开发理念是基于云原生技术和产品构建或实现的。注意，对于不是基于云原生技术或者产品的架构和理念，如基于传统物理服务器发布、构建的 DevOps，是不会被划分到云原生范畴的。

　　3）现代化应用和云原生应用是基于云原生的架构和开发理念构建或实现的。

1.1.2　云原生是云计算的趋势

　　如今，云计算已经成为企业数字化转型的新的基础设施，同时也是国家"新基建"的核心环节，是物联网和人工智能的赋能平台。从市场发展趋势看，云计算将是未来 IT 的主流。根据 Gartner 的数据，未来云计算市场规模仍将保持 20% 以上的增长速度，到 2025 年，预计将有 80%（2020 年仅为 10%）的企业会关掉自己的传统数据中心，转向云平台。2019 年，我国云市场总规模达到了 1334 亿元，同比增长 38%，其中，公有云市场规模达到 689 亿元，私有云市场规模达到 645 亿元。在 2020 年年初，我国各行业对远程办公、远程教育等的需求持续增长，预计到 2022 年，我国云市场总规模将突破 3000 亿元。此外，根据工业和信息化部提出的企业上云工作目标，2020 年云计算将在各个行业广泛普及，全国上云企业将新增 100 万家。

　　从技术发展趋势看，更多企业将会广泛应用云原生技术。在国家政策和企业需求的双重驱动下，更多企业会选择上云，中国云计算的强势增长是必然趋势，这也注定了更多企业将会关注、应用、采纳能够充分利用云计算能力的云原生技术和产品。据 Gartner 预测，到 2023 年，全球 70% 的企业都将在生产中运行三个或更多的容器化应用。据中国信息通信研究院（简称信通院）统计，2019 年 43.9% 的被访企业表示已使用容器技术部署业务应用，另外计划使用容器技术部署业务应用的企业占比为 40.8%；28.9% 的企业已使用微服务架构进行应用系统的开发，还有 46.8% 的企业计划使用微服务架构。

　　从软件开发角度看，云原生技术为企业带来了更快进行业务创新的价值。越来越多的企业逐渐意识到了云服务的专业性和高 SLA，这些企业在数字化转型的过程中将 IaaS 和 PaaS 的通用技术复杂性委托给了云平台，从而能够更好地专注于自身业务逻辑的创新。利用云原生技术重塑企业的软件生产流水线，可以加大业务组件的复用程度，将软件交付周期从周、天降低到小时甚至分钟级别，从而提升业务的市场嗅觉灵敏度，增强市场反应能力。

从应用技术栈角度看，越来越多的企业发现传统的应用已经无法满足数字化业务的需要，所以会对应用进行彻底升级，会更多地采用云原生技术和云原生架构作为构建现代化应用的核心框架，从而帮助企业打造具备弹性、韧性、可观测性、API 驱动、多语言支持、高度自动化、可持续交付等特性的现代化应用软件。

1.1.3　支撑淘宝千亿交易背后的技术平台故事

2009 年对阿里巴巴来说注定是不平凡的一年，这一年诞生了两个深刻影响我国商业和 IT 的新事物——"双 11"和阿里云。抛开商业仅从工程角度看，阿里巴巴集团每年的"双 11"，不仅是世界上最大规模的商业协同战，更是阿里巴巴的全方位技术练兵场。以 2018 年的"双 11"为例，涉及的数据包括阿里巴巴 3 万名工程师、18 万个品牌、400 座城市的 100 个商圈、18 万家商户、20 万家线下新零售门店、200 家金融机构、1500 个运营商合作伙伴、3000 个物流伙伴，全天的物流订单量更是超过了 10 亿。而每年"双 11"成功的商业运作背后，是先进、稳定的技术平台。阿里巴巴"双 11"和阿里云的技术创新信息如图 1-2 所示。

相比于"双 11"每年"高歌猛进"的表现，阿里云的发展历程则显得更"大器晚成"。2009 年春，在北京汇众大厦 203 室，阿里云的缔造者们写下了阿里云核心 IaaS 系统"飞天"的第一行代码。随后，阿里云开始了自主研发之路，分布式存储系统、5k 计算平台、ET 城市大脑等陆续发布。技术自主创新之路无比艰难，但阿里云不仅坚持了下来，还刷新了一系列世界纪录：2013 年，率先完成核心系统去"IOE"，单集群服务器规模率先超过 5000 台；2015 年，100T 数据排序时间将世界纪录缩短了一半以上（不到 7 分钟）；2019 年，OceanBase 登顶世界 OLTP（联机交易）TPC-C 基准性能测试；2020 年，AnalyticDB TPC-DS（数据仓库）再次刷新全球第一榜单的成绩，同时，基于含光 800 芯片的 AIACC ⊖ 在斯坦福大学 DAWNBench 人工智能竞赛中夺得 4 项第一。

"双 11"和阿里云的深度"结合"，则是在 2019 年阿里巴巴决定把核心交易系统全部迁移到阿里云公有云上之后。其实，这并不是阿里巴巴第一次在阿里云上运行系统，早期的案例有蚂蚁金融、2012 年的聚石塔上云，以及 2015 年将 12306 系统部署到"飞天"上分担了春运 75% 的高峰流量，等等。

⊖　AIACC 是阿里云自主研发的飞天 AI 加速引擎，首次实现了对 TensorFlow、PyTorch、MxNet 和 Caffe 等主流深度学习框架的统一加速。

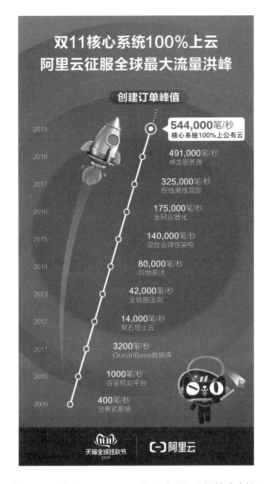

图 1-2　阿里巴巴"双 11"和阿里云的技术创新

在 2019 年"双 11"当天，阿里云取得了傲人成绩：交易创建峰值达 54.4 万笔 / 秒，消息系统峰值处理量达 1.5 亿条 / 秒，实时计算消息处理峰值达 25 亿条 / 秒，RPC 调用百亿 QPS，批处理计算数据量当天达到 980 PB。

这一天的零点，即 2019 年 11 月 11 日的零点，也是见证历史的时刻：在平稳度过"双 11"零点的订单创建洪峰后，阿里巴巴正式宣布，其核心系统已 100% 运行在阿里云公有云上。这次技术升级，使得阿里巴巴核心电商的中心和单元业务（包括数据库、中间件等组件），全部实现了全面上云和使用云服务；同时将数十万的物理服务器从线下数据中心迁移到了阿里云上。这次升级共使用了 200 万的容器规模，且全部基于阿里巴巴自研的神龙弹性裸金属服务器，使阿里巴巴成为全球首个将核心交易系统 100% 运行在公有云上的大型互联网公司。

作为阿里云底座的飞天操作系统，已经能够处理 10 万台以上的服务器调度；这些服务器基于神龙系统和自研的虚拟化技术，可以保证随着服务器压力的增长，服务器的输出依然是线性的（而非大部分服务器的曲线渐增）；自研的 OceanBase 和 PolarDB 数据库，不仅超越了所有传统数据库的物理极限，而且使应用实现了平滑的水平扩展；极致的存储优化，使得做了计算存储分离的应用有比本地访问更快的远端访问速度，还能使应用获得更高的稳定性和更强的扩缩容能力。

阿里巴巴交易核心系统上云的实践充分证明了，在经过 10 多年的充分发展后，如今的阿里云和阿里云原生技术已经可以为业务复杂、规模庞大的工作负载提供强有力的服务保障。

1.2　云原生是云计算的再升级

从云原生的定位可以看到，云原生包含大量新的 PaaS 层技术和新的开发理念，是释放云计算价值的最短路径，也推动着云计算的再升级。

整个云原生技术栈都是基于开源、开放的技术标准。CNCF 也在致力于云原生技术的标准化，为云原生技术和产品的用户提供使用云服务的标准界面，同时避免了厂商锁定。

进一步看基于云原生技术和云原生架构重构或重写的应用，比如，基于服务网格或无服务器技术（Serverless）的应用，它们天然具备水平扩展的能力，可随时应对互联网时代高速增长的业务规模，同时还内置了高可用能力，所以应用无须关注分布式环境下的高可用方案。

对于云平台而言，云原生技术也催生了诸如阿里云新一代神龙、AWS Nitro 系统之类的架构升级，使得新的计算基础设施能够为应用提供更高的性能、弹性和计算密度；云存储能够帮助企业实现存储计算分离，避免分布式环境下多副本存储，同时还具备自定义密钥加密落盘的高级安全特性；基于硬件 offload（卸载，通过硬件提供加速功能）的网络在 overlay（一种在现有网络架构上叠加的虚拟化技术）的场景下为应用提供千万级 PPS（Packet Per Second，数据包/秒，宽带速率）的 SDN（Software Defined Network，软件定义网络）能力。

所以，云原生不仅是对使用云的应用架构的再升级，也是对云平台的技术和云服务的再升级。从构建现代化应用的角度，我们可以发现，云原生对应用的重构体现在应用开发的整个生命周期中。

1.2.1　重塑研发流水线

具备持续发布的能力，是众多软件企业的目标之一，但持续发布需要面临诸多挑战，例如配置基线、版本管理和自动化等。特别是当应用具有多个不同的硬件环境、OS 或者第三方软件 / 库依赖的多个组合时，如何进行有效的变更管理才能保证任何微小的变化都不会使这些组合出现错误呢？我们经常遇到的问题之一就是，开发人员在本地环境中运行和测试时都是正常的，但是一旦部署到测试或者生产环境中，就会因为依赖的第三方软件或库的配置问题，导致软件不能正常工作。

容器可用于对制品进行打包和分发，即结合 GitOps 和不可变基础设施，可以实现软件运行环境的整体化部署。换句话说，对运行环境的任何变更，都必须提交到 Git 中，经过版本管理后重新持续集成，形成新版本的制品并进行部署。这样做的好处是，关于软件运行环境的所有变更都有迹可循。任何时候我们都可以查找（checkout）需要的版本，通过脚本构建出对应的制品。如果代码和脚本本身没有错误，那么整个构建过程就会非常顺利，并且是可重复的。如果某次变更后软件运行出现异常，可直接根据 Git 上的记录回溯到上一次正常运行的版本，重新进行部署。

整个过程不仅高度自动化，而且具备版本跟踪和回溯机制，也解决了上文提到的持续发布的挑战问题，减少了 CI/CD 中的错误发生概率，从而提升了整体的质量和效率。这样的研发流水线，虽然不一定具备 7×24 的发布能力，但也可以在软件实现新的功能后马上基于某个基线连续自动发布或者回滚。

1.2.2　重新定义软件交付模式

基于容器和 Kubernetes 的交付平台，可以屏蔽底层不同硬件环境的差异，包括主机差异、存储差异、网络差异、操作系统差异、第三方软件差异等。因为从应用的角度看，它们都是在隔离的环境中单独运行，从 CPU、内存、网络、IPC（Inter-Process Communication，进程间通信）到第三方软件依赖，都是独享的一份。而这些差异，恰恰是传统软件交付方式所面临的巨大挑战。在传统的软件交付过程中，交付人员需要通过文档学习和技能提升来填平不同环境的差异，这本质上是一个知识转移链条，依赖于知识的质量和交付人员的水平，任何环节出现问题，都会导致软件交付困难。传统软件交付模式如图 1-3 所示。

从图 1-3 中可以看到，在传统软件交付模式下，交付人员在学习手册 / 文档后，需要在新环境中完成应用的"安装配置"和"与遗留系统集成"两方面的工作。"安装配置点"主要包括软件在硬件上的安装配置、应用在软件（OS 和第三方库）上的安装配置和应用本身的安装配置；"集成点"主要包括新环境中的硬件、软件和应用与遗留系统的集成工作，比如，监控、服务调用、文件传输、消息集成、ITSM 系统等的集成。传统软件交付模式很难自动完成相关的安装配置与集成，究其原因是上层所依赖的底层环境在不同交付环境中往往是不同的，而传统交付模式缺乏脚本能够"理解"的方式来表达这些不同；此外，运维人员经常会变更应用安装好之后的环境，比如，更新 OS 和第三方库、修改应用或系统参数配置等，这些变更与应用的要求又缺乏校验关系，所以下次升级时应用很容易发生故障。

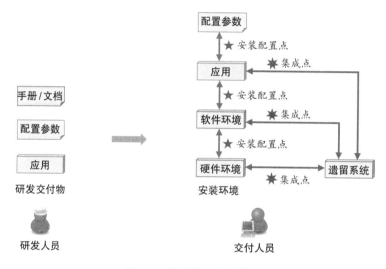

图 1-3　传统软件交付模式

云原生软件交付模式如图 1-4 所示。

从图 1-4 中可以看到，相较于传统模式，云原生软件交付模式主要有如下几个变化。

1）**利用容器做整体交付**。整体交付减少了容器内部组件之间的安装配置工作，随着容器及编排的开源和普及，更多硬件得到支持，使得容器成为软件交付的标准"底座"。这种标准"底座"加整体交付的方式，极大地降低了安装配置的错误风险。此外，还可以通过工具（如 Terraform）和脚本自动完成软件交付，提升交付的效率。这就像购买组装家具一样，顾客更期望得到的服务是厂家到家里将家具组装好，以免自己在组装时出现错误。

2）**将 Git 作为"Single Version of Truth"（唯一真实版本）**。Git 作为交付和运维的仓库，记录了所有软件变更的版本、配置参数、脚本、用户名和密码等信息，同时所有脚本、工具和 Kubernetes 的 Operator，都读取 Git 中的信息作为事实的唯一来源，即使是做版本升级或回滚，以及变更评审，都以 Git 中的信息为准。

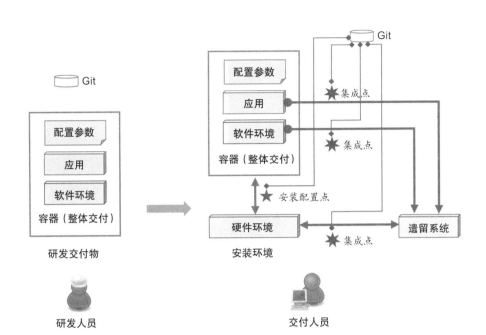

图 1-4　云原生软件交付模式

3）**声明式 API**。很多软件交付都是"告诉"系统需要做什么，特别是脚本中往往会写明如何进行部署；而声明式 API 首先是"告诉"系统期望的目标状态是什么，比如，在这种环境下部署需要用到两个实例，其次才是脚本或工具需要做什么才能交付这个目标状态（即如何做）。声明式 API 本身并不复杂，实际上它是一种开发理念的彻底升级，因为系统更多的是关注需要什么（达到什么状态），所有的"如何做"都是围绕这个目标状态来服务的。

4）**尽量采用 OpenAPI 作为系统间的集成方式**。标准化的 OpenAPI 更有利于系统间的集成，因为 OpenAPI 有明确的契约描述或接口规格描述，且提供了各种开放的工具，可以用来做 IoT（连通性测试）、SIT（集成测试）等。同时，由于其开放接口（比如，基于 RESTful）的特性，可以实现快速集成，从而提升集成的效率。

所以，云原生软件交付模式可以方便地提升软件交付过程的自动化程度，更便于企业实施 CI/CD，也可以极大地提升交付效率。根据 WeaveWorks 的统计，在实施了云原生持续交付后，高水平团队的部署频率将提升 200 倍，同时变更的错误率将降低为之前的 1/3，应用恢复的速度将提升 24 倍，效果非常明显。

1.2.3　运维模式的升级

配置变更是运维场景下的高频操作。针对配置变更，云原生的理念是提倡采用不可变的基础设施，即任何变化都是基于容器重新生成一个镜像来进行部署，而不是在原有环境下直接变更配置，也就是说，基础设施是只读的。这样做的好处是任何变更都是可版本化的，因此也就更容易维持变更的质量，从而避免各种未记录的变更给系统带来不可知的影响。当然，对于大型系统而言，变更的相互影响也是非常大的，因此建议一个环境不要只用一个大的镜像，而是将大环境分成若干个小环境，从而避免出现每个小环境发生变化时需要将整个大环境全部重新做镜像和部署升级的问题。

此外，传统的运维更多是面向操作的运维，而云原生的运维则是面向观测数据的自动化运维，两者在运维效率和效果上存在非常大的差别，具体说明如下。

面向操作的运维本质上是基于规则的运维，也就是运维人员根据事先准备好的规则，在规则前置条件都满足的情况下采取相应的运维操作。比如，当软件宕机时采取故障迁移操作，按照约定的时间采取备份操作，根据新版本的发布进行升级操作等，这些规则都是基于手册进行枚举的，而大部分运维操作是需要人工完成的。无论是枚举还是人工操作，都存在遗漏和操作错误的风险，而风险和故障带来的经验教训继续被规则化，这些都导致了运维无法形成完整的闭环，难以被持续优化。

举例来说，我们可以编写自动化脚本完成 Redis 的升级。在升级脚本的过程中，容易遗漏的一点就是升级后对各种可能导致 Redis 工作异常的情况进行完整检测，如通过 redis-cli 命令进行延迟测试，禁止 THP（Transparent Huge Page，透明大页）甚至完整的内存测试。这些检测中的绝大部分应用在升级或启动 Redis 时都不会做，毕竟这些故障的发生概率很低且验证成本很高，一般是当业务系统因此产生了对应的故障时才会进行补救。

云原生运维可以基于标准化基础设施的运维，通过完整的可观测性实现系统中各类异常的实时可见，也可以结合声明式 API 实现自动化运维。这里仍以 Redis 升级为例：由于基于 Kubernetes 部署的 Redis 所依赖的操作系统及第三方库版本、核心参数配置全都打包到了容器中，因此不会出现所安装的环境产生 THP 的问题；安装后的 checklist 可以被沉淀到负责安装部署的 Operator 中，在 readiness-probe 中可以用 redis-cli 增加延迟测试；Prometheus 可用于观察完整的 Redis 工作状态；Open Tracing 可用于跟踪应用对 Redis 的每次调用是否存在异常；等等。所有这些数据全部整合在一起后作为 metrics（度量）信息导出，由 Operator 通过 API 自动、实时获取，并将异常的 Redis 服务器下线、替换或者升级。

1.2.4 应用架构的升级

应用使用云原生技术有如下两种方式。

1）re-platform：这种方式是在不重构代码或不重写代码的情况下，尽量采用云原生技术，比如，使用容器对应用进行打包和部署，把 Kafka 替换为云服务，把 MySQL 替换为 RDS（Relational Database Service，关系型数据库服务），等等。

2）re-build：这种方式需要重构甚至完全重写应用，比如，把单体架构（Architecture）改为微服务架构，实施存储状态分离，业务实现采用 Serverless 技术编写，采用事件驱动架构，等等。

这里没有把 re-host 放进来，是因为 re-host 只是做计算、存储、网络的一对一迁移，整个系统的运维模式、软件打包方式都没有发生变化，也没有采用 PaaS 替换原来的服务，所以可以认为 re-host 不是一种云原生升级方式。

比较 re-platform 与 re-build，两者最大的差别是前者没有进行架构升级，这样就很难构建更好的现代化应用。从现代化应用特征的角度来说（参考 1.3.1 节），基于容器、可管理、认证和鉴权等的云原生架构确实不需要 re-build，微服务、无状态应用、API 会优先选择应用重构，而弹性、可观测性、高可用、自动化等在应用重构的情况下会做得更好。

因此本书将从不同的角度论述应该如何对应用进行云原生架构改造，从而让应用成为更好的现代化应用。

1.2.5　组织结构的升级

云原生的升级还会涉及 IT 文化的升级以及 IT 组织结构的升级。一个企业中的 IT 文化，实际上是开发、运维等 IT 人共同认可和遵守的工作流程、知识体系、工具集的总和。云原生作为一种全新的计算模式，带来了工具集的升级、知识体系的更新和工作流程的改变，也变更了企业的 IT 文化。在这个过程中，可能会出现很多问题，比如，有人会因为不愿意接受改变而产生抵制情绪（惯性），因为对新知识掌握不牢而导致各种失误，从瀑布模型到 DevOps 不适应，产生新的技术债务，甚至部分岗位会被淘汰（如大机运维人员）和产生新的岗位（如 SRE，Site Reliability Engineer，网站可靠性工程师），等等。这些变化都可能会对企业的 IT 部门产生巨大的影响。

因此，我们建议，在进行云原生升级时，企业 IT 决策者们必须清楚地意识到是否准备好随之进行文化和组织的升级，必须清楚地预判原有的技术债务是否偿还，人员知识结构如何升级，如何设计新生产流水线，是否提升到持续交付甚至持续部署，团队新沟通结构的设计、时间、资金的预算是否充分，等等。反过来，如果企业 IT 决策者们缺乏对组织升级的意识，即使选用了正确的云原生新技术和新产品，也会造成组织工作效率下降、工作失误频发甚至更多故障的情况。

以 re-platform 为例，假设企业把测试和运行环境中的物理机改为云计算的虚拟机，那么企业原来的生产流水线也需要重新对接云计算的虚机环境，工具链、部署脚本、人员技能也需要随之进行变更和升级。在企业原来的环境中，不需要关心测试成本，但部署到云上后，即使是测试机器，企业也需要向云平台支付使用费用。如果企业不因此变更测试环境的使用方式，并尽量降低测试机器的空转时间，那么整体机器成本反而会增加。

在本书中，我们会给出衡量云原生架构成熟度的方法，以帮助企业采用循序渐进和迭代演进的方式，逐步对云原生进行升级，从而有效地控制组织上的风险。

1.3　构建现代化应用

在图 1-1 中我们提到了现代化应用，在 1.2.4 节中我们也介绍了需要通过 re-build 的方式从架构上彻底重构和重写应用，才能更好地构建云原生的现代化应用。本节我们就来探讨一下现代化应用的特点和价值。

1.3.1　现代化应用及其特点

首先，我们来看一下什么是现代化应用。

如今，随着开源技术的推广和业务的飞速发展，应用的升级迭代速度日益加快，差不多每三到五年，应用的主要架构就需要换代升级。现代化应用这个词就是针对上一代技术的应用而提出的，所以这些"老"的应用一般是指不具备互联网架构、不具备云原生架构、没有使用云计算技术的上一代分布式应用，包括单体应用、瘦客户端应用、富客户端应用、大型机或小型机应用等。

十二因子应用中提到了现代化应用的一些主要技术特征，但现代化应用的特点远不止于此。特别是在云原生技术的加持下，现代化应用往往具备快速交付、稳定、弹性、易集成等众多特点，这里我们摘取一些主要特点，如表 1-1 所示。

1.3.2　云原生架构的提出

云计算使各种不同规模的企业都可以使用通用而普惠的计算模式，单位计算成本比以往任何时候都要低廉，并且随着技术的发展，单位计算成本还会不断下降。要想深度享用云计算带来的技术价值，应用必须基于新的技术架构进行升级改造，这个新架构就是云原生架构。

云原生架构不仅是底层云计算平台提出的诉求，也是如今业务快速迭代提出的诉求。一方面，在业界十五年来大量的上云实践中，迁移主要是采用 re-host 和 re-platform 的方式，如虚拟机代替原来的物理机、云文件代替本地文件、单体架构、瀑布模型开发等，这些技术显然无法获得像 Serverless 那样的弹性，自持有状态组件也面临着高可用和容灾的分布式复杂性挑战。

表 1-1　现代化应用的特点

特　点	描　述
Web Scale（弹性）	应用可以随着业务峰值自动扩展，具备应对 Web Scale 流量的水平扩缩容能力
可观测和度量	应用具备很强的可观测性，具备服务调用、服务提供的细颗粒度 SLA 度量
高可用和容灾	任何主机的故障（包括数据中心在内的故障），都不会对业务的可用性带来影响
灰度发布	应用可以根据机器、分组、用户组、地理位置等多个属性进行灰度升级
可管理	具备版本机制，通过标准 API 集成，符合配置管理的最佳实践
API 优先	所有的应用都基于 API 生态（特别是 BaaS），任何组件都提供了 API 以及 SLA
基于容器技术	容器是现代化应用的"一等公民"，生产流水线和应用本身都基于容器构建
灵活选择语言	技术与开发语言的强绑定时代已经过去，基于云原生架构的应用可以自由选用自己认为开发速度最快的语言
微服务架构	按领域把复杂的软件细分为多个微服务，每个领域分别进行迭代，通过标准化接口来规定服务间的访问
无状态的应用	通过收敛和云服务重新设计有状态组件，让应用具备横向扩展能力
DevOps	采用 DevOps 而不是瀑布模型构建应用，利用 CI/CD 提升发布频率
自动化交付和运维	利用 GitOps、OAM（Open Application Model，开放应用模型）、不可变基础设施等云原生理念进行自动化交付和运维
策略驱动	软件的配置、运行、升级等策略也是一种声明式描述
认证和鉴权	应用天生带有认证、鉴权的安全体系，数据在传输和保存前加密，以防止信息从内部泄露

另一方面，如今企业对于数字化转型的认知度越来越高，需求也越来越迫切。这一切都缘于企业竞争环境的加剧。随着企业中越来越多的资产被数字化，整个业务流程将围绕数字化设施展开，业务部门总是希望业务能够覆盖所有的渠道，快速响应任何会导致用户体验下降的风险，随时推出新的业务以快速获得市场反馈，业务始终在线以服务全球各个时区的用户，等等。

对于企业的 CIO 或者 IT 主管而言，原来企业内部的 IT 建设以"烟囱"模式为主，每个部门甚至每个应用都是相对独立的，如何管理与分配资源成为一大难题。每个业务都是基于最底层的 IDC 设施独自向上构建，单独分配硬件资源，这就造成了资源被大量占用且难以共享的问题。将应用上云之后，云平台会提供统一的 IaaS 能力和云服务，以大幅提升企业 IaaS 层的复用程度，而 CIO 或者 IT 主管自然也会想到 IaaS 上层的系统也需要统一，以便资源、产品可以不断复用，从而进一步降低企业的运营成本。

这些技术演进、业务发展、IT 管理的诉求，在云时代都需要企业采用新的云原生架构才能更好地解决。本书在后面的章节中会重点讨论云原生架构的方方面面，以帮助读者深入了解云原生架构的原则、主要架构模式、主流云原生技术和产品、云原生架构设计方法，以及一些行业的典型云原生案例。

1.3.3 云原生架构能为企业带来什么价值

站在企业 CEO/CIO/CTO 的角度看问题时，你一定会问："既然云原生那么重要，那么云原生架构到底能为企业带来什么价值？"

在数字化瓦解和重塑一切的时代，云原生当然不是万能的，但是越来越多的决策者们意识到云将是未来 IT 的主要形式，同时云也是数字化转型的主要载体。基于云演化而来的云原生技术和架构，会为企业在创新速度、用户体验、成本优化、业务风险、人才结构等多个方面带来巨大的价值。

1）**创新速度加快**：依托有强大算力的云基础设施，构建"小步快跑"的微服务化应用，实现模块化迭代和快速试错，同时将每次业务升级的负面影响降到最低；此外，自动化流水线、API 集成、业务持续发布，可以帮助内部技术和业务团队之间形成更紧密的合作。目前，对于业务发布频率，最好的企业已做到了秒级发布，即基本上是按需发布，不受任何发布窗口、质量风险的限制，最大化了业务快速推向市场的能力。

2）**用户体验提升**：数字时代强调差异化、个性化的用户体验，业务上实现"千人千面"，不仅要求企业在业务上不断推陈出新，还要求企业可以利用云平台强大的计算能力，对用户进行全域的用户体验管理；此外，云原生应用具备更高的可用性、更低的延迟和更好的质量，可以减少数字时代用户的使用障碍。

3）**成本优化**：以前开展业务之前需要购买一大堆软硬件，云计算则是典型的按量付费模式，只要在业务需要的时候找云服务提供商开通对应的服务即可，这样可以减少企业的资本性支出（CapEx），将其中的一部分转换到管理支出（OpEx）；同时，由于云服务具备"永远在线"的特性，因此业务的运维成本、风险成本都得以下降，最终实现整体成本的降低。

4）**业务风险降低**：数字时代对安全的诉求进一步提升，安全需求不仅包括抵御各类黑客攻击、减少隐私泄露、监管合规、舆情监控等，还包括防欺诈、数据泄露响应、调查取证、业务资损等内容。云服务提供商虽然不能 100% 保证所有数据的安全，但在数据安全方面可谓做得最好，因为云厂商持有最大的数据中心，每天要面对成千上万次的攻击，以及 TB 级的流量风暴，每年需要修复数十万的各类安全漏洞等，所以积累了丰富的经验。通过众多云产品和解决方案，云厂商为业务提供了从硬件、网络、软件服务、账号等到数据、运营、业务等多个层面的安全保护，并且能够满足等保三级 & 四级、ISO 27001、CSA STAR、ISO 20000、SOC 等的合规性要求。

5）人才结构：云原生技术的大量应用，使企业内部的分工发生了变化，由于大量管理服务（Managed Service）的使用，IaaS、PaaS 层组件的运维人员会不断减少，最典型的就是数据库管理员、硬件运维工程师等将会大量减少；总体上，企业内非业务核心的 IT 人员会不断减少，相应的成本支出会逐步转移到业务的核心相关人员上。

1.4 案例：阿里巴巴云原生发展实践

阿里巴巴为什么要做自己的云计算？除了马云的高瞻远瞩之外，还有一个非常现实的原因：作为一家业务飞速发展的电商公司，如果依赖传统的 IT 设施来支撑亿级并发、PB 级数据处理的业务，那么"高昂的 IT 基础设施成本将拖垮阿里"（时任阿里巴巴首席架构师的王坚博士如是说）。而自阿里云成立之日起，阿里巴巴就不断让商业为云这样的新技术提供锤炼的资源，否则很难想象在开源远不够成熟的 2009 年，自研技术如何才能不断突破和创新。正是有了这样从上到下的战略，阿里云才能不断走向成熟。阿里巴巴的上云也经历了云原生发展的三个阶段：应用架构互联网化阶段（2009—2016，re-build）、核心系统全面云原生化阶段（2017—2019，re-platform）、云原生技术全面升级阶段（2020—，re-build）。阿里巴巴的云原生实践之路如图 1-5 所示。

图 1-5 阿里巴巴的云原生实践之路

1.4.1 应用架构互联网化阶段

这个阶段的标志性事件是开始自研飞天操作系统、互联网架构的广泛应用和 T4 容器技术。在飞天操作系统研制之初，OpenStack 还没有发布，还没有 Apache CloudStack，Eucalyptus 也才推出 1.6 版本，大规模集群问题还远未涉及。当时所面临的一个非常大的技术决策是自研还是基于其他技术扩展，即选择基于 Hadoop 突破 5k，还是纯自研攻坚。王坚博士坚定地选择了后者，并于 2013 年 10 月完成了 5k 项目，单机群规模超过 5000 台，100 TB 数据排序 30 分钟完成，比当时雅虎公司的世界纪录 71 分钟缩短了一半以上！实际上，自研为阿里巴巴带来的好处还远不止于此，如果不是基于自研技术，就无法进一步突破 10 万台的规模，无法与神龙、含光等硬件深度结合，也无法支撑"双 11"超过 50 万的峰值交易。

阿里巴巴也是率先全面研发和应用互联网架构的公司。2009 年，以 HSF（分布式 RPC 调用）、metaQ（消息队列）、TDDL（分布式数据库系统）、TAIR（高速 K-V 缓存）等为代表的中间件产品，构成了阿里巴巴互联网架构的核心技术组件，使得阿里云的电商应用可以支持每天万亿级的调用、峰值 QPS 千万级、日数据处理量 PB 级，以及承受上亿用户的流量洪峰。这一代的架构升级，使得阿里巴巴的应用可以轻松应对当时最大的流量洪峰，而其后的单元化改造、异地多活等项目，更是让阿里巴巴的应用在面临各种机房内故障、机房间故障时，能够通过整个业务单元的快速切流来保障整个交易的稳定性。

T4 是阿里巴巴在云原生技术底层研发的开始。它是一款于 2011 年基于 LXC（Linux Container）研发的容器产品，主要用于为集团内的应用打包和发布提供技术服务。2015 年，T4 结合 Docker 社区的镜像等技术，演变为 Pouch，并于 2017 年捐献给 Apache 基金会。Pouch 的特点是资源占用少、P2P 分发、富容器、隔离性好、可移植性高等，非常适用于提升应用的资源使用率。容器帮助阿里巴巴的应用提升了交付效率，同时也让运维更加方便，但是在阿里巴巴集团这么大的规模下，每个容器集群独占物理资源的模式，开始让大家思考和探索如何进一步提升资源的利用率，由此，阿里巴巴的云原生实践逐步进入第二阶段。

1.4.2 核心系统全面云原生化阶段

这个阶段有两个技术特征，即大规模离在线混部（即在运行离线任务的机器环境中调度在线任务）和核心系统（天猫、淘宝、菜鸟、盒马、聚划算、飞猪、闲鱼等）全面上云。

2017 年，阿里巴巴开始探索离在线混部技术，并在底层实现各个计算资源池的大统一。该技术不仅第一次支持将在线服务与离线作业运行在同一个物理机上，而且能够统一调度阿里巴巴所有的核心业务，也就是调度后在线业务不会受到离线任务的干扰。结合容器化改造后进一步实现的低成本虚拟化、异地多活等技术，最终帮助"双 11"节约了 75% 的成本，同时降低了 30% 的日常 IT 支出。

2019 年年初，阿里巴巴启动了"云创未来"项目，不到一年时间率先将电商核心系统100% 上云，不仅将几十万的服务器都迁移到了云上，还通过全面的 re-platform，打通了集团和阿里云的技术栈，从底层的神龙服务器、存储、网络、容器、Kubernetes，到上层的云数据库 PolarDB 和 OceanBase，以及 PaaS 层的消息服务、缓存服务、监控服务、日志服务等。这些都帮助应用实现了高效调度和自动化弹性伸缩，降低了应用 50% 的计算成本，同时具备了比传统物理机更好的性能。

1.4.3　云原生技术全面升级阶段

阿里巴巴深信，云原生是云计算的未来。从 2020 年开始，阿里巴巴将全面深入进行云原生升级，以帮助核心应用基于云原生技术和产品进行重构，从而打造现代化的云原生应用。这个阶段的重点是基于 Kubernetes 进一步实现应用与底层的基础设施解耦，全面提升研发、运维效率，降低应用的整体成本。这次全面升级包含大量的技术创新，其中：全托管的 Kubernetes 服务带来了发布和扩容效率的提升、更稳定的容器运行时、节点自愈能力，结合发布自动化、资源管理自动化等能力可以实现应用与基础设施层的全面解耦；而Service Mesh 则是将应用的分布式复杂性问题托付给 Mesh 层的数据面和控制面组件，实现全链路的精准流量控制、资源动态隔离以及零信任的安全能力；Serverless 极大地降低了开发人员，特别是服务于前端的后端开发人员的运维负担，亚秒级的容器启动速度和单物理机千容器的部署密度降低了 Serverless 应用的技术障碍；基于 OAM 的软件交付理念和工具重新定义了内部的 DevOps 流程，实现了应用的"一键安装、多处运行"。

1.5　本章小结

在云计算相关技术逐步成熟的今天，企业对于效率与成本的要求逐步提升，对于各种新技术的态度更加开放，使得云原生技术迎来了非常好的发展时机。

作为云计算的再升级，云原生重塑了研发流水线，重新定义了软件交付方式并对运维模式进行了升级。通过对底层资源的深度整合，全面帮助企业分担整个软件从开发、测试、交付到运维的全生命周期的技术复杂度。同时云原生也在加速多项技术的融合，包括中间件和容器的技术融合、大数据和数据库的技术融合、开发和运维的技术融合、PaaS 层和 IaaS 层的技术融合。阿里巴巴核心系统上云的实践充分证明了，在经过 10 多年的充分发展后，如今的云原生技术已经可以为业务复杂、规模庞大的工作负载提供强有力的服务保障。

接下来，我们将为大家介绍云原生架构的定义与设计原则，帮助大家更好地理解如何利用云原生技术为业务增长赋能。

云原生架构的定义和原则

前面讲到，云原生架构是云原生中非常重要的一个技术领域，是帮助企业和开发人员改善应用的技术体系、降低现代化应用的构建复杂性、更好地适配与运用云计算平台的能力和体系的关键。同时，云原生架构作为一种现代架构，其技术栈和范围也是随着不断发展的云计算及其服务的演进而动态演进的。

云原生架构的构建和演进都是围绕云计算的核心价值（例如，弹性、自动化、韧性）进行的，因此云原生实践在架构等方面必然有一定的原则和规律可循。本章将抽象出阿里云原生架构的典型架构原则，并针对每个原则列举一些代表性案例，帮助大家更深入地体会和理解云原生架构及其构建方式。

2.1 云原生架构定义

从技术的角度出发，云原生架构是基于云原生技术的一组架构原则和设计模式的集合，旨在帮助企业和开发人员充分利用云平台所提供的平台化能力和弹性资源能力。

对比传统架构与云原生架构（如图 2-1 所示），可以清楚地看到两者的区别。一方面，云原生架构可以最大化地剥离云应用中的非业务代码部分，从而让云设施接管应用中原有的大量非功能特性（例如，弹性、韧性、安全、可观测性、灰度等），使业务能够摆脱被非功能性业务中断的困扰，同时具备轻量、敏捷、高度自动化等特点。另一方面，云原生架构可以通过与基础设施深度整合与优化，将计算、存储、网络资源管理以及相应的自动化部署和运维能力，交由云基础设施执行，应用自身会因此变得更为灵活，且具有弹性和韧性，从而大大降低管理成本。

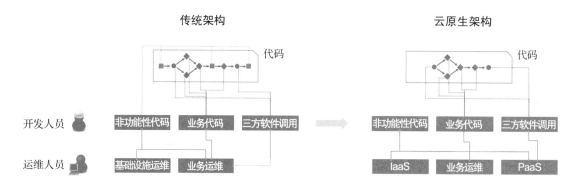

图 2-1　传统架构与云原生架构对比

下面就来详细讲解云原生架构所带来的相关优势。

2.1.1　降低研发成本和项目维护复杂度

首先，云原生架构大幅度降低了研发成本和项目维护复杂度。

总的来说，任何应用都提供了两类特性：功能性特性和非功能性特性。功能性特性由为业务实现带来直接价值的代码实现，比如，如何建立客户资料、如何处理订单、如何安全支付等，即使是一些通用的业务功能特性（比如组织管理、业务字典管理、搜索等），也是紧贴业务需求的。而非功能性特性是指虽不能为业务实现带来直接价值，但又必不可少的特性，比如，高可用能力、容灾能力、安全特性、可运维性、易用性、可测试性、灰度发布能力等。

图 2-1 展示了在传统架构和云原生架构中代码通常包含的三个部分：非功能性代码、业务代码和三方软件调用。

其中，"业务代码"指实现业务逻辑的核心代码；"三方软件调用"指业务代码中依赖的所有第三方软件库，包括业务库和基础库；"非功能性代码"指实现高可用、安全、可观测性等非功能特性的代码。

在以上三个部分中，业务代码最为核心，能真正为业务带来直接价值，另外两个部分都用于支持业务代码的实现。然而，由于软件和业务模块规模扩大，部署环境趋于繁杂，分布式复杂性增强等，为了应对这些变化带来的挑战，应用中的支持型代码在整个研发流程中的占比越来越大，这直接导致了软件构建变得越来越复杂，对开发人员的技能要求越来越严苛。

相较于传统架构，云原生架构强调业务研发应充分利用云平台所提供的 IaaS 和 PaaS 的通用能力。虽然云计算不能解决所有的非功能性问题，但是云平台确实能够处理大量的非功能性问题，特别是分布式环境下的复杂非功能性问题。以最具挑战性的高可用性为例，云平台在多个层面为应用提供了解决方案，具体说明如下。

（1）虚拟机层面

当虚拟机检测到底层硬件异常时，可以自动将应用热迁移，且迁移后的应用无须重新启动就具备对外服务的能力，应用对整个迁移过程甚至都不会有任何感知。

（2）容器层面

有时，虽然应用所在的物理机运行正常，但应用由于自身的问题（比如，出现 Bug、资源耗尽等）而无法正常对外提供服务。对于这种情况，如果采用容器，就能够通过监控探测到进程的异常状态，从而实施异常节点下线、新节点上线和生产流量切换等操作。整个过程自动完成，无须运维人员人工干预。

（3）云服务层面

云服务具备极强的高可用特性和 7×24 小时服务能力，如果应用把"有状态"部分（如缓存、数据库、对象存储等）全部交给云服务，加上进程内存中全局对象的持有小型化和应用快速重构能力（比如基于快照快速恢复到最新状态），那么应用本身就会变成更轻量的"无状态"应用，从而使可用性故障造成的业务中断时间降至分钟级；如果应用采用的是 N-M 对等架构模式，那么结合负载均衡产品则可获得几乎无损的高可用能力。

借助云原生架构，业务研发可以降低原本大量耦合的非业务逻辑占比，缩减业务代码开发人员的技术关注范围，并通过云平台提供的服务提升应用的稳定性和可持续发展性。

2.1.2 加快软件迭代速度，降低管理和运行成本

具备云原生架构的应用，能够最大程度地利用云服务提升软件的交付能力，进一步加快软件的迭代速度，降低管理和运行的成本。

（1）面向单机资源变为面向云服务与云 API 研发

云原生架构对开发人员的最大影响就是，它使编程模型发生了巨大变化。如今，大部分编程语言都包含文件、网络、线程等元素，这些元素虽然为充分利用单机资源带来了好处，但也增加了分布式编程的复杂性，因此市场上不断涌现出大量的框架和产品，意在解决分布式环境中的网络调用、高可用性、CPU 争用、分布式存储等问题。而在云平台中，"获取存储"变成了若干个服务，比如，对象存储服务、块存储服务和文件存储服务的访问和使用等。

云原生不仅为开发人员提供了解决上述问题的技术支持，而且通过 OpenAPI 及开源 SDK，提供了解决分布式场景中的高可用性、自动扩缩容、安全、运维升级等诸多挑战的界面。开发人员不用再关心诸如节点宕机后如何在代码中将本地保存的内容同步到远端，或者当业务峰值到来时如何对存储节点进行扩容等问题；运维人员也不用再考虑诸如在发现零安全天问题时如何紧急升级第三方存储软件等问题。

这些改变不仅降低了开发者的工作难度，也大大提高了软件的性能和可维护性。云平台将软硬件能力升级成了服务，使开发人员的开发复杂度和运维人员的运维工作量都得到了极大降低。可以预见，这样的云服务用得越多，开发人员和运维人员的工作就越轻松，那么企业在非核心业务实现上的支出就会从必须负担变得可控。一些开发能力较强的公司，过去往往会将这些第三方软硬件能力的处理交给应用框架（或者公司自研的中间件），而在云计算时代，云平台提供了服务等级协议（Service-Level Agreement，SLA），使得所有软件公司都可以从中获益。开发人员不再需要掌握文件及其分布式处理技术，也不再需要掌握各种复杂的网络技术，技术栈的简化让业务开发变得更敏捷。

（2）高度自动化的软件交付能力

软件开发完成后，需要在公司内外部的各类环境中进行部署和交付，以将软件价值交付给最终客户。公司环境与客户环境之间的差异，以及软件交付与运维人员的技能差异，都会影响软件交付的质量。以往用于填补这些差异的是各种用户手册、安装手册、运维手册和培训文档，容器的出现改变了这一现状。容器就像集装箱一样，以一种标准的方式对软件进行打包，利用容器及其相关技术屏蔽了不同环境之间的差异，提供了标准化的软件交付能力。

对自动化交付而言，还需要能够描述不同环境的工具，使得软件能够"理解"目标环境、交付内容和配置清单。具体来说就是，通过代码识别目标环境的差异，根据交付内容以"面向终态"的方式完成软件的安装、配置、运行和变更。

基于云原生的自动化软件交付相较于当前的人工软件交付，是一个巨大的进步。以微服务为例，应用微服务化以后，往往会被部署到成千上万个节点上，如果系统不具备高度的自动化能力，那么任何一次新业务的上线，都将带来极大的工作量挑战，严重时还会导致业务部署时长超过上线窗口期而不可用。

2.2 云原生架构原则

作为一种架构模式，云原生架构通过若干原则来对应用架构进行核心控制。这些原则可以帮助技术主管和架构师在进行技术选型时更加高效、准确，下面将展开具体介绍。

2.2.1　服务化原则

在软件开发过程中，当代码数量与开发团队规模都扩张到一定程度后，就需要重构应用，通过模块化与组件化的手段分离关注点，降低应用的复杂度，提升软件的开发效率，降低维护成本。

如图 2-2 所示，随着业务的不断发展，单体应用能够承载的容量将逐渐到达上限，即使通过应用改造来突破垂直扩展（Scale Up）的瓶颈，并将其转化为支撑水平扩展（Scale Out）的能力，在全局并发访问的情况下，也依然会面临数据计算复杂度和存储容量的问题。因此，需要将单体应用进一步拆分，按业务边界重新划分成分布式应用，使应用与应用之间不再直接共享数据，而是通过约定好的契约进行通信，以提高扩展性。

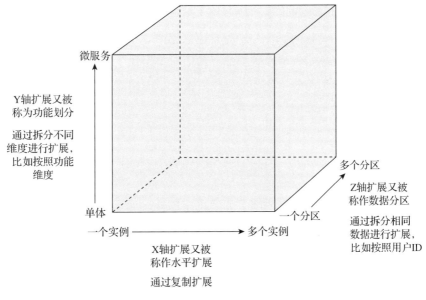

图 2-2　应用服务化扩展

服务化设计原则是指通过服务化架构拆分不同生命周期的业务单元，实现业务单元的独立迭代，从而加快整体的迭代速度，保证迭代的稳定性。同时，服务化架构采用的是面向接口编程方式，增加了软件的复用程度，增强了水平扩展的能力。服务化设计原则还强调在架构层面抽象化业务模块之间的关系，从而帮助业务模块实现基于服务流量（而非网络流量）的策略控制和治理，而无须关注这些服务是基于何种编程语言开发的。

有关服务化设计原则的实践在业界已有很多成功案例。其中影响最广、最为业界称道的是 Netflix 在生产系统上所进行的大规模微服务化实践。通过这次实践，Netflix 在全球不仅承接了多达 1.67 亿订阅用户以及全球互联网带宽容量 15% 以上的流量，而且在开源领域贡献了 Eureka、Zuul、Hystrix 等出色的微服务组件。

不仅海外公司正在不断进行服务化实践，国内公司对服务化也有很高的认知。随着近几年互联网化的发展，无论是新锐互联网公司，还是传统大型企业，在服务化实践上都有很好的实践和成功案例。阿里巴巴的服务化实践发端于 2008 年的五彩石项目，历经 10 年的发展，稳定支撑历年大促活动。以 2019 年"双 11"当天数据为例，阿里巴巴的分布式系统创单峰值为每秒 54.4 万笔，实时计算处理为每秒 25.5 亿笔。阿里巴巴在服务化领域的实践，已通过 Apache Dubbo、Nacos、Sentinel、Seata、ChaosBlade 等开源项目分享给业界，同时，这些组件与 Spring Cloud 的集成 Spring Cloud Alibaba 已成为 Spring Cloud Netflix 的继任者。

虽然随着云原生浪潮的兴起，服务化原则不断演进、落地于实际业务，但企业在实际落地过程中也会遇到不少的挑战。比如，与自建数据中心相比，公有云下的服务化可能存在巨大的资源池，使得机器错误率显著提高；按需付费增加了扩缩容的操作频度；新的环境要求应用启动更快、应用与应用之间无强依赖关系、应用能够在不同规格的节点之间随意调度等诸多需要考虑的实际问题。但可以预见的是，这些问题会随着云原生架构的不断演进而得到逐一解决。

2.2.2 弹性原则

弹性原则是指系统部署规模可以随着业务量变化自动调整大小，而无须根据事先的容量规划准备固定的硬件和软件资源。优秀的弹性能力不仅能够改变企业的 IT 成本模式，使得企业不用再考虑额外的软硬件资源成本支出（闲置成本），也能更好地支持业务规模的爆发式扩张，不再因为软硬件资源储备不足而留下遗憾。

在云原生时代，企业构建 IT 系统的门槛大幅降低，这极大地提升了企业将业务规划落地为产品与服务的效率。这一点在移动互联网和游戏行业中显得尤为突出。一款应用成为爆款后，其用户数量呈现指数级增长的案例不在少数。而业务呈指数级增长会对企业 IT 系统的性能带来巨大考验。面对这样的挑战，在传统架构中，通常是开发人员、运维人员疲于调优系统性能，但是，即使他们使出浑身解数，也未必能够完全解决系统的瓶颈问题，最终因系统无法应对不断涌入的海量用户而造成应用瘫痪。

除了面临业务呈指数级增长的考验之外，业务的峰值特征将是另一个重要的挑战。比如，电影票订票系统下午时段的流量远超凌晨时段，而周末的流量相比工作日甚至会翻好几倍；还有外卖订餐系统，在午餐和晚餐前后往往会出现订单峰值时段。在传统架构中，为了应对这类具有明显峰值特征的场景，企业需要为峰值时段的流量提前准备大量的计算、存储及网络资源并为这些资源付费，而这些资源在大部分时间内却处于闲置状态。

因此，在云原生时代，企业在构建 IT 系统时，应该尽早考虑让应用架构具备弹性能力，以便在快速发展的业务规模面前灵活应对各种场景需求，充分利用云原生技术及成本优势。

要想构建弹性的系统架构，需要遵循如下四个基本原则。

（1）按功能切割应用

一个大型的复杂系统可能由成百上千个服务组成，架构师在设计架构时，需要遵循的原则是：将相关的逻辑放到一起，不相关的逻辑拆解到独立的服务中，各服务之间通过标准的服务发现（Service Discovery）找到对方，并使用标准的接口进行通信。各服务之间松耦合，这使得每一个服务能够各自独立地完成弹性伸缩，从而避免服务上下游关联故障的发生。

（2）支持水平切分

按功能切割应用并没有完全解决弹性的问题。一个应用被拆解为众多服务后，随着用户流量的增长，单个服务最终也会遇到系统瓶颈。因此在设计上，每个服务都需要具备可水平切分的能力，以便将服务切分为不同的逻辑单元，由每个单元处理一部分用户流量，从而使服务自身具备良好的扩展能力。这其中最大的挑战在于数据库系统，因为数据库系统自身是有状态的，所以合理地切分数据并提供正确的事务机制将是一个非常复杂的工程。不过，在云原生时代，云平台所提供的云原生数据库服务可以解决大部分复杂的分布式系统问题，因此，如果企业是通过云平台提供的能力来构建弹性系统，自然就会拥有数据库系统的弹性能力。

（3）自动化部署

系统突发流量通常无法预计，因此常用的解决方案是，通过人工扩容系统的方式，使系统具备支持更大规模用户访问的能力。在完成架构拆分之后，弹性系统还需要具备自动化部署能力，以便根据既定的规则或者外部流量突发信号触发系统的自动化扩容功能，满足系统对于缩短突发流量影响时长的及时性要求，同时在峰值时段结束后自动缩容系统，降低系统运行的资源占用成本。

（4）支持服务降级

弹性系统需要提前设计异常应对方案，比如，对服务进行分级治理，在弹性机制失效、弹性资源不足或者流量峰值超出预期等异常情况下，系统架构需要具备服务降级的能力，通过降低部分非关键服务的质量，或者关闭部分增强功能来让出资源，并扩容重要功能对应的服务容量，以确保产品的主要功能不受影响。

国内外已有很多成功构建大规模弹性系统的实践案例，其中最具代表性的是阿里巴巴一年一度的"双 11"大促活动。为了应对相较于平时上百倍的流量峰值，阿里巴巴每年从阿里云采购弹性资源部署自己的应用，并在"双 11"活动之后释放这一批资源，按需付费，从而大幅降低大促活动的资源成本。另一个例子是新浪微博的弹性架构，在社会热点事件发生时，新浪微博通过弹性系统将应用容器扩容到阿里云，以应对热点事件导致的大量搜索和转发请求。系统通过分钟级的按需扩容响应能力，大幅降低了热搜所产生的资源成本。

随着云原生技术的发展，FaaS、Serverless 等技术生态逐步成熟，构建大规模弹性系统的难度逐步降低。当企业以 FaaS、Serverless 等技术理念作为系统架构的设计原则时，系统就具备了弹性伸缩的能力，企业也就无须额外为"维护弹性系统自身"付出成本。

2.2.3　可观测原则

与监控、业务探活、APM（Application Performance Management，应用性能管理）等系统提供的被动能力不同，可观测性更强调主动性，在云计算这样的分布式系统中，主动通过日志、链路跟踪和度量等手段，让一次 App 点击所产生的多次服务调用耗时、返回值和参数都清晰可见，甚至可以下钻到每次第三方软件调用、SQL 请求、节点拓扑、网络响应等信息中。运维、开发和业务人员通过这样的观测能力可以实时掌握软件的运行情况，并获得前所未有的关联分析能力，以便不断优化业务的健康度和用户体验。

随着云计算的全面发展，企业的应用架构发生了显著变化，正逐步从传统的单体应用向微服务过渡。在微服务架构中，各服务之间松耦合的设计方式使得版本迭代更快、周期更短；基础设施层中的 Kubernetes 等已经成为容器的默认平台；服务可以通过流水线实现持续集成与部署。这些变化可将服务的变更风险降到最低，提升了研发的效率。

在微服务架构中，系统的故障点可能出现在任何地方，因此我们需要针对可观测性进行体系化设计，以降低 MTTR（故障平均修复时间）。

要想构建可观测性体系，需要遵循如下三个基本原则。

1. 数据的全面采集

指标（Metric）、链路跟踪（Tracing）和日志（Logging）这三类数据是构建一个完整的可观测性系统的"三大支柱"。而系统的可观测性就是需要完整地采集、分析和展示这三类数据。

（1）指标

指标是指在多个连续的时间周期里用于度量的 KPI 数值。一般情况下，指标会按软件架构进行分层，分为系统资源指标（如 CPU 使用率、磁盘使用率和网络带宽情况等）、应用指标（如出错率、服务等级协议 SLA、服务满意度 APDEX、平均延时等）、业务指标（如用户会话数、订单数量和营业额等）。

（2）链路跟踪

链路跟踪是指通过 TraceId 的唯一标识来记录并还原发生一次分布式调用的完整过程，贯穿数据从浏览器或移动端经过服务器处理，到执行 SQL 或发起远程调用的整个过程。

（3）日志

日志通常用来记录应用运行的执行过程、代码调试、错误异常等信息，如 Nginx 日志可以记录远端 IP、发生请求时间、数据大小等信息。日志数据需要集中化存储，并具备可检索的能力。

2. 数据的关联分析

让各数据之间产生更多的关联，这一点对于一个可观测性系统而言尤为重要。出现故障时，有效的关联分析可以实现对故障的快速定界与定位，从而提升故障处理效率，减少不必要的损失。一般情况下，我们会将应用的服务器地址、服务接口等信息作为附加属性，与指标、调用链、日志等信息绑定，并且赋予可观测系统一定的定制能力，以便灵活满足更加复杂的运维场景需求。

3. 统一监控视图与展现

多种形式、多个维度的监控视图可以帮助运维和开发人员快速发现系统瓶颈，消除系统隐患。监控数据的呈现形式应该不仅仅是指标趋势图表、柱状图等，还需要结合复杂的实际应用场景需要，让视图具备下钻分析和定制能力，以满足运维监控、版本发布管理、故障排除等多场景需求。

随着云原生技术的发展，基于异构微服务架构的场景会越来越多、越来越复杂，而可观测性是一切自动化能力构建的基础。只有实现全面的可观测性，才能真正提升系统的稳定性、降低 MTTR。因此，如何构建系统资源、容器、网络、应用、业务的全栈可观测体系，是每个企业都需要思考的问题。

2.2.4　韧性原则

韧性是指当软件所依赖的软硬件组件出现异常时，软件所表现出来的抵御能力。这些异常通常包括硬件故障、硬件资源瓶颈（如 CPU 或网卡带宽耗尽）、业务流量超出软件设计承受能力、影响机房正常工作的故障或灾难、所依赖软件发生故障等可能造成业务不可用的潜在影响因素。

业务上线之后，在运行期的大部分时间里，可能还会遇到各种不确定性输入和不稳定依赖的情况。当这些非正常场景出现时，业务需要尽可能地保证服务质量，满足当前以联网服务为代表的"永远在线"的要求。因此，韧性能力的核心设计理念是面向失败设计，即考虑如何在各种依赖不正常的情况下，减小异常对系统及服务质量的影响并尽快恢复正常。

韧性原则的实践与常见架构主要包括服务异步化能力、重试 / 限流 / 降级 / 熔断 / 反压、主从模式、集群模式、多 AZ（Availability Zone，可用区）的高可用、单元化、跨区域（Region）容灾、异地多活容灾等。

下面结合具体案例详细说明如何在大型系统中进行韧性设计。"双 11"对于阿里巴巴来说是一场不能输的战役，因此其系统的设计在策略上需要严格遵循韧性原则。例如，在统一接入层通过流量清洗实现安全策略，防御黑产攻击；通过精细化限流策略确保峰值流量稳定，从而保障后端工作正常进行。为了提升全局的高可用能力，阿里巴巴通过单元化机制实现了跨区域多活容灾，通过同城容灾机制实现同城双活容灾，从而最大程度提升 IDC（Internet Data Center，互联网数据中心）的服务质量。在同一 IDC 内通过微服务和容器技术实现业务的无状态迁移；通过多副本部署提高高可用能力；通过消息完成微服务间的异步解耦以降低服务的依赖性，同时提升系统吞吐量。从每个应用的角度，做好自身依赖梳理，设置降级开关，并通过故障演练不断强化系统健壮性，保证阿里巴巴"双 11"大促活动正常稳定进行。

随着数字化进程的加快，越来越多的数字化业务成为整个社会经济正常运转的基础设施，但随着支撑这些数字化业务的系统越来越复杂，依赖服务质量不确定的风险正变得越来越高，因此系统必须进行充分的韧性设计，以便更好地应对各种不确定性。尤其是在涉及核心行业的核心业务链路（如金融的支付链路、电商的交易链路）、业务流量入口、依赖复杂链路时，韧性设计至关重要。

2.2.5 所有过程自动化原则

技术是把"双刃剑"，容器、微服务、DevOps 以及大量第三方组件的使用，在降低分布式复杂性和提升迭代速度的同时，也提高了软件技术栈的复杂度，加大了组件规模，从而不可避免地导致了软件交付的复杂性。如果控制不当，应用就会无法体会到云原生技术

的优势。通过 IaC、GitOps、OAM、Operator 和大量自动化交付工具在 CI/CD（持续集成 /
持续交付）流水线中的实践，企业可以标准化企业内部的软件交付过程，也可以在标准化的
基础上实现自动化，即通过配置数据自描述和面向终态的交付过程，实现整个软件交付和
运维的自动化。

要想实现大规模的自动化，需要遵循如下四个基本原则。

1. 标准化

实施自动化，首先要通过容器化、IaC、OAM 等手段，标准化业务运行的基础设施，
并进一步标准化对应用的定义乃至交付的流程。只有实现了标准化，才能解除业务对特定
的人员和平台的依赖，实现业务统一和大规模的自动化操作。

2. 面向终态

面向终态是指声明式地描述基础设施和应用的期望配置，持续关注应用的实际运行状
态，使系统自身反复地变更和调整直至趋近终态的一种思想。面向终态的原则强调应该避
免直接通过工单系统、工作流系统组装一系列过程式的命令来变更应用，而是通过设置终
态，让系统自己决策如何执行变更。

3. 关注点分离

自动化最终所能达到的效果不只取决于工具和系统的能力，更取决于为系统设置目标
的人，因此要确保找到正确的目标设置人。在描述系统终态时，要将应用研发、应用运维、
基础设施运维这几种主要角色所关注的配置分离开来，各个角色只需要设置自己所关注和
擅长的系统配置，以便确保设定的系统终态是合理的。

4. 面向失败设计

要想实现全部过程自动化，一定要保证自动化的过程是可控的，对系统的影响是可预
期的。我们不能期望自动化系统不犯错误，但可以保证即使是在出现异常的情况下，错误
的影响范围也是可控的、可接受的。因此，自动化系统在执行变更时，同样需要遵循人工
变更的最佳实践，保证变更是可灰度执行的、执行结果是可观测的、变更是可快速回滚的、
变更影响是可追溯的。

业务实例的故障自愈是一个典型的过程自动化场景。业务迁移到云上后，云平台虽然
通过各种技术手段大幅降低了服务器出故障的概率，但是却并不能消除业务本身的软件故
障。软件故障既包括应用软件自身的缺陷导致的崩溃、资源不足导致的内存溢出（OOM）
和负载过高导致的夯死等异常问题，也包括内核、守护进程（daemon 进程）等系统软件
的问题，更包括混部的其他应用或作业的干扰问题。随着业务规模的增加，软件出现故障

的风险正变得越来越高。传统的运维故障处理方式需要运维人员的介入，执行诸如重启或者腾挪之类的修复操作，但在大规模场景下，运维人员往往疲于应对各种故障，甚至需要连夜加班进行操作，服务质量很难保证，不管是客户，还是开发、运维人员，都无法满意。

为了使故障能够实现自动化修复，云原生应用要求开发人员通过标准的声明式配置，描述应用健康的探测方法和应用的启动方法、应用启动后需要挂载和注册的服务发现以及配置管理数据库（Configuration Management Database，CMDB）信息。通过这些标准的配置，云平台可以反复探测应用，并在故障发生时执行自动化修复操作。另外，为了防止故障探测本身可能存在的误报问题，应用的运维人员还可以根据自身容量设置服务不可用实例的比例，让云平台能够在进行自动化故障恢复的同时保证业务可用性。实例故障自愈的实现，不仅把开发人员和运维人员从烦琐的运维操作中解放了出来，而且可以及时处理各种故障，保证业务的连续性和服务的高可用性。

2.2.6 零信任原则

基于边界模型的传统安全架构设计，是在可信和不可信的资源之间架设一道墙，例如，公司内网是可信的，而因特网则是不可信的。在这种安全架构设计模式下，一旦入侵者渗透到边界内，就能够随意访问边界内的资源了。而云原生架构的应用、员工远程办公模式的普及以及用手机等移动设备处理工作的现状，已经完全打破了传统安全架构下的物理边界。员工在家办公也可以实现与合作方共享数据，因为应用和数据被托管到了云上。

如今，边界不再是由组织的物理位置来定义，而是已经扩展到了需要访问组织资源和服务的所有地方，传统的防火墙和VPN已经无法可靠且灵活地应对这种新边界。因此，我们需要一种全新的安全架构，来灵活适应云原生和移动时代环境的特性，不论员工在哪里办公，设备在哪里接入，应用部署在哪里，数据的安全性都能够得到有效保护。如果要实现这种新的安全架构，就要依托零信任模型。

传统安全架构认为防火墙内的一切都是安全的，而零信任模型假设防火墙边界已经被攻破，且每个请求都来自于不可信网络，因此每个请求都需要经过验证。简单来说，"永不信任，永远验证"。在零信任模型下，每个请求都要经过强认证，并基于安全策略得到验证授权。与请求相关的用户身份、设备身份、应用身份等，都会作为核心信息来判断请求是否安全。

如果我们围绕边界来讨论安全架构，那么传统安全架构的边界是物理网络，而零信任安全架构的边界则是身份，这个身份包括人的身份、设备的身份、应用的身份等。

要想实现零信任安全架构，需要遵循如下三个基本原则。

1. 显式验证

对每个访问请求都进行认证和授权。认证和授权需要基于用户身份、位置、设备信息、服务和工作负载信息以及数据分级和异常检测等信息来进行。例如，对于企业内部应用之间的通信，不能简单地判定来源 IP 是内部 IP 就直接授权访问，而是应该判断来源应用的身份和设备等信息，再结合当前的策略授权。

2. 最少权限

对于每个请求，只授予其在当下必需的权限，且权限策略应该能够基于当前请求上下文自适应。例如，HR 部门的员工应该拥有访问 HR 相关应用的权限，但不应该拥有访问财务部门应用的权限。

3. 假设被攻破

假设物理边界被攻破，则需要严格控制安全爆炸半径，将一个整体的网络切割成对用户、设备、应用感知的多个部分。对所有的会话加密，使用数据分析技术保证对安全状态的可见性。

从传统安全架构向零信任架构演进，会对软件架构产生深刻的影响，具体体现在如下三个方面。

第一，不能基于 IP 配置安全策略。在云原生架构下，不能假设 IP 与服务或应用是绑定的，这是由于自动弹性等技术的应用使得 IP 随时可能发生变化，因此不能以 IP 代表应用的身份并在此基础上建立安全策略。

第二，身份应该成为基础设施。授权各服务之间的通信以及人访问服务的前提是已经明确知道访问者的身份。在企业中，人的身份管理通常是安全基础设施的一部分，但应用的身份也需要管理。

第三，标准的发布流水线。在企业中，研发的工作通常是分布式的，包括代码的版本管理、构建、测试以及上线的过程，都是比较独立的。这种分散的模式将会导致在实际生产环境中运行的服务的安全性得不到有效保证。如果可以标准化代码的版本管理、构建以及上线的流程，那么应用发布的安全性就能够得到集中增强。

总体来说，整个零信任模型的建设包括身份、设备、应用、基础设施、网络、数据等几个部分。零信任的实现是一个循序渐进的过程，例如，当组织内部传输的所有流量都没有加密的时候，第一步应该先保证访问者访问应用的流量是加密的，然后再逐步实现所有流量的加密。如果采用云原生架构，就可以直接使用云平台提供的安全基础设施和服务，以便帮助企业快速实现零信任架构。

2.2.7 架构持续演进原则

如今，技术与业务的发展速度都非常快，在工程实践中很少有从一开始就能够被明确定义并适用于整个软件生命周期的架构模式，而是需要在一定范围内不断重构，以适应变化的技术和业务需求。同理，云原生架构本身也应该且必须具备持续演进的能力，而不是一个封闭式的、被设计后一成不变的架构。因此在设计时除了要考虑增量迭代、合理化目标选取等因素之外，还需要考虑组织（例如架构控制委员会）层面的架构治理和风险控制规范以及业务自身的特点，特别是在业务高速迭代的情况下，更应该重点考虑如何保证架构演进与业务发展之间的平衡。

1. 演进式架构的特点和价值

演进式架构是指在软件开发的初始阶段，就通过具有可扩展性和松耦合的设计，让后续可能发生的变更更加容易、升级性重构的成本更低，并且能够发生在开发实践、发布实践和整体敏捷度等软件生命周期中的任何阶段。

演进式架构之所以在工业实践中具有重要意义，其根本原因在于，在现代软件工程领域达成的共识中，变更都是很难预测的，其改造的成本也极其高昂。演进式架构并不能避免重构，但是它强调了架构的可演进性，即当整个架构因为技术、组织或者外部环境的变化需要向前演进时，项目整体依然能够遵循强边界上下文的原则，确保领域驱动设计中描述的逻辑划分变成物理上的隔离。演进式架构通过标准化且具有高可扩展性的基础设施体系，大量采纳标准化应用模型与模块化运维能力等先进的云原生应用架构实践，实现了整个系统架构在物理上的模块化、可复用性与职责分离。在演进式架构中，系统的每个服务在结构层面与其他服务都是解耦的，替换服务就像替换乐高积木一样方便。

2. 演进式架构的应用

在现代软件工程实践中，演进式架构在系统的不同层面有着不同的实践与体现。

在面向业务研发的应用架构中，演进式架构通常与微服务设计密不可分。例如，在阿里巴巴的互联网电商应用中（例如大家所熟悉的淘宝和天猫等），整个系统架构实际上被精细地设计成数千个边界划分明确的组件，其目的就是为希望做出非破坏性变更的开发人员提供更大的便利，避免因为不适当的耦合将变更导向难以预料的方向，从而阻碍架构的演进。可以发现，演进式架构的软件都支持一定程度的模块化，这种模块化通常体现为经典的分层架构及微服务的最佳实践。

而在平台研发层面，演进式架构更多地体现为基于"能力"的架构（Capability Oriented Architecture，COA）。在 Kubernetes 等云原生技术逐渐普及之后，基于标准化的云原生基础设施正迅速成为平台架构的能力提供方，而以此为基础的开放应用模型（Open Application Model，OAM）理念，正是一种从应用架构视角出发，将标准化基础设施按照能力进行模块化的 COA 实践。

3. 云原生下的架构演进

当前，演进式架构还处于快速成长与普及阶段。不过，整个软件工程领域已经达成共识，即软件世界是不断变化的，它是动态而非静态的存在。架构也不是一个简单的等式，它是持续过程的一种快照。所以无论是在业务应用还是在平台研发层面，演进式架构都是一个必然的发展趋势。业界大量架构更新的工程实践都诠释了一个问题，即由于忽略实现架构，且保持应用常新所要付出的精力是非常巨大的。但好的架构规划可以帮助应用降低新技术的引入成本，这要求应用与平台在架构层面满足：架构标准化、职责分离与模块化。而在云原生时代，开发应用模型（OAM）正在迅速成为演进式架构推进的重要助力。

2.3　本章小结

通过本章的介绍，我们可以看到云原生架构的构建和演进都是以云计算的核心特性（例如，弹性、自动化、韧性）为基础并结合业务目标以及特征进行的，从而帮助企业和技术人员充分释放云计算的技术红利。随着云原生的不断探索，各类技术不断扩展，各类场景不断丰富，云原生架构也将不断演进。但在这些变化过程中，典型的架构设计原则始终都具备着重要意义，指导我们进行架构设计以及技术落地。

接下来，基于上述的架构设计原则，我们将为大家介绍常见的云原生架构以及反模式，帮助大家更快速了解常见的云原生架构，并避免常见的架构设计问题。

Chapter 3 第 3 章

云原生架构的模式和反模式

代码设计有对应的设计模式（Design Pattern），如观察者（Observer）模式、工厂（Factory）模式、单例（Singleton）模式等。云原生架构同样也有典型的设计模式，如服务化架构模式、Service Mesh 化架构模式、Serverless 架构模式、计算存储分离模式、分布式事务模式、可观测架构模式、事件驱动架构模式、网关架构模式、混沌工程模式、声明式设计模式。本章就来探讨这些常用的云原生架构模式，以及典型的云原生架构反模式。

3.1 服务化架构模式

服务化架构通常也称为面向服务的架构（SOA），即在通信双方（服务提供者和服务消费者）之间约定好服务规约，然后基于该规约发布和调用服务。服务化架构设计的核心价值主要体现在如下三个方面。

1. 更好地面向业务（Business Oriented）

通信双方都是基于自己的实际业务需求来设计接口的（服务规约），所以具有更多的业务特性，阅读和理解也非常方便，容易在业务人员和技术人员之间共享。以会员服务为例，业务需要根据会员 ID、电子邮件地址和手机号码查找会员、用户名和验证密码等，这些业务需求都会呈现在服务接口定义中。这样，开发人员即使没有全面阅读服务文档，也可以进行对应的代码编写和服务调用。

2. 松耦合和灵活性（Loose Coupling & Flexibility）

双方在约定好服务规约之后，只要遵循该规约即可。除了该规约之外，彼此之间再没有其他的限制和约束，双方体现出很好的松耦合关系。如缓存服务，在约定缓存的服务规约之后，双方并不会过多地关心该缓存服务是如何架构、设计和实现的，是用 C++ 语言编写的，还是用 Rust 语言编写的，等等。这体现出服务化架构模式的灵活性，即服务实现方只需遵循服务规约，根据团队的知识结构、业务特性自主选择合适的技术栈来完成对应的服务实现即可。

3. 服务共享和复用（Shared Service）

服务通常是可共享的，多个服务消费者可以同时调用共享服务。当然，这其中可能会涉及安全和隔离等问题。共享化的服务可以带来非常多的好处，最直接的好处就是提升了服务的复用程度，降低了服务的成本。

在实际开发中，具体可用于实现服务规约的技术方案主要有三种，分别是服务接口定义、IDL 定义和 OpenAPI。

3.1.1　服务接口定义

服务接口定义是指对应的编程语言对服务接口的描述。如 Apache Dubbo 是一款分布式 RPC（Remote Procedure Call，远程过程调用）通信系统，其服务规约定义就可以通过 Java 接口（Interface）来实现，示例代码如下：

```
public interface UserService {
    User findById(Integer id);
    void create(User user);
}
```

这种基于编程语言提供的特性（如接口定义和自定义数据类型等），可以很好地实现服务规约。不过，这种实现方式有利也有弊。利是能够很好地支持某些编程语言，例如，很多 Java 程序员会采用 Apache Dubbo，就是因为其能够很好地支持 Java 语言。弊是在对多语言的支持上还有所欠缺，毕竟不是任何一种编程语言都包含 Interface 特性，如 JavaScript 中并没有接口定义这一语法支持。

3.1.2　IDL 定义

IDL 定义是指通过 IDL（Interface Definition Language，接口定义语言）对服务进行规约定义。如 Google gRPC、Apache Thrift 等，这些都属于 IDL 范畴。首先，我们需要基于

IDL 定义对应的服务接口，然后基于这些 IDL 文件生成与编程语言对应的代码，实现对应的服务接口，或者调用对应的服务。下面以 Google gRPC 为例进行说明，首先我们需要基于 Protocol Buffers 语义编写一个 IDL 文件，如 account.proto，内容如下：

```
service AccountService {
    rpc FindAccount (GetAccountRequest) returns (AccountResponse);
    rpc FindById (google.protobuf.Int32Value) returns (AccountResponse);
}

message GetAccountRequest {
    int32 id = 1;
}

message AccountResponse {
    int32 id = 1;
    string nick = 2;
}
```

定义接口之后，根据 protoc 命令行为不同的编程语言生成对应的代码，如 C++、Go 等。当然，对于 Java，我们可以将代码生成整合到构建工具 Maven 或 Gradle 中；对于 Node.js，我们可以使用 gRPC 工具。由此可见，不同的编程语言基于 IDL 的文件处理手段可能会有所不同。IDL 的好处是统一了定义服务接口的方式，因此我们需要学习和了解 IDL。幸好 IDL 并不复杂，学习起来比较容易。不过，对应到具体的技术产品会比较复杂一些，如gRPC 涉及对应的代码生成工具开发、不同编程语言的 SDK 开发等。

3.1.3　OpenAPI

OpenAPI 是基于 HTTP REST 通信的接口规范，我们可以先了解其详细的规范定义（参考地址为 https://swagger.io/specification/），当前规范为 3.0（截至 2020 年 10 月）。下面介绍一下 Kubernetes 1.16.0 对应的 OpenAPI 规范，详细的定义可以访问 https://editor.swagger.io/。图 3-1 所示为 Kubernetes 1.16.0 对应的 OpenAPI 规范截屏。

众所周知，HTTP 是标准的通信协议，与具体的编程语言无关。任何编程语言都可以基于 OpenAPI 规范发布和调用服务。OpenAPI 只是标准的规范，落实到具体编程语言的整合，还是会涉及具体编程语言的 OpenAPI SDK 开发。SDK 主要作用是简化具体编程语言对 OpenAPI 的服务调用。如 OpenAPI 与 Java 整合，借助 SpringFox（https://github.com/springfox/springfox）和 springdoc-openapi（https://github.com/springdoc/springdoc-openapi）自动生成 OpenAPI 对应的 JSON 或者 YAML 文件，而无须人工编写。随着 HTTP 的普及，OpenAPI 的应用范围越来越广泛。尤其是在前端和后端配合开发、不同合作方之间的 API

集成等方面，OpenAPI 可以起到很好的协调作用。其定义的标椎规范，减少了理解上可能出现的歧义，同时避免了大量技术文档的编写。OpenAPI 提供的工具非常多，参考地址为 https://openapi.tools/。

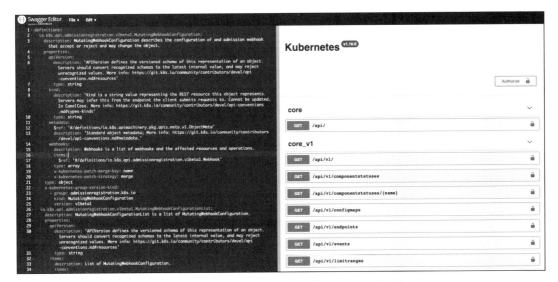

图 3-1　Kubernetes 1.16.0 对应的 OpenAPI 规范

当然，服务化架构设计的技术方案并不只有上述三种，还包括 WSDL、SOAP、xml-rpc、json-rpc、Java RMI 等。只不过这些技术目前可能已不再流行，或者只是某一编程语言的具体实现，有特定的使用场景，没有被广泛接受，但是这并不代表使用了这些技术就不是服务化架构，这点需要澄清。

下面就来看看实际的服务运维和服务调用，这里可能还需要考虑服务分组、服务版本和服务元信息等。那么，有人可能会提出这样的疑问：既然有了服务名，为何还需要服务相关的其他信息？解释如下。

1. 服务分组

服务分组的目的主要是满足不同的地理空间和服务等级需求，例如在不同的数据中心，即便是相同的服务，也要通过不同的集群部署方式来区分。另外，考虑到服务等级要求，如针对给 VIP 客户提供更可靠的服务，也会涉及同样的服务在不同分组中的不同要求。当然，实际情况复杂多样，可能还会通过其他维度来对服务分组。

2. 服务版本

服务发布后，随着需求的变更，我们需要在原有的服务规约上提供更多服务接口，其中一些可能还会涉及具体的逻辑变更。虽然我们竭力想要做到服务的接口兼容，但可能无法总是满足实际的需求。此时，我们需要推出服务的新版本，用于区分之前服务的接口规约。这也是为什么一些 HTTP REST 服务的 URL 路径中经常会看到 v1、v2 这样的版本信息。

3. 服务元信息

如果我们的服务并不多（如在 10 个以内），那么通过一个文档就可以管理这些服务。但是如果是成百上千个服务接口，那么服务查找的成本就会非常高。在这种情况下，我们需要为服务添加一些元信息，如服务描述、服务提供者信息、服务的标签等，以便于管理服务。

在实际开发中，我们经常会听到两个术语，服务注册和服务发现。它们分别是指什么？应该如何管理上面提到的服务分组、版本和元信息以方便消费者调用服务呢？这里，我们需要一个服务注册（Service Registry）中心，首先由服务提供者负责向服务注册中心提供服务的名称、分组、版本和元信息等，然后服务的消费者根据自己的需求（如指定的分组和版本等）查找并调用指定的服务，整体结构如图 3-2 所示。

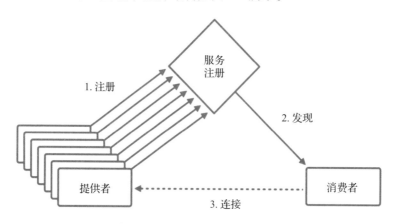

图 3-2　服务调用的整体结构流程

在实际的业务场景中，我们所要考虑的内容远比图 3-2 所示的多，如服务的健康度检查、服务优雅上下线、服务调用的负载均衡、服务接口隔离（Interface Segregation）等。感兴趣的读者可以自行参阅相关资料。

3.2　Service Mesh 化架构模式

Service Mesh（服务网格）是专用的基础结构层，主要用于保障服务之间安全、快速和可靠的通信。构建云原生应用程序就需要一个 Service Mesh。下面就来解释 Service Mesh

定义中的关键信息。

1）Service Mesh 是基础设施层，在某些场景中可能要与其他基础设施交互，如基础网络、PaaS 平台、运维系统等。如 Service Mesh 产品 Istio 就非常依赖 Kubernetes 这一基础设施，当然 Istio 本身也是基础设施。

2）Service Mesh 可用于解决各服务之间的通信问题。当然，服务之间的通信机制是很复杂的，其中包括通信协议、服务的负载均衡等，所以 Mesh 需要能够支持多种协议的适配需求，同时要能够支持相关的特性，如负载均衡等。

3）Service Mesh 是安全、快速和可靠的。关于安全性，相信大家都能理解，移动设备端的 App、后端应用和服务等，它们运行于各种网络环境和公有云之上，不在内部可信任网络中，没有防火墙的保护，因此安全是第一需求。

4）如果我们想要构建云原生应用，Service Mesh 就是不可或缺的，因为云原生应用具有一定的复杂性，在众多微服务应用之间的相互通信上体现尤为明显，而这点正好是 Service Mesh 所擅长的。

阐述完 Service Mesh 的定义后，让我们来看一下 Service Mesh 的经典解决方案。目前，Service Mesh 主要包含三种模式：第一种 Sidecar 模式，典型解决方案如 Istio+Envoy，当然还有其他的实现方案，如 Linkerd 等；第二种是服务注册和发现模式 (Service Registry & Discovery)，典型解决方案如 Spring Cloud；第三种是中心化 Broker 模式，典型解决方案如 RSocket Broker。下面就来详细分析这些技术方案。

3.2.1　Service Mesh 之 Sidecar 模式

Sidecar 模式最典型的方案是 Istio + Envoy 的结构，其中 Istio 主要负责控制面（Control Plane）的管控，而 Envoy 则负责数据面（Data Plane）的网络流量转发。两者的结合实现了 Istio 的 4 大目标：连接（Connect）、安全（Security）、控制（Control）和观测（Observe），如图 3-3 所示。

图 3-4 所示是 Istio + Envoy 最典型的点架构方案。

下面就来详细阐述 Sidecar 模式。我们先从服务之间的通信开始。假设 Service A 要与 Service B 通信，与传统的 Service A 和 Service B 直接通信（如最典型的 HTTP REST 服务调用）不同的是，Sidecar 模式要求通信双方首先与应用侧的 Envoy 连接，在发起服务间调用时，服务消费者 Service A 首先将服务调用请求发送给自己的 Envoy 代理人，然后 Service A 的 Envoy 代理人将请求转发给服务提供方 Service B 的 Envoy 代理人。接下来，Service B 的 Envoy 代理人再将服务请求转发给正式服务提供者 Service B，完成服务的调用。服务调用的响应结果会顺着原路返回，也就是服务提供者 Service B 将响应结果发给自己的 Envoy 代理人，然后由 Service B 的 Envoy 代理人将响应结果发给服务消费者 Service A 的 Envoy 代理人，最后由 Service A 的 Envoy 代理人转发给 Service A，最终完成整个服务调用流程。

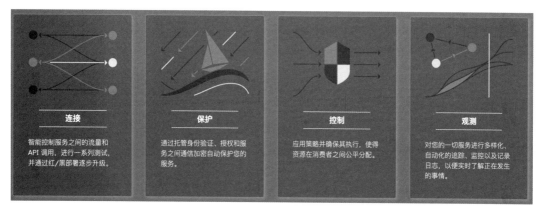

图 3-3 Istio 的 4 大目标

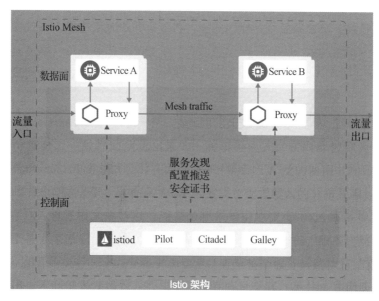

图 3-4 Istio + Envoy 典型的点架构方案

很多开发人员可能会产生疑问，既然服务之间可以相互通信并进行服务调用，为什么还要各自找一个代理人来做这件事情？下面就来解释通过代理人通信的好处。

1. 服务路由和可靠性保证

如今，服务之间的调用通常是指网络调用，如果要发起网络调用，那么至少需要知道目标 IP 地址和端口号；如果是由应用发起连接创建，那么应用就需要了解创建连接的详细信息；如果涉及网络变更和调整、目标服务上 / 下线、网络抖动和服务短暂不可用等问题，那么应用就需要感知并做出对应的调整。虽然只是一次简单的远程服务调用，但是其中涉及的工作量并不小。如果有了代理人的介入，应用只需要与附近（127.0.0.1）的代理人创建连接，然后代理人与目标服务创建连接和路由等。也就是说，有了代理人，应用就不用关心与网络相关的工作了。

2. 隔离性和安全性

当发起网络 I/O 请求时，如果采用同步阻塞的方式，通常要设置连接池和请求超时，以保证应用的快速响应。代理人可以承担起这部分责任，处理连接池和超时等工作。另外，连接的创建还会涉及安全问题，例如，需要为数据连接提供用户名和密码。如果由应用来保存这些信息，那么当开发包出现安全问题而导致应用被入侵时，有可能使数据泄露。如果调整为由代理人来管理与服务提供者的连接，那么应用就不再需要保存这些用户名、密码和密钥等信息，安全性就会因此而得到提升。

3. 为应用减负

前文解释了代理人在处理网络和安全问题时的作用，可以看出代理人已经为应用减负不少。实际上代理人还能做更多事，如协议转换。网络通信除了网络连接的创建和管理之外，还涉及协议解析、数据序列化和反序列化等，这些都需要有对应的 SDK 支持。代理人的介入在一定程度上可以帮助应用简化这些工作。如果采用代理人模式，我们只需要通过 HTTP REST/gRPC 这些通用 SDK 将请求发送给代理人，代理人就可以连接 Kafka 并完成消息的发送，这种协议转换能够很大程度地为应用减负。如果一些编程语言还没有对应协议的 SDK 开发包，那么这种代理人协议转换的方式将会提供更多方便。

4. 服务调用的可观测性

传统方式下，如果要监测服务调用，我们需要在 SDK 中做大量工作（如日志记录、链路跟踪、Metrics 埋点等），这些工作将导致 SDK 变得非常庞大和复杂。代理人介入后，服务请求的转发都是通过代理人完成的，相当于有了统一的入口。在这里，我们可以进行可观测性数据埋点，如使用 Logging、Tracing 和 Metrics，使数据采集工作简单很多。数据采集将为后续的服务治理提供分析数据。基于这些数据，代理人可实现诸如熔断保护（Circuit Breaker）、重试（Retry）等工作，不仅实现方便，而且能很好地保证系统的稳定性和可靠性。

　　当然，Envoy 代理还有其他方面的优势，这里就不一一列举了。至此，读者可能会发出新的疑问，那就是谁负责管理这些代理人。这些代理人可做不到完全自我管理。下面将要讲解的 Istio 控制面可用于解决代理人的管理问题。

　　Envoy 代理主要负责处理网络请求的转发和接收、协议转换、数据采集等工作，这些基本集中在数据面，而如何指挥并协调这些代理人一起工作，就会牵涉控制面的工作。此外，代理人承担的网络连接创建、安全、断路保护等，还涉及相关元信息来自哪里的问题。在 Istio + Envoy 的架构设计中，存在一个数据面和控制面的通信协议，即 xDS 协议（xDS Protocol）。该协议可以实现对 Envoy 代理的管控，涉及的内容非常多，如 LDS（Listener Discovery Service，监听器发现服务）、RDS（Route Discovery Service，路由发现服务）、CDS（Cluster Discovery Service，集群发现服务）、EDS（Endpoint Discovery Service，端点发现服务）和 SDS（Secret Discovery Service，密钥发现服务）等。限于篇幅，这里就不详细介绍 xDS 了，协议的具体内容可以参考 https://www.envoyproxy.io/docs/envoy/latest/api-docs/xds_protocol。我们只需要明白在 Istio + Envoy 架构体系中，控制面应用 istiod 通过 xDS 协议管理着众多 Envoy 代理。

　　那么如何部署众多的 Envoy 代理程序呢？上文提到过，代理人应用部署在真实应用的旁侧，我们可以将真实应用和代理人应用理解为同一个虚拟主机或容器内的两个进程——一个为正式应用的进程，一个为 Envoy 代理进程。那么，这种方式会不会增加运维的成本？当然会！但是，我们在前面也解释过，Service Mesh 属于基础设施层同时也要依赖其他基础设施层，所以部署 Service Mesh 或多或少会对基础设施做一些改变。好消息是，如果基础设施层已经在使用 Kubernetes，那么这里的调整并不会很大，因为 Kubernetes 已经能够很好地支持 Istio，几乎不需要再做太多工作，我们只需要按照 Istio 官方文档完成 Istio 在 Kubernetes 上的安装即可。同时，Istio 还提供了功能丰富的 Dashboard 控制台。可以说，Istio 与 Kubernetes 集成下的用户体验非常好，完全能够满足运维的需求。

　　那么，Istio + Envoy 是不是最完美的 Service Mesh 架构呢？众所周知，软件架构设计中并不存在完美的架构设计，都是综合各种因素和折中考量后的结果。下面就来列举 Istio + Envoy 模式中的一些问题，以供我们选择架构时考量。

　　1）**对 Kubernetes 的依赖**。虽然 Istio + Envoy 这一 Sidecar 模式可以运行在非 Kubernetes 系统之上，但是对应的开发和运维的工作量还是不小的。因此如果基础设施层还没有使用 Kubernetes，则不建议使用该模式。

　　2）**性能损失和资源浪费**。对比传统的直连模式，Envoy 代理介入后增加了网络请求的跳数（Network Jump）。Envoy 代理同时也是一个独立进程，需要使用到内存和 CPU 等。另外，转发网络请求涉及协议解析等工作，这些都需要花费额外的计算资源。当然，对于中小规模系统，这种性能损失和资源浪费的影响并不大。但如果系统规模比较大，对资源成本比较敏感，对网络调用的性能损失比较在意，那么 Istio + Envoy 模式可能就不太合适了。当然，我们可以在 Istio + Envoy 的基础上对性能进行优化，以达到资源和性能的要求，但显然这又会增加一定的开发成本。

3）**开发成本增加**。代理的介入使得整个系统变得更为复杂。例如，应用开发时连接数据库，如果是直连的方式，那么设置一下 IP、用户名和密码就可以了。而如果是 Istio + Envoy 模式，就需要通过代理连接数据库。那么，是否需要在计算机上安装 Envoy 代理进行本机开发呢？如何快速部署到不同的环境进行测试，如本机测试、项目环境测试和日常环境测试等？这些都需要对应的开发工具或管理系统来提供支持。

目前，Service Mesh 架构典型的技术方案还是基于 Istio + Envoy 的 Sidecar 模式。随着 Kubernetes 在基础设施层的日益普及，大家已逐渐接受和采纳该模式。目前，各大云厂商（如 Google、阿里云等）都提供了基于 Kubernetes 一键初始化 Istio 服务的能力，大大降低了使用门槛。

3.2.2　Service Mesh 之服务注册和发现模式

在微服务架构设计中，服务注册和发现模式是一个非常典型的架构模式。我们在服务化架构模式中也提到过服务注册和服务发现的模式。这一模式的典型代表是 Java 开发者非常了解的 Spring Cloud 架构体。Spring Cloud 典型架构如图 3-5 所示。

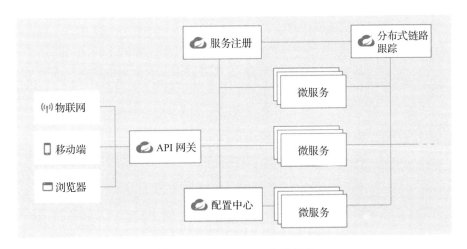

图 3-5　Spring Cloud 典型架构

每个微服务应用启动后，都会向服务注册中心进行注册。服务注册中心产品包括 Eureka、Console、Etcd 等。注册的信息包括微服务的应用名、对外服务的 IP 地址和端口号、应用健康度检查 HTTP URL，还有一些开发者自行设置的 tag 信息等。通常，我们不用考虑如何进行服务注册这些琐事，在 Spring Boot 应用中，只需要添加对应服务注册中心的 starter 依赖，然后设置连接地址即可。具体的服务注册对开发者来说完全是透明的。

在 Spring Cloud 架构下，微服务的通信只需要添加对应的 @EnableDiscoveryClient Annotation，让应用连接到 Registry Server，然后应用向 Registry Server 查询相关的服务（这个过程就是我们所说的服务自动发现），最后创建一个具有负载均衡能力的 RestTemplate，以便访问其他的 HTTP REST 服务。示例代码如下：

```
@SpringBootApplication
@EnableDiscoveryClient
public class MicroApp1 {

    @LoadBalanced
    @Bean
    RestTemplate restTemplate() {
        return new RestTemplate();
    }

    public static void main(String[] args) {
        SpringApplication.run(MicroApp1.class, args);
    }
}
```

调用其他应用的 HTTP REST 服务也非常简单，我们只需要将应用名作为 HTTP URL 的主机名，服务的自动发现机制会自动完成应用到具体 IP 和服务端口号的替换，这个过程对开发人员来说是透明的。示例代码如下：

```
@Controller
public class HelloWebClientController {
    @Autowired
    private RestTemplate restTemplate;

    @GetMapping("/")
    public String handleRequest(Model model) {
        //accessing hello-service
        HelloObject helloObject = restTemplate.getForObject("http://hello-
            service/hello", HelloObject.class);
        model.addAttribute("msg", helloObject.getMessage());
        model.addAttribute("time", LocalDateTime.now());
        return "hello-page";
    }
}
```

上面只提到了一些 HTTP REST 服务的例子，其他类似的 RPC 服务调用完全可以复用服务发现的机制，实现服务的透明调用和负载均衡。

上述微服务之间的通信方案，对于同一数据中心内部应用之间的通信也非常适合。通过服务发现机制，应用之间可以直接连接并完成服务的调用。针对外部接入的场景，Spring Cloud 还提供了 Gateway 方案，即应用无须接入 Registry Server，而是通过 Cloud Gateway 调用服务，由 Cloud Gateway 负责与 Registry Server 的对接，完成服务发现和对应的服务调用。这一机制非常适合瘦客户端和多语言接入场景，唯一的要求是要能访问 HTTP REST 服务，不需要考虑服务发现、负载均衡等逻辑，因为 Cloud Gateway 会帮助外部应用解决这些问题。

另外，Spring Cloud 还提供了其他相关服务，例如与 Zipkin 整合解决服务跟踪问题、与 MicroMeter 整合解决 Metrics 采集问题、与 Resilience4J 等整合实现断路保护（Circuit Breaker）功能，这些服务基本涵盖了服务治理的方方面面。

自 2015 年年初 Spring Cloud 发布 1.0.0 版本以来，基于 Spring Cloud 方案的 Service Mesh 涉及的服务一直在不断演进，并在很多公司得到广泛采用。Spring Cloud 如今已经非常成熟和稳定，完全满足 Service Mesh 的各种要求。阿里巴巴基于阿里云的基础设施服务，推出了 Spring Cloud Alibaba，目的是基于 Spring Cloud 的生态和规范更好地为开发人员服务。关于 Spring Cloud Alibaba 的更多详情请参考 https://spring-cloud-alibaba-group.github.io/github-pages/hoxton/en-us/index.html。

这里可能会有读者疑惑，Spring Cloud 为何不宣传或标榜为 Service Mesh 产品？首先，Spring Cloud 实际发布于 2015 年年初，早于 2017 年 4 月提出的 Service Mesh 概念；其次，Spring Cloud 覆盖的范围更广，远远超出了 Service Mesh 所涉及的范围，如安全认证、配置服务、流式数据处理、Cloud Function、Cloud Task、ZooKeeper 和 Vault 对接，当然还包括与阿里云、亚马逊 AWS、谷歌云、微软 Azure 等知名云服务的对接，从而降低了接入各种云服务的成本。

当然，Spring Cloud 也存在一些不足之处，尤其是在多语言支持上。如果技术栈基于 JVM，选择的编程语言是 Java、Kotlin、Scala 等 JVM 生态的语言，那么 Spring Cloud 方案就是非常不错的选择。但如果系统的核心编程语言不是 Java，而是 Node.js、Go、Python 或者 Rust 等语言，Spring Cloud 方案就不太适合了，毕竟要使用其他编程语言开发出类似的体系，工作量非常大。但这也不是完全不可能的，如 Go 的 Micro（网址为 https://github.com/micro/micro），其设计思想就与 Spring Cloud 非常类似。

3.2.3　Service Mesh 之中心化 Broker 模式

各应用之间的通信还有一个模式，即中心化 Broker，具体是指通信双方同时连接到一个中心的 Broker。当服务消费者需要调用一个服务时，只需要将服务请求发给中心的 Broker，然后 Broker 会从已经连接到 Broker 的服务提供者列表中查找能够处理该服务的服务提供者，并将服务请求转发给该服务提供者。当服务提供者处理完服务请求后，再将结果原路返给服务消费者。中心化 Broker 模式整体流程如图 3-6 所示。

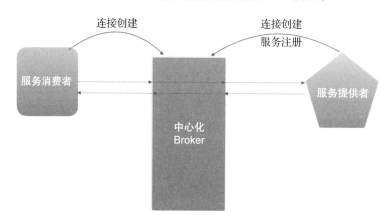

图 3-6　中心化 Broker 模式整体流程

为什么要采用这种模式？下面就来讲解中心化 Broker 模式的优势。

1）无端口监听。传统的服务提供者首先需要启动本地的监听端口，然后接收来自其他应用的服务请求。而 Broker 模式则是由服务提供者主动创建到 Broker 的连接，然后复用该连接处理来自 Broker 的服务请求。这种模式下，服务提供者依然可以对外提供服务，但是没有本地端口号的监听。这就使得安全性得到了非常大的提升，端口扫描、端口攻击、未授权访问这些问题都不复存在。

2）无网络要求。传统的点对点通信模式要求通信双方网络互通，应用之间能够创建连接并进行通信。而 Broker 介入后，只要通信各方能够连接到 Broker 即可通信。例如，我们有一些应用部署在阿里云上，一些服务部署在自己的数据中心，这种情况下，应用之间如何互通访问？是通过 VPN 网关吗？现在我们只需要在阿里云上部署 Broker，阿里云上的应用就可以通过云 VPC 连接到 Broker，私有数据中心的应用通过公网（互联网）连接到 Broker，这样应用之间就可以互相通信了。无论应用来自办公室还是工厂，所有应用都可以通过 Broker 连接在一起。这些连接的创建都会经过安全认证，通信通道也是经过 TLS（Transport Layer Security，安全传输层协议）加密的，完全不用担心数据在通信过程中存在安全风险。

3）**无底层设施依赖**。对基础设施无任何要求，只要有服务器，同时网络能被其他应用触达即可。无论是经典 VM 基础设施、Kubernetes、Cloud Foundry 还是公司自研的 PaaS 系统等，中心化 Broker 模式都支持这些基础设施之间的相互访问。

4）**无服务注册依赖，无负载均衡要求**。Broker 本身承担了服务注册的功能，不需要额外的服务注册产品。另外，服务请求全部由 Broker 转发，消费者不需要关心服务在哪里、如何创建连接、如何负载均衡等问题，因为服务是透明的。

5）**简化运维**。与管理大量的终端 Envoy 代理不同，中心化 Broker 后，我们只需要管理中心化的几台高性能服务器就可以了。

当然，Broker 的优点不只上述 5 点，还包括集中权限认证、集中化的安全证书、集中化的流量管控等。既然 Broker 有如此多的优点，为什么 Broker 并不是很流行呢？为什么架构设计中很少谈到它呢？因为 Broker 确实也存在如下两个致命问题，如果这些问题得不到很好的解决，那么 Broker 基本上就无法使用了。

1）**异步化架构**。众所周知，Nginx 的异步架构设计非常优秀，能够支持庞大的访问流量。如果 Broker 还是基于 Thread Pool 设计，那么根本没法应对 C10k 问题。这就要求 Broker 必须采用完全异步的架构设计，如 EventLoop 和 Actor 模式。这些名词对大家来说都不陌生，如 Node.js 和 Akka 都在使用，但是用在中心化的 Broker 设计上并不多见，同时这个开发成本也比较高。

2）**协议适配和单点故障**。应用之间的通信协议是多种多样的，如 HTTP、RPC、各种自定义的消息协议等。Broker 需要承担这些协议的适配和转发等，如果对这些协议处理得不好，可能会出现 Broker 不稳定、性能下降乃至不可用等问题，从而引发致命的中心化系统单点故障。

处理好中心化性能、稳定性和负载均衡等问题非常具有挑战性，这也是 F5 公司的 BIG-IP 非常昂贵的原因。但是这并不代表中心化 Broker 是风险很高、不能做的架构设计。随着技术日新月异的发展，Broker 成为可能。RSocket 和 Broker 的相互配合让基于 Broker 的 Service Mesh 方案成为可能。让我们从 RSocket 通信协议的介绍开始。

RSocket（网站地址为 https://rsocket.io/）是一个异步二进制消息通信协议，该协议采用连接复用技术，在连接复用的基础上支持 4 个通信模型，具体如下。

1）Request/Response：请求 / 响应模型，如 HTTP1.1、RPC 等。

2）Request/Stream：流式数据请求模型，典型的模型如消息订阅 Pub/Sub 模型。

3）Fire-and-Forget：数据发送后无须响应，所以性能更高，但存在一定的消息丢失风险。其主要用在一些高性能、非关键数据的网络传输场景，如日志传输、Metrics 上报等。

4）Channel：一种双向发送数据模式，主要应用在 IM 聊天、双向消息推送等场景。Channel 是基于连接的抽象概念，也就是在一个实际的连接中，我们可以虚拟出成千上万个虚拟的 Channel。

除了上述 4 个通信模型之外，RSocket 协议还支持 metadataPush 模型，其主要用于运维场景，如执行事件通知等。另外，RSocket 协议并不是完全封闭的，基于 RSocket 扩展新的通信模型非常方便。RSocket 协议的另一个特点是通信双方是对等的，也就是没有传统意义上的 Client/Server 模式。这就意味着 Client 也可以响应来自 Server 端的请求，成为 Server，这一特性与 Broker 对接入方的要求完全匹配。

上文中提到过，中心化 Broker 的架构模式是完全异步的，而 RSocket 是基于消息的全异步通信协议，满足异步要求。另外，我们可以想象，如果 Broker 支持非常多的协议适配，势必非常难实现，而且其稳定性和高性能可能会大打折扣。而 RSocket 协议是二进制的，且支持丰富的通信模型，基本涵盖了应用之间通信的全部场景。当然，其他通信协议也可以通过 Gateway 方式适配到 RSocket 协议之上。

下面就来讲解一下 RSocket Broker 典型的通信场景，如图 3-7 所示。

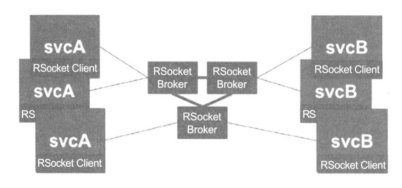

图 3-7　RSocket Broker 典型的通信场景

如图 3-7 所示，所有微服务都作为 RSocket Client 连接到中心化的 RSocket Broker 集群上，当有一个应用想要调用其他服务时，调用请求通过 RSocket 协议将消息发送给 Broker，然后 Broker 根据服务路由表，将对应的请求转发给服务提供者，在请求处理完毕后，再由 Broker 负责将响应转发给服务调用方。整个通信过程是完全异步的，不会出现由于阻塞而影响系统性能的情况，同时异步化极大地提升了 CPU 利用率，从而提升了系统的处理能力。

RSocket 作为一个标准通信协议，支持使用多种主流编程语言。RSocket 多语言技术栈如图 3-8 所示。

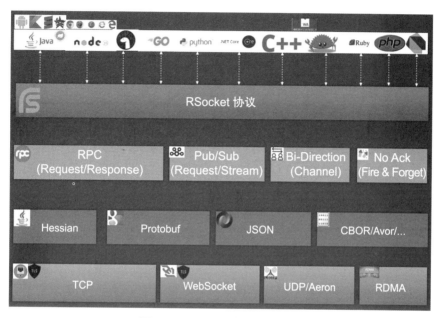

图 3-8　RSocket 多语言技术栈

在 SpringOne 2020 大会上，VMWare 的工程师发表了题为"Weaving Through the Mesh: Making Sense of Istio and Overlapping Technologies"的演讲，讨论了 Istio 和类似的重叠技术，着重阐述了 Istio、Spring Cloud 和 RSocket Broker 在 Service Mesh 场景的对比。感兴趣的读者可以搜索相关视频自行了解。

截至 2020 年 10 月，RSocket Broker 产品主要有两款，分别是 Spring 的 RSocket Routing Broker（网址为 https://github.com/rsocket-routing/rsocket-routing-broker）和 Alibaba RSocket Broker（网址为 https://github.com/alibaba/alibaba-rsocket-broker）。虽然这两种架构设计有较大差别，但是在 RSocket 协议上都是兼容的，可以相互访问。

3.3　Serverless 架构模式

Serverless 是一种新型的云计算运行模式，是指由云平台提供应用运行时需要的服务器，并且动态管理应用运行时需要的资源分配。Serverless 的定价基于应用程序实际消耗的资源量，无须用户提前购买计算资源，因此对计算资源的利用更有效。Serverless 可以简化代码实现应用替换和升级的部署工作，而且开发者不需要关心环境配置、容量规划和运维操作等（这些对开发人员都是不透明的）。在大多数情况下，云平台将 Serverless 以函数的方式（FaaS）提供给开发者，程序主要执行无状态的业务逻辑，数据保存通常由对接的存储服务提供。

这一点理解起来可能会有点抽象，下面以具体的案例详细说明。假设我们要开发一个个人博客系统，主要包含两部分：前端的静态站点，主要负责站点和文章的呈现；后端的HTTP REST 接口，主要负责加载编写的博客内容。静态站点使用 Svelte 编写，然后调用 rollup 编译 Svelte 并打包；HTTP REST 接口使用 Node.js 编写，并调用云服务商提供的 KV服务，完成博客文章的保存和读取。

作为资深的前端工程师，我们很快就可以完成前端界面和后端逻辑代码的编写，然后在本地完成测试，并部署博客服务。在部署博客服务时，我们需要购买云平台的虚拟机。配置太低，如带宽和内存太小，对性能的影响会非常大，且会影响用户体验。而购买一个高性能的虚拟主机，个人每个月需要花费 300 元左右，感觉不太值得。最终，我们选择了一个中等配置的虚拟机，每个月需要花费 120 元左右。接下来为虚拟机设置环境，如在Ubuntu 20.04 操作系统下安装 Nginx，需要配置对应的 nginx.conf、安装 Node.js 环境等。然后编写一些管理脚本，如将代码同步到虚拟主机、重启 Node.js 应用等。经过一系列准备，我们开发的个人博客上线了。

博客刚上线时，我们花费大量时间来美化站点，同时发表大量技术文章，如 TypeScript4.0 新特性、Deno 入门、Webpack 5 介绍、RxJS 7 新特性等。但事与愿违，访问量并不高。更可怕的是，操作系统存在安全漏洞。

这时，云厂商推出了基于 Serverless 架构设计的 FaaS 平台，可以帮助我们快速部署静态站点、Node.js 服务等，而且是按访问量收费的——100 万次访问只收费 3 元，网络流量每兆字节为 0.8 元。如果月访问量低于 10 万次，且网络流量低于 5GB，则服务完全免费。这样的便利和优惠非常诱人，我们再也不用考虑 Nginx 配置、Node.js 环境安装、脚本管理、安全包更新等，只要使用该平台的命令行工具即可完成发布。

读者可能会产生疑问，难道不用再关心 Nginx 和 Node 吗？答案是不用关心。无论是Nginx，还是云厂商自研的 Web 服务器为静态站点提供的服务，我们都不用在意，也不用关心 Node 应用在哪里运行。只要对应的 Node 版本满足要求，能通过命令行工具和管理控制台查看应用日志，就足够了。

对于云厂商来说，Serverless 市场的竞争非常激烈，尤其在技术方面。例如，我们编写了一个函数服务，如果云厂商 A 的价格是 100 万次访问 10 元，而云厂商 B 的价格是 100

万次访问 5 元，那么在提供的访问体验相同的情况下，我们可能会选择云厂商 B 的服务。这样的技术竞争对用户是有利的，用户将会获得价格更便宜、体验更好的技术服务。那么，如何实现高性价比的 FaaS 结构呢？相信不少读者已经看过图 3-9 所示的非容器化的Serverless 架构。

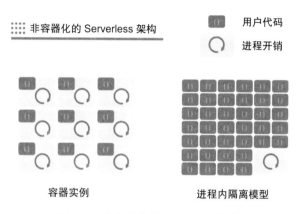

图 3-9　非容器化的 Serverless 架构

　　采用传统的应用启动和隔离策略来运行 Serverless 应用（如容器化），并不是一个很好的策略。从图 3-9 中我们可以看到，独立进程带来的额外消耗是非常大的，诸如会占用更多的内存、重复的 EventLoop 开销等，因此更理想的方案是基于独立进程内的隔离策略，即进程本身支持多租户的架构设计。这样可以将额外的资源损耗降到最低，从而降低微服务应用资源的成本。然而，目前基于独立进程内部的隔离策略并不是一个通用的解决方案，例如，在一些编程语言或者应用类型下就比较难实现，所以一些 FaaS 平台对编程语言提出了特定的要求，例如只支持 JavaScript。这样做的好处是可以使隔离性做得更好、更安全，同时保证价格最低；坏处在于无法支持多语言 Serverless 应用的开发。上文提到过，FaaS程序主要执行无状态的业务逻辑，图 3-9 所示的架构设计也体现了这一点，那就是基于独立进程内的隔离策略无法实现为代码提供资源独占的需求，如锁定一块内存用于存放用户登录后的会话信息。不过，大家不用担心，FaaS 平台通常会提供相应的高性能 KV 存储方案，用于解决状态存储的问题，以及提供缓存、事件通知和订阅等配套服务。

　　在微服务架构的应用越来越普及的前提下，大多数开发者逐渐接受并采纳了Serverless。在实际的 Serverless 开发中，由于与容器类技术方案不太一样，Serverless 平台并没有通用的规范，所以不同云厂商的 Serverless 平台的部署方式和 API 等都不太一样。但是，大家也不用太担心，Serverless 平台架构会遵循 CNCF Serverless 白皮书开发规范。

3.4 计算存储分离模式

计算和存储是计算机最核心的组件，那么将计算和存储分离的原因是什么？其实，这就是无状态（Stateless）和有状态（Stateful）应用架构的区别。无状态应用架构是指服务请求和所在的服务器完全无关，即便请求涉及数据相关的逻辑，也是从外部获取（比如说数据库），服务器本身不存储任何信息。而有状态应用架构中请求和对应的服务器是相关的，如请求涉及的数据就保存在服务器上、用户的会话数据就保存在服务器的内存中，或者多个请求相互关联时就将中间状态保存在服务器的内存或持久化存储中。

有状态应用架构非常复杂，如对于典型的 KV 存储系统，在处理分布式存储时，通常会基于 Key 进行路由，转发到指定的服务器上，完成对应 Key 的存储和读取。为了保证不丢失数据，我们需要设计对应的高可用方案，如 Master/Slave 架构等；在系统扩容时，我们还需要考虑数据在不同服务器之间的重新拓扑和数据迁移等工作，并保证在此过程中服务可用且读写数据一致。

正是因为有状态应用架构的复杂性，越来越多的应用考虑基于无状态的架构方案，尤其是在云环境下，如完全无状态的函数计算、Web 应用后端采用集中式会话存储等。当然，KV 和数据库产品等存储系统也会采取同样的计算和存储分离的架构，通过分布式文件系统和块服务等，让存储产品设计更加简单，其中最典型的例子就是 HBase 的存储是基于 Hadoop 的 HDFS 分布式文件系统，这样 HBase 主要负责数据结构和计算部分，而存储则是由 HDFS 来负责。

针对计算存储分离模式，云厂商提供了完备的存储方案。简单的存储方案如 KV、分布式缓存、文件存储等，复杂的存储方案如文件系统挂载、块服务，这些存储方案同时解决了海量存储、数据备份等问题，可以很好地帮助我们实现计算和存储分离，实现无状态的架构设计。

在云原生架构中，应用可以将有状态部分委托给云，应用本身聚焦在计算部分，以解决分布式复杂性问题。常见的有状态部分包括会话数据、信息、各类文件、业务基础数据（如产品、地址库等）、业务配置参数、计算中间状态等。

无状态应用架构的好处不仅是设计简单，更提高了应用的可用性。在容器调度中，一旦检测到失败，容器马上根据一定的规则将请求流量调度到新的容器中。而且，无状态应用架构具备失败后快速迁移的特点。无状态应用架构不用做长时间的应用初始化。新启动的无状态应用架构可以快速投入生产，减少容器调度过程中的不可用时间。

3.5 分布式事务模式

在采用微服务架构的场景中，我们通常不会使用数据库共享模式，而是遵循每个微服务单独使用一个数据库的设计原则。这种模式带来好处的同时带来一个问题：当某个业务贯穿于多个微服务时，这些微服务应用中的数据分属于不同的数据库，彼此的事务都是独立的，这种情况应该如何保证数据的一致性呢？

目前，分布式事务的实现主要有 5 种模式：传统的两阶段提交（2 PC）、早期的最终一致性 BASE、预留资源的 TCC、补偿机制的 Saga 和高效的 AT。接下来，我们看一下在业务场景中究竟采用哪种模式。

3.5.1 两阶段提交

两阶段提交，顾名思义就是事务要分两步提交，而其中最知名的是 XA 协议。XA 协议是数据库事务管理器的接口标准。目前，Oracle、Informix、DB2 和 Sybase 等各大数据库厂家都提供对 XA 的支持。在 XA 协议中，存在一个负责协调多个 XA 资源的事务管理器。XA 资源支持事务提交和回滚，一般由数据库实现，可以存在于各个微服务应用中。事务管理器在第一阶段会先创建一个全局的事务 ID（xid），接下来向各个 XA 资源询问是否就绪，如果 XA 资源的回复全是 Yes，并给出了对应的本地事务 ID，则事务管理器将进入第二阶段，开始发起分布式事务提交；如果任意一个 XA 资源的回复是 No，则由事务管理器对所有的 XA 资源发送对应的 xid 事务回滚。总的来说，每个 XA 资源都会参与到整个事务链中，并在全局事务管理器中通过全局事务 ID 和每个 XA 资源的子事务 ID 协调后做出统一响应，如统一提交和统一回滚。

两阶段提交的设计逻辑非常简单、清晰，但是其在实际场景中的应用仍然存在不少问题，主要包括以下三点。

1）同步阻塞问题：当一个全局事务涉及多个 XA 资源时，如果某个 XA 资源被占用，那么该全局事务就只能等待该 XA 资源的响应，从而处于阻塞中，导致整个系统的处理能力降低。

2）单点故障：整个分布式事务是一个链，一旦有一个 XA 资源出现故障，则整体都不可用。

3）潜在数据不一致风险：如果在阶段二，由于网络问题，事务管理器只向部分 XA 资源发送 commit 消息，则只会有部分 XA 资源接收到 commit 消息，整体数据就会出现不一致的问题。另外，如果在发送 commit 消息时，事务管理器出现了错误，如宕机等，那么也会出现数据不一致的问题。

3.5.2 BASE

BASE 是 Basically Available（基本可用）、Soft state（软状态）和 Eventually consistent（最终一致性）三个短语的简写。BASE 是对 CAP 定理（Consistency, Availability, Partition tolerance）中一致性和可用性权衡的结果，来源于对大规模互联网系统分布式实践的总结。其核心思想是每个系统即使无法做到强一致性，也可以根据自身的业务特点，采用适当的方式，使系统达到最终的一致性。

1）基本可用：指在分布式系统出现不可预知的故障时，允许损失系统的部分特性来换取系统的可用性。比如在正常情况下，服务提供方在 10 毫秒内就能返回结果，但在故障情况（网络或存储故障等）下，则可能需要 1~3 秒，但这是系统无法接受的，可能会触发系统的断路保护而引发快速失败。正常情况下，网站会展现正常的内容，如个性化推荐内容，但是在快速失败模式下，则会加载默认显示的内容，如促销推荐等，这些内容都是静态化的或者被缓存的，通常不会引发系统的再次故障。

2）软状态：指运行系统中的数据存在中间状态，并认为该中间状态不会影响系统的整体可用性和最终一致性，即允许系统在不同节点的数据副本之间进行数据同步时存在延时。也就是说，如果一个节点接受了数据变更，但是还没有同步到其他备份节点，这个状态是被系统所接受的，也会被标识为数据变更成功。

3）最终一致性：强调的是系统中所有的数据副本在经过一段时间的同步后，最终状态能达到一致。当然，这也是分布式系统的一个基本要求。在数据一致性同步和核查的设计中，binlog 是一个非常好的工具。通过 binlog 的复制，非常容易实现数据的同步和一致性的核查。

在分布式环境下，传统 ACID 事务会让系统的可用性降低、响应时间变长，这可能达不到系统的要求，因此实际生产中使用柔性事务是一个非常好的选择。

3.5.3 TCC

TCC 实际上是 Try、Confirm 和 Cancel 的简称，将事务的提交过程分为 try-confirm-cancel 三个阶段。try 阶段完成业务检查、预留业务资源；confirm 阶段使用预留的资源执行业务操作；cancel 阶段取消执行业务操作，释放预留的资源。

TCC 和两阶段提交有类似之处，都需要事务的参与者实现对应的接口。TCC 的事务参与者必须实现 try、confirm、cancel 三个接口。TCC 事务的流程如下。

1）事务协调器发起事务请求，调用所有事务参与者的 try 接口完成资源的预留，这时候并没有真正执行业务，而是为后面具体要执行的业务预留资源。如果该阶段有参与者的 try 接口返回错误，则无法预留资源。如果资源不够，事务协调器则调用所有参与者的 cancel 接口回滚预留的资源。事务协调器有幂等和重试机制，以确保参与者的 cancel 接口被调用并回滚预留的资源。

2）如果事务协调器发现所有参与者的 try 接口都返回成功，则调用所有参与者的 confirm 接口。参与者不会再次检查资源，而是直接依据预留的资源进行具体的业务操作。如果协调器发现所有参与者的 confirm 接口都成功了，则分布式事务结束。如果协调器发现有些参与者的 confirm 接口返回失败，则调用所有参与者的 cancel 接口进行资源回滚。如果由于网络原因，协调器没有收到回执，则会进行重试。如果在既定的重试次数或者时间段内依然失败，协调器则会触发其他参与者的 cancel 接口进行资源回滚。如果协调器一直没有收到确认，则会保留当前事务的状态，方便后续的事务补偿操作，如收到参与者返回后进行回滚操作，或者人工介入进行对应的数据修复，确保数据的最终一致。

TCC 采用了资源加锁粒度较小的柔性事务，将一个大的事务划分为多个独立的小的事务。每一个小的事务采取资源预留的机制进行事务处理。对于整个事务链来说，无法做到原子级别的事务提交，所以也就无法保证某一时刻的数据一致性，只能保证最终的数据一致性。

3.5.4　Saga

Saga 模式是一种用于解决长事务的实现方案，是一种补偿协议。在该模式下，一个分布式事务内会有多个参与者，每个参与者都是一个带有补偿逻辑的服务，即该服务可以根据业务场景实现正向操作和逆向回滚操作。

在 Saga 模式中，也存在一个事务管理器。在分布式事务的执行过程中，该事务管理器负责依次执行各个服务的正向操作。如果所有正向操作执行成功，那么整体分布式事务就可以提交并执行成功；如果任何一个服务的正向操作执行失败，那么事务管理器就会回退，执行前面各个服务的逆向回滚操作，让分布式事务回到初始状态，从而达到整体事务回滚的目的。

对比传统的开发方式，Saga 需要开发者做的事情更多，开发者需要实现服务的正向逻辑和补偿逻辑。而传统的事务管理器是没有实现补偿逻辑的要求的。

Saga 模式非常适用于流程长且需要保证事务最终一致性的业务操作。例如，在微服务中，一个业务请求需要跨越多个微服务应用的场景，就比较适合采用 Saga 模式。Saga 模式通常是基于事件驱动设计的，即每个服务都是异步执行的，不存在加锁、资源等待和阻塞的情况，所以性能非常高。在两阶段提交的方案中，XA 资源能够支持的通常是数据库事务；而在 Saga 模式中，服务可以以任何形式存在。如果是一个本身不支持回滚等事务操作的 NoSQL 资源，那么在补偿逻辑中，结合数据时间戳和资源提供的删除或更新接口也能保证数据回到全局事务之前的状态。比如只能单向操作的邮件系统，在分布式事务执行过程中，向客户发送了一封订单生成的通知邮件，则在回滚阶段可以再发送一封订单取消的通知邮件。总体来说，Saga 模式的正向逻辑和逆向补偿更为灵活，可以将更多的服务或资源加入分布式事务中。

但是，Saga 模式自身也存在一些问题，比如缺乏隔离性。当多个 Saga 事务同时操作一个订单时，缺乏隔离性会导致操作不是原子级的，可能会出现覆盖对方数据的问题。出现这种情况的原因主要是多个事务并发操作同一资源。我们可以通过一些方式来解决覆盖对方数据的问题，例如，在应用层增加逻辑锁，或者通过顺序消息保证同一资源的串行化操作等。

当然，分布式事务处理还包含其他模式，大家可以根据自己的实际业务场景进行选择。不管使用哪种方式，我们都需要验证数据的最终一致性，这在事件驱动设计中也有过阐述。其目的主要是找出不一致的数据，提前解决数据不一致造成的问题。既然选择了分布式事务，就已经说明数据一致在系统中的重要性，因此增加一个最终数据一致性验证的环节是非常必要的。

3.5.5 AT

AT（Automatic Transaction）事务模式是阿里巴巴中间件内部为了解决 HSF 跨服务一致性和 TDDL 分库分表一致性而演化出来的一种事务模式，在内部被称为 TXC（Taobao Transaction Constructor）事务模式，并在内部业务中得到了广泛的使用。2019 年 Seata 开源后，TXC 事务模式也随之开源，并命名为 AT 模式，意为无侵入的分布式事务模式。

前面提到了 XA 事务模式的特点。随着微服务架构的流行，XA 事务模式的缺陷也越来越突出。除了被大家诟病的性能问题，随着微服务链路的增长，服务链路的耗时也相应变长（上游服务在开始执行时，需要将资源锁定，直至整个服务链路执行结束）。其反伸缩性也越来越突出，不利于并发场景，造成系统的吞吐量下降。另外，在微服务架构下，其数据存储更加多样，要求被纳入分布式事务链路的资源必须实现 XA 协议。任何未实现 XA 协议的资源即使在分布式事务的范围内，仍不能保证其数据的一致性。另一方面，XA 协议需要传统的数据库厂商去实现，而各数据库厂商的支持程度有很大的区别。

为了解决上述提到的性能、协议支持、协议实现的完备性等问题，阿里巴巴中间件团队探索出 TXC 模式，打造了一种简单易用、高性能和广泛适用的分布式事务模式。AT 模式保持了 Spring 事务的编程风格，通过一行注解就可实现分布式事务，学习成本较低，无须资源实现 XA 协议，所以其应用范围更广。AT 事务模式与关系数据库相结合，利用本地事务的 ACID 特性，可分析得到待执行 SQL 语句的数据前后镜像。在分支事务操作时，应用层保证操作数据的 Undo Log 与业务操作同处一个本地事务中。在分布式事务回滚时，使用数据的前镜像构建反向操作，达到数据回滚的目的。另外，分布式事务在执行的过程中会使用全局锁来保证分布式事务的时序。与 XA 模式相比，AT 模式在事务的一阶段就释放数据库资源，因此在并发和有限数据库连接场景下，可以更大限度地提高并发量，增加系统的吞吐量。分支事务的交互流程如图 3-10 所示。

当然，AT 模式也会存在一些问题，由于全局锁从数据库层面提升至了中间件框架层面，因此可能存在用户不使用中间件框架去做数据库更新操作，导致事务的时序无法保证、数据无法回滚的情况。这种情况一般出现在用户使用 AT 事务模式，完成分支事务一阶段的操作之后和二阶段事务决议之前。我们需要一个开发层面的规约来避免此类问题，对于相同数据的操作必须全部纳入 AT 事务的管理之中。

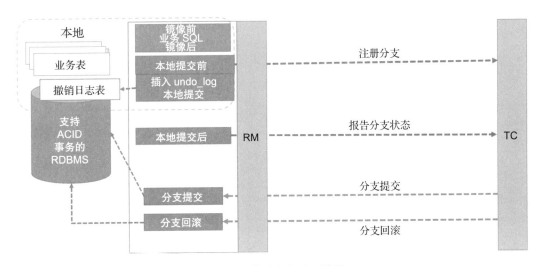

图 3-10　分支事务交互流程

3.6　可观测架构模式

可观测性（Observability）主要是指了解程序内部运行情况的能力。我们不希望应用发布上线后，对应用的内部一无所知。对于我们来说，整个应用就是一个黑盒子。即便应用出现错误或者发生崩溃，我们也可以得到崩溃前的所有相关数据，这也是飞机黑匣子（Flight Recorder）设计的出发点，如图 3-11 所示。目前，关于可观测性的架构设计主要涉及三个部分：日志（logging）、度量（Metrics）和追踪（Tracing）。下面就从这三个方面详细阐述可观测性架构的设计。

图 3-11　飞行记录仪之日志、度量和追踪

3.6.1　日志

要想了解系统的运行情况，最简单的方法就是查看日志。为此，我们创造了非常多的日志框架、工具和系统，如日志文件打印、日志文件采集工具、日志分析系统等。但是，在实际运维中，我们不能将所有信息事无巨细地全部记录下来，这样做反而没有意义。我们需要为日志设置不同的级别，如 debug、error、info 等，在开发、测试、生产等不同环境下开启不同的日志级别，并保证在系统运行时能够实时调控这些日志级别。

通常，我们不用考虑日志处理的问题，毕竟日志处理技术经过长时间的发展，目前已经非常成熟，几乎所有的编程语言都有对应的日志框架。目前，云厂商基本上都会提供日志服务，对接非常简单，或者自行安装成熟的日志处理系统，如 ElasticStack 等。

3.6.2　度量

度量不仅包括 CPU 负载、内存使用量等技术指标的度量，还包括非常多的业务度量（Business Metrics），如每分钟的交易额、每分钟会员登录数等。对于这些业务度量参数，我们在做架构设计的时候，需要以参考指标的方式全部罗列出来，以便于观测上线后的数据，并做出相应的业务决策。

这里可能会有读者产生疑问，我们已经使用日志记录了相关的数据，数据库中也保存了最终的数据，为什么还要增加对数据的记录？为了解答这个问题，我们首先看一下如下区别。

第一，日志记录的是发生在某个时间点的事情，其中包含非常多的细节，可以说是事无巨细的。

第二，数据库记录的是当前数据的最新快照，我们通常不会关注中间的过程，如电商网站的商品价格可能经过多次调整，但数据库通常只会记录商品的最新价格。

第三，度量统计的是一个窗口期的聚合数据，可以是平均值，也可以是累计值。如果是 CPU 负载，就统计一段时间的平均值；如果是 1 分钟内交易的订单数，就需要统计累计值。还有一类比较特殊，就是那些没有时间区间的情况，如计数器等，在应用启动后的整个运行期间，它的值会不停地累加，在应用重启后它会被重新计算。

虽然日志可以计算出一些数据，如订单数、订单金额等，但这里需要考虑数据分析的成本和实时性，以更好地实现计算资源、存储节约和快速查询等。而度量统计的是窗口期的数据，所以不需要再次计算，从而节约了计算资源；同时也不需要保存窗口期中每一条具体的数据，因此可以节约存储资源；从用户角度来说，由于数据经过了窗口期的预处理，因此查询响应的速度也会更快。

总体来说，度量部分处理的是可观测性数据中的垂直场景。当我们更关注某一窗口期的聚合数据，同时关注点主要聚焦于数据的趋势和对比时，度量刚好能够满足这类需求。

典型的度量指标主要由以下 5 个部分组成。

1）**名称**：因为度量指标的名称要表达其代表的意思，所以最好采用命名空间级联的方式，可以使用类似域名的"."分隔，或者使用 Prometheus 中采用的"_"分隔。

2）**时间点**：采集度量的时间点，通常由度量框架自动设置。

3）**数字值**：度量值只能为数字值，不能为字符串等其他值。

4）**类型**：典型的类型分别为计数器、直方图、平均比率、计时器、计量表等。

5）**标签**：主要包括一些元信息，如来源服务器标识、应用名称、分组信息、运行环境等。标签是为了方便后续的度量查询和再聚合处理。

当以上信息保存到 Prometheus 等度量系统后，我们可以根据上述结构进行查询。PromQL 是 Prometheus 提供的度量查询语言。

最后为大家介绍基于度量系统的一些预警规则。预警规则非常丰富，下面列举几条以方便大家参考。

1）**阈值预警**：当某一度量指标的值低于或高于某一预设值时，就会触发警报。例如，CPU 的负载、业务上的度量值跌至零，这些都会触发预警。

2）**同期数据对比**：在某些场景下，通过绝对值判断是不能发现系统问题的，比如，一个电商网站每天不同时段的交易额是有差别的，所以比对每周同一天同一时段的数据来判断问题会更加精确。

3）**趋势预警**：主要是针对计数器类型设置的预警，如果度量数值出现激增或骤降，或者游离在正常的曲线趋势之外，就需要引起我们的注意。

回到实际的应用开发，大多数云厂商也提供了度量集成化服务，如阿里云的 Prometheus 服务。在程序中，我们基本上只需要直接对接即可，诸如度量指标的采集、存储、监控、告警、图表展现等数据监控服务。

3.6.3 追踪

微服务架构后基本上是分布式的架构设计。一个简单的 HTTP 请求可能涉及 5 个以上应用，一旦出现问题，就会很难快速定位。例如，用户反馈会员登录非常慢，基本要花费 5 秒以上的时间，这种情况该如何定位问题所在？定位问题涉及登录的 Web 应用、账号验证服务、会员信息服务、登录的安全监控系统，还涉及 Redis、数据库等。如果没有一个高效的追踪系统，排查定位问题的复杂度可想而知。

首先，让我们看一下追踪系统的基本元素。

1. traceId

traceId 用来标识一个追踪链，如一个 64 位或 128 位长度的字符串。不同追踪链的 traceId 不同。但在某一个追踪链中，traceId 始终保持不变。traceId 通常在请求的入口处生成。如对于 HTTP 请求，traceId 基本上在网关层生成，也可以延后到具体的 Web 应用中生成。在产品环境中，并不是所有的请求都要启动追踪。我们只会采样部分请求，如只会追踪 2% 的请求，这样做主要是考虑到追踪对整个系统会造成额外的开销。当然，在测试环境中，为便于排查问题，建议所有请求都开启追踪。

2. spanId

spanId 用于在一个追踪链中记录一个跨时间段的操作。例如，我们访问数据库或者进行 RPC 调用的过程，就对应于一个 spanId。在一个区间（span）中，ID 的作用是便于识别。ID 通常是一个 64 位的 long 型数值，名称的作用是便于用户了解是什么操作，起始时间和结束时间的作用是便于了解操作时长。另外，区间还可以包含其他元信息。总的来说，一个追踪链是由多个区间组成的。区间提供具体的操作信息。区间的生成会涉及应用中的代码，我们称之为区间的埋点。

3. parentId

在追踪链中，我们可能需要对一些区间进行分组，如将某一应用内部的多个区间归在一起，这样就可以了解该应用在整个调用链中消耗的时间。其解决方案是为区间添加 parentId，将不同类别的区间归在一起。通常，我们在进入一个应用时会进行 parentId 的设置。例如，进入会员登录应用时会设置一个 parentId，在进入账号验证服务时会设置一个

parentId，这样我们就能根据不同的应用对区间进行归类。在同一个应用内部，我们还可以基于应用的 parentId 设置子 parentId。如果想要归类数据库相关的操作，则将操作全部列在数据库的 parentId 下。

　　追踪链可以将整个请求在不同应用和系统中的操作信息串联起来。我们只要输入traceId，就可以在追踪系统中了解整个调用链的详细信息。那么，在不同的应用和系统中，路径和区间信息又是如何采集的呢？Zipkin 是一款知名的路径跟踪产品，其中 Brave SDK可以实现路径和区间信息的采集。Brave SDK 负责创建路径和区间，同时将这些信息异步上报给 Zipkin，完成追踪链的数据采集工作。由于路径和区间信息的采集是通过远程调用实现的，因此这个采集过程一定要是异步实现的，只有这样，才能确保不会影响到正常的业务操作。最典型的采集方法就是对接 gRPC、Kafka 和 RSocket 等异步协议或系统，以确保数据的采集全部是异步的。

3.6.4　事件流订阅

　　日志记录、度量和路径追踪是实现可观测性架构模式的三大保证。但是在一些场景中，还存在其他非常精巧的设计，如 Java 飞行记录器（Java Flight Recorder，JFR）。与前三者不太一样的是，这是一种基于事件流（Event Stream）的推送设计。我们可以在应用中定义各种 JFR 事件，并在业务流程中触发这些事件。与日志记录不太一样的是，JFR 事件可能并不需要像 CPU 负荷那样被持久化记录下来并保存到日志文件中，而是在用户对这些事件感兴趣时才通过订阅来开启这些事件的采集，我们暂且称之为事件流订阅。与日志分析相比，这种方式更灵活，随时开启、随时分析、随时退出，而且完全是实时的。

　　基于 JFR 开启实时事件流订阅的好处是，我们不需要关心额外的开销对系统性能的影响，因为 JFR 的设计对系统额外开销的影响已经降到了非常低，只有不到 1%，比日志对系统的影响还要小。这就意味着在生产环境中，我们可以随时快速开启事件流监控。

　　在 Java 14 中，JFR 有了进一步的提升和改进，包括性能优化、自定义事件 API 和流式订阅等，这些都使得 JFR 的使用变得更加容易。在最新的 JDK 15 中，JFR 的事件类型数量高达 157 个，如 CPU 负载（jdk.CPULoad）、Thread 启动（jdk.ThreadStart）、文件读取（jdk.FileRead）、Socket 读取（jdk.SocketRead）等。这些都有事件记录，对监控的帮助也非常大。但 JFR 只针对 Java 平台，如果某个项目是基于 Java 的，那么 JFR 就可以很好地提升系统的可观测性。最新的 JUnit 5.7 版本也已经默认支持 JFR 的特性。

3.7　事件驱动架构模式

　　简单来说，事件驱动架构是基于事件进行的通信架构。对于事件驱动的系统来说，事件的生成、捕获、通信、监听处理和持久化都是核心结构。这与面向对象设计（OOP）、函数式编程（FP）等基于 API 的调用之间存在很大的差距。其主要原因是事件驱动架构采用了松耦合的方式，事件的生成源并不知道哪些系统正在监听这些事件，而且事件也不知道自己所产生的结果。而基于 API 的每一步调用，我们都能知道预期的结果，而且流程更简单明了。

　　既然事件驱动架构对结果的处理存在不确定性，我们为什么还要选择这种方案呢？最主要的原因是越来越多的分布式应用架构正在采纳松耦合和异步化，下面就来详细阐述。

3.7.1　什么是事件

　　这里所说的事件是指对发生在过去某一时间点状态变化的记录。由于是已经发生的事情，因此事件是不可改变的，即事件是只读的。

　　事件包含发生的时间、类型、承载的数据信息，那么有没有一个标准的规范用于描述事件呢？答案是有的，如 CloudEvents，就是描述事件的规范。我们可以在 https://cloudevents.io/ 中查找对应的规范。一个典型的 JSON 数据结构的 CloudEvents 示例如下：

```
{
    "specversion": "1.0",
    "type": "com.example.someevent",
    "source": "/mycontext",
    "id": "C234-1234-1234",
    "time": "2018-04-05T17:31:00Z",
    "comexampleextension1": "value",
    "comexampleothervalue": 5,
    "datacontenttype": "application/json",
    "data" : {
        "appinfoA": "abc",
        "appinfoB": 123,
        "appinfoC": true
    }
}
```

3.7.2　事件的生成和消费

　　事件的架构模式主要是发布 / 订阅（Pub/Sub）模式以及事件持久化模式等。在事件驱动架构模式中，还有一种模式是事件溯源（Event Sourcing）模式。与将对象状态保存在数据库中不同的是，事件溯源模式将不可改变的事件以只增（Append Only）序列化的方式保存在消息系统中，并确保对象的当前状态可以通过事件回放的机制进行重建。在介绍计算存储分离架构模式时（3.4 节），我们介绍了分布式存储的机制，而事件溯源模式也可以为事件订阅和事件分析提供很好的帮助。

事件生成后，我们会将其发布出去，提供给感兴趣的事件消费者。不同的消费者会对不同的事件感兴趣，所以在事件订阅端会存在一些用于过滤事件的规则，例如，根据事件类型和来源进行选择性的处理。

3.7.3　事件异步通信

事件是如何到达事件消费者端的？这里我们先解释一下事件与消息的区别。如果单从数据结构上看，事件与消息差不多，都是由信息头和载荷组成的。不同的是，事件是过去某一时间点的记录，其自身是没有路由信息的，而消息必须包含路由。我们可以将其理解为，事件是基于消息机制发送给消费者的。这也是事件的发布 / 订阅模式涉及诸如 Kafka 之类的消息系统的原因，其目的就是通过消息机制将事件封装起来。加之消息的路由信息，如目标 Topic 等，也可以辅助实现事件的发布 / 订阅。

事件是依赖消息的通信完成通信和消费的，而消息通信的核心就是异步的架构设计。我们经常说的基于消息通信，其实就是指异步消息通信。借助于消息系统的架构设计，发布 / 订阅模式中的一些常见问题，比如可靠投递、持久化、推送等全部得以解决。所以从某种程度上来说，事件通信基本上是基于消息通信的。当然，如果是在一个进程中，事件的处理不需要借助消息的机制也能完成。但是在分布式场景中，事件的异步通信还是需要依赖消息来实现的。

3.7.4　数据变更捕获

在业务架构设计中，我们经常会涉及数据变更捕获的需求，如数据变更捕获后触发搜索引擎增量索引、业务流程节点执行、数据同步等。数据变更捕获就是非常典型的事件驱动模式。在事件发布后，不同的订阅方做出不同的业务反应。接下来，我们介绍一下数据变更捕获在数据同步以及一致性中的应用。

业务架构设计需要特别强调数据的一致性，主要是因为数据的不一致会带来非常多的问题，小到信息不一致，大到可能引发严重的资产损失。事务通常可用于保障数据的强一致性，但是在分布式场景下，因为同时涉及多个系统和不同的基础服务，所以其中一些系统可能无法提供事务支持，如 KV 存储、异步消息通信等。即便能够提供分布式事务的支持，也会面临非常大的性能开销和实现难度等问题。所以很多时候，我们会退而选择保证数据的最终一致性。

那么，如何借助事件驱动模式完成数据的最终一致呢？首先，数据需要在不同的系统中保持同步。下面以事件发布 / 订阅模式为例，如商品发布系统中，商品的价格可能会发生调整, 对该事件感兴趣的用户会订阅该事件并做出反应, 如更新自己系统中的商品价格。这样在不同的系统中, 数据就可以保持同步了。在此过程中, 很有可能会由于一些系统出现错误, 导致数据无法更新, 这就需要一个数据核对机制来完成对各个系统的数据校验, 如在商品价格更新 30 秒后, 自动触发一个数据核对事件。该事件会触发核实相关联系统价格信息的动作, 以确保与商品价格相关联的系统中相应的价格是一致的, 如商品搜索系统、经销处管理系统等。如果出现数据不一致的情况, 就需要进行相应的补偿操作, 比如, 事件重发或者人工介入修正数据。这些补偿操作无论如何都比客户打电话来投诉所付出的成本要低得多。

在分布式系统设计中, 有一个非常知名的 CAP 定理, 即在一个分布式系统中, Consistency (一致性)、Availability (可用性)、Partition tolerance (分区容错性) 三者不可得兼。目前, 有一个非常值得推荐的方案是 Availability over Consistency (可用性高于一致性), 即强调要加强可用性, 这也说明了通过基于事件的最终一致来保证系统一致性是比较合理的。

3.7.5 读写分离

读写分离是数据变更捕获的外部延展, 考虑到其应用很广泛, 这里单独阐述。是否能够做到读写分离是界定微服务应用好坏非常重要的依据。首先, 读和写的技术栈不一样, 例如, 写需要事务保证、触发事件等, 而读主要是关心搜索条件组合、提升响应时间等。另外, 容量规划也不一样, 通常读服务需要的服务器相对来说会多一些。基于这样的需求, 我们应该如何实现读写分离呢? 让我们首先看一下图 3-12 所示的读写分离结构。

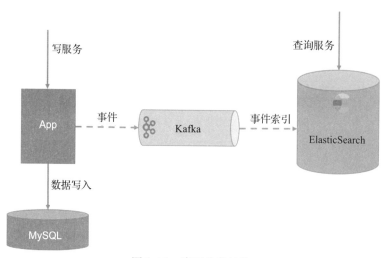

图 3-12　读写分离结构

写服务端负责完成数据的持久化，当然写服务是有数据库事务保证的。接下来，写操作触发的事件会经由 Kafka 消息系统提供给相关的事件订阅方，然后 ElasticSearch 通过事件订阅完成事件的索引化进入索引 / 搜索系统，最后对外提供查询服务。通过这样的事件处理机制，我们可以很方便地实现读和写的分离，从而达到架构设计的要求。当然，在此过程中，我们还可以添加数据核对等事件，以确保数据在读写系统中的最终一致性。

为了使事件驱动模式的使用更简单、方便，不少云厂商提供了对应的事件驱动产品，主要是通过屏蔽底层的异步消息通信来降低使用难度和维护成本，如阿里云提供的事件总线产品遵循 CloudEvents 规范，可以对接各种消息源、支持各种事件消费（如函数计算等），从而使事件驱动模式变得更为简单。更多的事件驱动产品介绍请参考 https://www.aliyun.com/product/aliware/eventbridge。

3.8　网关架构模式

网关也称统一接入层，主要负责处理南北流向（North-South Traffic）的网络请求，如来自浏览器、手机移动端或合作伙伴等的访问流量都会经由网关转发给具体的业务系统。

网关的作用是统一入口，这一点对于大型系统或微服务架构来说非常重要，比如统一域名和安全证书、流量统计、限流和防攻击等都可以在网关完成。如果将这些直接转交给微服务应用，每一个微服务应用都要重复这些配置操作，这必然会给微服应用带来非常大的负担，同时增加系统的维护难度。

网关也需要面对流量挑战，因为流量要统一经过网关，所以网关要求具备高可靠性，能够支持非常大的高并发需求，同时还要求低延时等。大多数网关会选择 Nginx 这款高性能的 Web 服务器作为 HTTP 网关。在很多云厂商的服务列表中，网关并不是免费的，即用户需要支付额外的费用。

另外，网关还可以具有负载均衡的作用，如 Spring 云网关会对接 Service Registry，通过服务发现机制自动完成负载均衡的设计。云厂商提供的网关服务基本上是自动支持负载均衡的，这也是需要额外收费的原因之一。图 3-13 所示是 Spring 云体系网关架构。

在进行网关设计时，我们可能还要对网关进行一些分类，如 HTTP 网关主要负责来自浏览器的网络请求；API 网关主要负责 API 调用，如 HTTP REST 网关、gRPC 网关；移动端的 Mobile 网关主要负责处理来自手机移动端的请求。这样划分主要是使网关的职责在实际的业务场景中更聚焦。同时，各种类型的网关涉及的技术不一样，如 API 网关更关注安全验证，可能还会涉及 API 计费等，因此将网关划分为不同的类型符合单一设计原则，对产品开发、安全管控、扩容和运维等都比较方便。

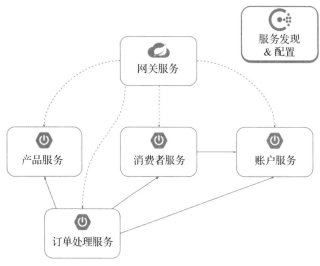

图 3-13　Spring 云体系网关架构

3.9　混沌工程模式

我们都知道"软件系统一定会存在问题"。虽然在系统上线前我们采取了一系列的保障措施，但无法全面覆盖所有潜在风险，甚至在某些情况下还会有意识地"默认"一些错误会发生，如网络故障、数据库和存储故障等，所以错误的发生是必然的，只是不能确定发生的时间。如何通过人为注入故障的方式快速检测故障并协调团队及时修复、检验系统的能力，是一个备受关注的问题。

那么，业内有没有这样的混沌案例？答案是有，比如淘宝"双 11"。"双 11"是消费者购物狂欢的日子，同时也是其背后技术团队的考验日，因为随时都有可能发生故障。相信大家都了解蝴蝶效应，再小的故障都可能会影响到整个购物系统，进而影响消费者的购物体验。

对一般性的产品做漏洞测试时，运维人员先通过日志和监控工具快速定位问题所在，再采取回滚的策略，即可实现快速修复。混沌工程与之不同，它要检验的问题复杂得多。所以针对类似于"双 11"这样极具挑战性的场景，更加需要进行压力测试和混沌测试，需要能够模拟出各种异常的状况（比如，网络不可用、服务不可用、服务超时等），与多种测试方法相结合，从而保证最终的产品可靠性。当然，系统的稳定性和可靠性不可能仅靠测试就能得到保证，还要处理很多发生在实际环境中的错误，这也是保证"双 11"业务越来越稳定的关键。

读者可能会产生这样的想法：我们业务量不大，根本不需要考虑混沌的问题。然而，在真实的业务场景中可能未必就不会遇到混沌的问题。众所周知，云服务需要遵守相应的服务等级协议 (Service Level Agreement，SLA)，如 AWS EC2 的服务等级协议是"每月正常运行时间百分比达到 99.99%"，阿里云的弹性计算服务等级协议是"单实例的可用性从 99.95% 提升至 99.975%，多可用区多实例可用性从 99.99% 提升至 99.995%"。如果公司的产品类似于 SaaS，那么公司对客户做出的服务承诺也需要遵守服务等级协议，这时我们就会明显感受到混沌测试的价值。

那么，实施混沌工程是不是非常麻烦？在大规模场景下，混沌工程的实施确实比较麻烦，毕竟微服务架构是由多个系统协同工作的，但混沌工程为单个应用及其关联服务场景的测试提供了很多支持工具，如 Shopify 的 Toxiproxy、Python 的 Chaos Toolkit。这些工具对模拟网络不可用、丢包和服务超时等的支持都比较好，还提供了丰富的接口，以实现自动化测试。

Service Mesh 架构可以为混沌工程的实施提供非常好的支持。在 Service Mesh 架构中，网络通信通常是由代理人负责完成的，控制面则负责代理人的管控。如果设置服务包括节点、路由配置等，那么 Service Mesh 架构在某种程度上就具备实现混沌工程的能力，以辅助我们进行混沌测试。目前，业内已经出现针对 Kubernetes 平台的 Chaos Mesh 方案。如果用户正在使用 Kubernetes，可以参考一下该方案，见 https://chaos-mesh.org/。

3.10　声明式设计模式

声明式设计，也称为声明式编程，主要目的是通过对目标的描述，让计算机明白要达到的目标，而非过程。与之对应的是命令式编程，强调每一步该如何执行。声明式设计有很多优势，下面列举一些常见的特性。

1）可读性：声明式设计采用的是领域特定语言（Domain-Specific Language，DSL）。DSL 更接近自然表达方式，相比编程语言更容易阅读和理解。

2）简洁：声明式设计代码量更小，逻辑更简单。

3）复用：声明式设计要表达的是目的，而不是流程。例如，在阿里云上创建三台虚拟机，只要目的一致，基本上就是既定的，无论复制到哪里都能运行，而且不需要修改。但如果是程序代码，复制代码片段后还会有大量工作，并且需要调整很多代码细节。

4）幂等性：在代码中，为了保证数据幂等，我们要做非常多的工作，如数据库事务、分布式事务、基于事件的幂等架构设计等，但是在声明式设计中，无须关心这些事情。

5）错误恢复：声明式设计强调的是结果约定，至于发生异常后应该如何处理，如是否回调等，我们不需要关心，这些都会由系统处理。

6）透明：底层的技术细节对用户是透明、无感的，用户不需要投入太多精力关心技术栈是什么、如何管理资源状态等问题。

对于命令式编程，相信大家都已经非常了解了，C/C++、Java、JavaScript 等都属于命令式编程语言。计算机需要按照编程语言设定的命令去执行，赋值、条件判断、函数调用等都属于命令。说到声明式设计，其实不少人可能每天都在使用声明式设计，那就是 Kubernetes。Kubernetes 的对象管理 yaml 格式文件就是声明式设计的一个经典案例。我们只需告诉 Kubernetes 所要的最终对象状态，至于中间过程是如何执行的，是新建资源还是删除等，并不需要关心。

声明式设计在实际开发中的作用非常大，常见的如与资源管理相关的 IaC（Infrastructure as Code，基础设施即代码）。在使用云资源的时候，我们不会在意这个资源是如何创建的，核心关注点只需要放在云厂商是否能在规定时间内保质保量地提供资源。因此，大多数 IaC 都是声明式设计。

同样，声明式设计也面临非常多的挑战。客户需求越简单，服务提供者需要承担的就会越多、越复杂，如对系统的高度抽象、DSL 设计、彩排支持等。由于声明式设计高度抽象和透明，对于客户来说，整个系统基本上就是一个黑盒子，操作的接口就是 DSL，客户无法进行调整和跟踪，所有的问题和故障都需要服务提供者进行排查和解决，所以其对系统的可观测性要求非常高。

3.11　典型的云原生架构反模式

前面介绍了云原生架构的典型模式，同时我们也要避免架构中的一些陷阱（或者说反模式）。当然，这些反模式也是随着项目的推进演变而来的，主要的原因如重大需求调整，但架构没有对应的变化，性能和安全需求对当前架构的硬性改变，团队或组织强行调整技术等。本节为大家讲解云原生架构中常见的反模式。

3.11.1　庞大的单体应用

如果你有过维护或者开发巨型单体应用的经历，肯定遇到过诸多令人痛苦的问题，比

如，Git 仓库过于庞大、IDE 打开慢、编译慢、应用启动慢、依赖的服务太多……对于新人
来说，能够将代码复制下来，并且编译成功，能正常启动应用，那将是极其幸运的事情。
更多的情况则是，运维人员至少要花费 1 到 2 周的时间去了解这个庞大的应用，否则基本
上无法开始编写代码。这里并不是要排斥巨型单体应用，其还是有适用场景的。我们也不
想讨论什么情况下不适合使用微服务之类的话题，这些都需要根据实际情况做出合理的决
策。但是，对于大多数业务场景来说，微服务架构是非常合适的。

3.11.2　单体应用"硬拆"为微服务

应用的划分是一套非常科学的方法论。正如庖丁解牛一样，只有了解了系统的原理，
摆脱一刀切的思维，我们才能做到游刃有余。虽然前文中也介绍过一些方法论，如读写分
离等，但是最核心的还是领域驱动设计（Domain-Driven Design，DDD）的划分思想。

DDD 的本质是根据业务属性将系统划分为不同的业务领域，最简单的如电商系统中的
会员、商品、交易和物流等。为了配合这些业务的运行，我们需要一些支持系统，如 CMS、
社交运营平台等。如果涉及个性化推荐的商业需求，大数据和 AI 平台也是必不可少的。

依据 DDD 的 Domain 原则划分子域后，我们会使用 BoundedContext 来实现这些子
域的落地。目前，我们可以将 BoundedContext 理解为微服务应用，多个 BoundedContext
可以共同支持一个子域，从而共同实现子域需要的业务功能。DDD 提供了非常完善的
BoundedContext 之间的关联关系和通信机制。例如，最新的 DDD + Reactive 模式就是将异
步化和事件驱动的设计思想带到了微服务架构设计中。

DDD 的子域主要分为三种类型，分别为核心子域、普通子域和支持子域。其中，普通
子域和支持子域就是我们常说的通用类子域，具体业务形态体现为 SaaS 服务，或者云厂商
提供的技术产品，如业务相关的经销存管理系统、CRM 管理系统、社交营销平台等，技术
产品如应用性能监控、图片识别服务、数据分析平台等。在项目研发的前 / 中期，建议考虑
整合第三方或者云厂商提供的普通子域和支持子域服务，将重心放在业务核心子域，不能
因为受到普通子域和支持子域开发进度、特性不完善等问题的影响，而造成核心子域上线
延迟、功能缺失等问题，待项目后期再考虑是否自主实现普通子域和支持子域服务。这方
面已有不少成功案例值得参考，很多支持核心业务的通用服务伴随着商业项目的发展也取
得了成功，如亚马逊的 AWS 云服务。

3.11.3　缺乏自动化能力的微服务

当微服务应用数量较小的时候，我们还能以手动的方式维护系统。但是，当应用数

量变得比较庞大时，再采用手动维护的方式已经不大可能，我们需要依靠自动化的方式来
管理大量的微服务应用。应用的自动化管理会涉及很多方面，如编译、部署和监控。目
前，大多数 PaaS 平台和云厂商提供的服务基本上具备自动化能力。通常，我们不用自
己开发，只需要对接即可，或者只需要进行少量的配置，或者添加一些相关的监控埋
点等。

对于开发来说，市面上已有很多支持测试自动化的框架，比如 CI/CD、IaaS、各种便
捷的 Kubernetes 命令工具和服务类 API，如自动化测试环境的 Testcontainer、测试数据自
动化的 Database Rider、模拟 HTTP REST API 的 Hoverfly-Java 等，都有助于快速完成自动
化。但我们认为构建自动化能力的关键在于团队是否有这样的意识，而不是对应的技术产
品是否完善。如果团队决定采用微服务架构，那么最好能够提前考虑关于微服务的自动化
能力，统一规划，这样即便在后期面对微服务应用数量激增、技术栈不统一的情况，也不
会忙中出错。当开发人员同时投入 3 到 5 个微服务应用的开发和维护时，想要在不同的应
用之间快速切换且不出现错误，则是非常困难的。所以一定要铭记，对于微服务来说，自
动化的 CI/CD 是最低的要求。

3.11.4 架构不能充分使用云的弹性能力

云计算服务架构主要可划分为三层，分别是 IaaS、PaaS 和 SaaS，如图 3-14 所示。

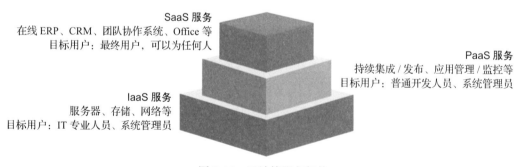

图 3-14　云计算服务架构

IaaS 位于最底层，提供服务器、存储、网络等服务。这些都属于基础设施，例如云服
务器、存储服务等。PaaS 位于 IaaS 之上，是对 IaaS 资源的进一步抽象，基本屏蔽了 IaaS
层的细节，例如 Kubernetes 就属于这一层。SaaS 位于最高层，直接提供服务及服务对接，
例如 Open API 集成、调用阿里云短信发送服务等，都属于 SaaS 层提供的服务。

从理论上讲，我们最好能直接对接 SaaS 层提供的服务，至于服务器、存储以及资源扩

展，全部交由 SaaS 厂商负责。对于 PaaS 层，由于我们需要开发自己的内部应用，会涉及应用部署之类的问题，因此该层的自动化（如资源的自动管理）通常都做得比较好。如果考虑弹性扩容能力，最好是基于 PaaS 平台进行。IaaS 层的弹性扩容是比较难的，不能随意购买云服务器和存储，购买这些资源后则需要进行一系列的工作，如对环境初始化、设置 Ops 监控系统、部署应用以及上线应用。

3.11.5　技术架构与组织能力不匹配

应用微服务化之后，会有更多的小团队负责不同的微服务应用，可能需要重新组建管理团队、开发团队和基础设施运维团队，由此可能会带来组织结构和管理方式的调整。

其中的一个变化是团队管理更趋于扁平化。在开发和维护巨型应用时，每个人只会集中于某一个模块。在进行大型应用的需求变更和新特性开发之前，开发人员都会经过一套标准的流程，即评估、任务分解、安排开发进度等。而且开发人员最了解模块，可以保证流程都是可控的，最后经过完善的测试后整体上线。当然，微服务应用也会随着商业需求的变化而调整，但这个过程不再是大团队一起配合、一起上线，更有可能的是，特性的开发和新功能的调整分阶段进行开发和上线。由于在不同的微服务之间存在不同的服务规约，因此可以逐步开发和上线。我们可以将这种分阶段理解为一种"小步快跑"的研发节奏。当然，大型应用也可以采用"小步快跑"的方式。

对于开发团队来说，应用微服务化后，每个服务都会变得更聚焦，体量更小。但"麻雀虽小，五脏俱全"，微服务同样要求我们拥有更多的知识。在这个过程中，我们可以寻求团队中其他人的帮助，但这势必会产生沟通成本，降低研发效率，所以要有能力解决 90% 的问题。另外，微服务化更强调单兵作战的能力。微服务架构是多语言、多技术栈的架构，虽然不需要我们深入了解每一个微服务的编程语言和技术栈，但要求至少掌握相应的开发技术。如 Java 程序员切换到 Node.js 应用时，不需要了解 Node.js 的底层知识（如 V8、EventLoop 等），只要理解 JavaScript 语法、模块管理、Promise 和 Async/Await 等，基本上就可以正常维护一个 Node.js 微服务应用了。这些变化可能给开发团队带来新的挑战，至少团队成员需要学习和了解的知识要比以前更多。

为了更好地配合开发团队，基础设施运维团队需要获得更好的 PaaS 服务（如基于 Kubernetes 二次开发，或者云厂商提供的 PaaS 平台）。只有有了充足的保证，运维团队才能工作得更快、更好。

3.12 本章小结

本章阐述了云原生推荐的架构模式，也说明了一些常见的反模式。当然，云原生架构设计的模式和反模式远不止本章介绍的内容，我们可以根据实际需求引入不同的架构模式。架构无常形，我们也不能完全照着书本按部就班地进行架构设计。当系统的性能和安全成为至关重要的指标时，我们可能需要在系统中引入一些反模式，以满足系统的需求。

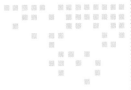

云原生技术及概念介绍

云原生的概念和演进都是围绕云计算的核心价值展开的，例如，弹性、自动化、韧性，因此，云原生所涵盖的技术领域非常丰富。在本章中，我们将根据阿里云自身对于云原生的探索与理解，为大家详细讲解容器、DevOps、微服务、Serverless、开放应用模型、Service Mesh、分布式消息队列、云原生数据库、云原生大数据、云原生 AI、云端开发和云原生安全等云原生技术，帮助大家更深入地理解云原生及其技术的相关应用。

4.1　容器技术

近几年来，Kubernetes 技术非常热门，大部分工程师或多或少都接触过该技术。由于越来越多的企业开始应用 Kubernetes，因此行业将容器视为下一代云原生操作系统。下面就来讲讲容器的价值与典型技术。

4.1.1　容器技术的背景与价值

容器作为标准化软件单元，可用于将应用及其所有依赖项整体打包，使应用不再受到环境的限制，从而可以在不同计算环境之间快速、可靠地运行。

早在 2008 年，Linux 就提供了 Cgroups 资源管理机制以及 Linux Namespace 隔离方案，借助它们，应用可以在沙箱环境中独立运行，从而避免相互之间产生冲突与影响。但直到 Docker 容器引擎开源，才从真正意义上降低了容器技术使用的复杂性，加速了容器技术的普及。Docker 容器基于操作系统虚拟化技术，具有共享操作系统内核、轻量、无资源损耗、秒级启动等优势，极大地提升了系统的应用部署密度和弹性。更重要的是，Docker 提出了创新的应用打包规范，即 Docker 镜像，它实现了应用与运行环境的解耦，使应用可以在不同计算环境间一致、可靠地运行。图 4-1 是传统、虚拟化和容器化三种部署模式的对比图示，容器技术呈现出了一个优雅的抽象场景，即开发所需要的灵活性和开放性、运维所关注的标准化和自动化达成相对平衡。容器镜像因此迅速成为应用分发的工业标准。

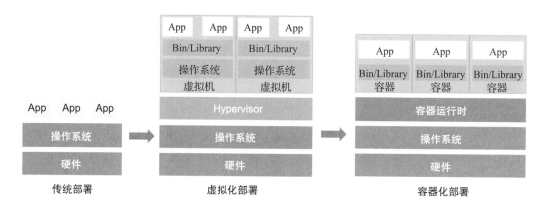

图 4-1 传统、虚拟化和容器化三种部署模式的对比

随后，Kubernetes 也开源了，其凭借优秀的开放性、可扩展性以及活跃的开发者社区，在容器编排之战中脱颖而出，成为分布式资源调度和自动化运维的事实标准。Kubernetes 屏蔽了底层架构的差异，以优良的可移植性，帮助应用在包括数据中心、云端、边缘计算等不同环境中运行时保证一致性。企业可以结合自身的业务特征，通过 Kubernetes 设计自身的云架构，更好地支持多云或混合云，从而免去了被云平台锁定的顾虑。容器技术的逐步标准化，进一步催生了容器技术生态的细分和协同。基于 Kubernetes，生态社区开始构建上层的业务抽象，比如，服务网格 Istio、机器学习平台 Kubeflow、无服务器应用框架 Knative 等。

过去几年，容器技术在获得越来越广泛应用的同时，也展现了三个最受用户关注的核心价值，具体说明如下。

（1）敏捷

容器技术在提升企业 IT 架构敏捷性的同时，也使业务迭代变得更加迅捷，并为创新探索提供了坚实的技术保障。比如，在 2020 年新冠肺炎疫情期间，在线教育、远程办公、公共健康等在线化需求大幅增长，企业通过容器技术紧紧抓住了这次突如其来的业务快速增长机遇。据统计，容器技术可使企业的产品交付效率提升 3～10 倍，这意味着企业不仅可以更快速地迭代产品，而且可以降低业务的试错成本。

（2）弹性

在互联网时代，企业 IT 系统经常需要面对促销活动、突发事件等各种预期之外的爆发性流量增长。通过容器技术，企业可以充分发挥云计算的弹性优势，降低运维成本。据统计，借助容器技术，企业可以降低 50% 的计算成本。以在线教育行业为例，面对呈指数级增长的流量，教育信息化应用工具提供商希沃利用阿里云容器服务 ACK 和弹性容器实例 ECI 满足了快速扩容的迫切需求，为数十万名老师提供了良好的在线授课环境，帮助数以百万计的学生完成了在线学习。

（3）可移植性

容器已成为应用分发和交付的标准技术，可实现应用与底层运行环境的解耦；Kubernetes 可以屏蔽 IaaS 层架构的差异性，帮助应用平滑地运行在不同的基础设施上。CNCF 推出了 Kubernetes 一致性认证，以进一步保障不同 Kubernetes 实现的兼容性，使企业更愿意采用容器技术来构建云时代应用的基础设施。

4.1.2　典型的容器技术

典型的容器技术有很多，本节主要介绍容器编排、安全容器、边缘容器三种。

1. 容器编排

Kubernetes 已成为资源调度和容器编排的事实标准，广泛应用于自动部署、扩展和管理容器化应用中。Kubernetes 提供了分布式应用管理的核心能力，具体列举如下。

❏ **资源调度**：根据应用请求的资源量（如 CPU、内存或 GPU 等设备资源），在集群中选择合适的节点来运行应用。

❏ **应用部署与管理**：支持应用的自动发布与回滚，以及与应用相关的配置管理；也可以自动化编排存储卷，让存储卷与容器应用的生命周期相关联。

❏ **自动修复**：Kubernetes 可以监测集群中所有的宿主机，当宿主机或 OS 出现故障时，节点健康检查会自动迁移应用；Kubernetes 还支持应用的自愈，从而极大地简化了运维管理的复杂度。

❏ **服务发现与负载均衡**：通过 Service 资源发现各种应用服务，结合 DNS（域名系统）和多种负载均衡机制，支持容器化应用之间的相互通信。

❏ **弹性伸缩**：Kubernetes 可用于监测业务上所承担的负载，如果这个业务的 CPU 利用率过高，或者响应时间过长，就会自动扩容该业务。

Kubernetes 的控制平面包含四个主要的组件：API Server（API 服务器）、Controller Manager（控制器管理服务器）、Scheduler（调度器）和 Etcd，如图 4-2 所示。

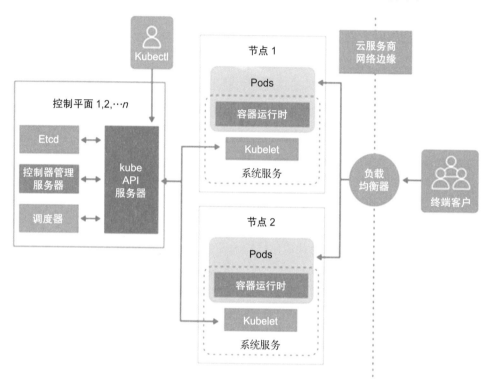

图 4-2　Kubernetes 控制平面架构示意图

Kubernetes 在容器编排中有几个关键的设计理念，具体说明如下。

❑ **声明式 API**：开发人员可以关注应用本身，而非系统执行的细节。比如，Deployment（无状态应用）、StatefulSet（有状态应用）、Job（任务类应用）等不同资源类型，提供了对不同类型工作负载的抽象；对于 Kubernetes 实现而言，相比于边缘触发（edge-triggered）方式，基于声明式 API 的条件触发（level-triggered）实现方式可以提供更加健壮和稳定的分布式系统实现。

❑ **可扩展性架构**：所有 Kubernetes 组件都基于一致的、开放的 API 实现交互，第三方开发者也可以通过 CRD（Custom Resource Definition，自定义资源类型）或 Operator 等方法提供领域相关的扩展实现。容器的可扩展性极大地提升了 Kubernetes 的能力。

❑ **可移植性**：Kubernetes 可以通过一系列抽象，比如 Loadbalance Service（负载均衡

服务）、CNI（Container Network Interface，容器网络接口）、CSI（Container Storage Interface，容器存储接口），帮助业务应用屏蔽底层基础设施的实现差异，实现容器的灵活迁移。

2. 安全容器

如今已有越来越多的企业在生产环境中选择云原生技术进行应用交付和资源调度，使得企业对容器安全的要求越来越高。以 Docker 为代表的 RunC 容器共享宿主机内核，仅通过 Namespaces 和 Cgroups 实现隔离，在实际生产环境中，尤其是在多租户的场景下，其安全性受到了极大的挑战。

在这样的背景下，近几年安全容器发展非常迅速。安全容器通过技术手段提升隔离性，有效减小了攻击面，并带来了一些额外的好处，比如，安全隔离、性能隔离、故障隔离等。结合隔离技术实现的安全容器方案，共包含以下三类。

- ❑ **用户态内核**：这类安全容器的典型代表是 Google 的 gVisor。gVisor 是一种进程虚拟化增强的容器，通过实现独立的用户态内核，捕获和代理应用的所有系统调用，隔离非安全的系统调用，从而间接达到安全的目的。但系统调用的代理和过滤机制，导致 gVisor 的应用兼容性和系统调用方面的性能相较于普通 RunC 容器要差一些。同时，由于 gVisor 不支持 virt-io 等虚拟框架，因此其扩展性较差，且不支持设备热插拔。

- ❑ LibOS：基于 LibOS 技术的安全容器运行时，以 UniKernel、Nabla-Containers 为代表。LibOS 技术本质上是针对应用内核的一个深度裁剪和定制，因此 LibOS 需要与应用编译打包在一起。由此可见，LibOS 兼容性比较差，应用与 LibOS 的捆绑编译和部署会增加 DevOps 实现的难度。

- ❑ MicroVM：目前虚拟化技术已经非常成熟，轻量虚拟化（MicroVM）技术是对传统虚拟化技术的裁剪，有非常优秀的扩展能力，比较有代表性的是 Kata-Containers 和 Firecracker。VM GuestOS 可以对内核等组件进行自由定制，由于其具备完整的 OS 和内核，因此 VM GuestOS 的兼容性非常好，安全漏洞的防扩散能力也很突出。不过，相较 RunC 容器，运行时产生的系统开销会稍大，启动速度也要慢一点。

3. 边缘容器

随着互联网智能终端设备数量的不断激增，以及 5G 和万物互联时代的到来，传统云计算中心集中存储、计算的模式已经无法满足终端设备对于时效、容量和算力等的需求。一方面，向边缘下沉，并通过中心进行统一交付、运维和管控已经成为云计算的重要发展趋势；另一方面，以 Kubernetes 为代表的云原生技术是云计算领域发展最快的技术方向之一，

Kubernetes已经成为容器应用编排的事实标准，并以非常快的发展速度扩大其在云计算领域的覆盖范围。基于Kubernetes构建的边缘容器，通过"云管边"架构，大大提升了云计算向边缘拓展的效率，并降低了边缘计算的成本。

鉴于边缘设备及业务场景的特殊性，边缘应用对容器技术提出了新的需求，具体如下。

- ❑ **资源协同**：边缘计算需要提供"云－边－端"的资源协同管理，即在云端统一管理边和端的节点和设备，对节点、设备进行功能抽象，在云、边、端之间通过各种协议完成数据接入，在云端进行统一管理和运维。
- ❑ **应用协同**：边云协同的方式，可以将这些编排部署能力延伸到边侧，以满足边缘侧日益复杂的业务和高可用性的要求。
- ❑ **智能协同**：AI能力的发展可谓近年来边缘计算持续火爆的一大主要推力。边缘节点在边缘侧提供的高级数据分析、场景感知、实时决策、自组织与协同等功能，可以让本地设备、网关、控制器、服务器具备数据通信、本地计算和AI推断、云端配置同步等能力。边缘侧与中心云的智能协同也是目前边缘计算项目中一个非常重要的协同场景。
- ❑ **数据协同**：服务之间的协同更像是要求更高的数据协同。因为它在数据的传输之外还增加了服务发现、灰度路由、熔断容错等更偏向于业务层的能力。
- ❑ **轻量化**：受限于边缘设备的资源，部署在边缘侧的容器平台不可能是完整的Kubernetes平台，必须对其进行精简。

为了满足边缘计算的需求，各云平台和开源社区需要高度协同，在云原生边缘计算领域投入大量资源进行开拓性探索。CNCF下已有多个边缘容器相关的开源项目，其中就包含了阿里巴巴开源的云原生边缘计算平台项目OpenYurt。

如图4-3所示，OpenYurt主打"云－边一体化"的概念，依托于原生Kubernetes强大的容器编排和调度能力，通过众多边缘计算应用场景的锤炼，实现了一整套对原生Kubernetes"零侵入"的边缘云原生方案，可以提供诸如边缘自治、高效运维通道、边缘单元化管理、边缘流量拓扑管理、安全容器、边缘Serverless和FaaS、异构资源支持等能力。OpenYurt能够帮助用户解决在海量边、端资源上完成大规模应用交付、运维和管控的问题，并提供中心服务下沉通道，实现与边缘计算应用的无缝对接。

OpenYurt沿用了目前业界非常流行的"中心管控、边缘自治"的边缘应用管理架构，将云－边－端一体化协同作为目标，让云原生能力向边缘端拓展。在技术实现上，OpenYurt贯彻了"Extending Your Native Kubernetes to Edge"的核心设计理念，其技术方案具有如下特点。

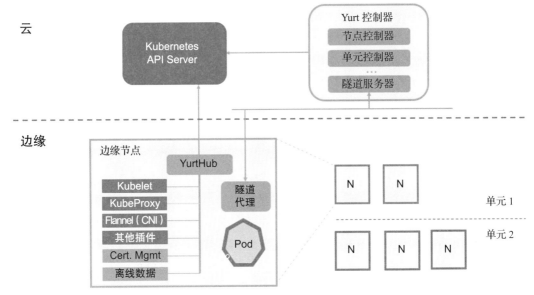

图 4-3　OpenYurt 架构图

- **对原生 Kubernetes 零侵入**：保证对原生 Kubernetes API 的完全兼容。不改动 Kubernetes 核心组件，并不意味着 OpenYurt 是一个简单的 Kubernetes 插件。OpenYurt 通过代理节点网络流量（Proxy Node Network Traffic）对 Kubernetes 节点应用生命周期管理增加了一层新的封装，以提供边缘计算所需的核心管控能力。
- **无缝转换**：OpenYurt 提供了可用于将原生 Kubernetes "一键式" 转换成支持边缘计算能力的 Kubernetes 集群的工具。
- **系统开销低**：OpenYurt 参考了大量边缘计算场景的实际需求，在保证功能和可靠性的基础上，本着最小化、最简化的设计理念，严格限制新增组件的资源诉求。

以上技术特点使得 OpenYurt 能够最大程度保证用户在管理边缘应用时将获得与管理云端应用一致的体验，兼容所有云厂商的 Kubernetes 服务，易于集成，并保持极低的运维成本。

4.1.3　应用场景案例：申通基于 Kubernetes 的云原生化

申通快递创建于 1993 年，是国内较早经营快递业务的民营快递品牌。2019 年年底，申通通过阿里云将原来的虚拟机管理方案升级为基于 Kubernetes 的云原生架构。

在应用服务层，每个应用都将在 Kubernetes 上创建一个单独的 Namespace，各应用之间的资源是隔离的。通过定义各个应用的配置 YAML 模板，应用在部署时就可以直接编辑其中的镜像版本，从而快速完成版本升级。当需要回滚的时候，直接在本地启动历史版本的镜像就能实现快速回滚。

在运维管理上,线上 Kubernetes 集群全部采用了阿里云托管版容器服务 ACK,免去了运维 Master 节点的工作,只需要制定 Worker 节点上线及下线的流程即可。同时,业务系统都是通过 PaaS 平台完成业务日志搜索,按照业务需求投交扩容任务,使系统可以自动完成扩容操作,从而降低直接操作 Kubernetes 集群带来的风险。针对业务需求,申通对云原生应用进行了如下几个方面的实践。

❑ **API 化**。API 化的应用场景主要有两个:一是封装 Kubernetes 管控 API,包括创建 StatefulSet、修改资源属性、创建 Service 资源等,对于这些管控 API,可以通过一站式的 PaaS 平台来管理在线应用;二是云原生业务系统,云上业务系统封装了各类云资源的 API,如封装 SLS 的 API,将在线数据写入 SLS 后再跟 MaxCompute 或 Flink 集成。封装 OSS 的 API,可方便地在应用程序中实现文件上传。

❑ **应用和数据迁移**。云上的业务系统及业务中间件都是通过镜像的方式进行部署,应用的服务通过 Service 发现,全部在线应用(300+)对应的 Pod 及 Service 配置均保存在 PaaS 平台,每个应用的历史版本所对应的镜像版本都保存在系统中,可以基于这份配置快速构建一套业务生产环境。

❑ **服务集成**。图 4-4 所示的是将各类服务集成到云原生 PaaS 的示意图。持续集成通过 Git 做版本控制,利用云效的持续集成功能实现云原生应用的构建、编译及镜像上传,所有的业务镜像均保存在云端的容器镜像服务 ACR 中,底层的 Kubernetes 集群作为整个业务的计算资源。其他集成服务主要包括如下四项。

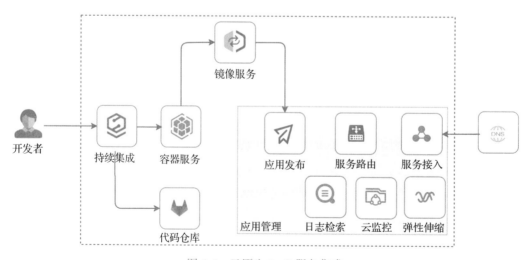

图 4-4 云原生 PaaS 服务集成

○ 日志服务：集成日志服务可以帮助研发人员快速定位业务及异常日志。

○ 云监控：集成监控能力可以帮助运维和研发人员快速发现故障。

○ 服务接入：集成统一的服务接入可以实现整个应用流量的精细化管理。

○ 弹性伸缩：借助 ESS（弹性伸缩服务）的能力对资源进行动态编排，结合业务高低峰值实现资源利用率最大化。

❑ **服务高可用**。如图 4-5 所示，为了实现服务的高可用特性，申通对架构进行了整体迭代，具体包括如下内容。

○ 支持多可用区部署架构，由用户自定义分配比例。

○ 容器集群内故障迁移。

○ AZ（Available Zone，可用区）故障整体容器迁移。

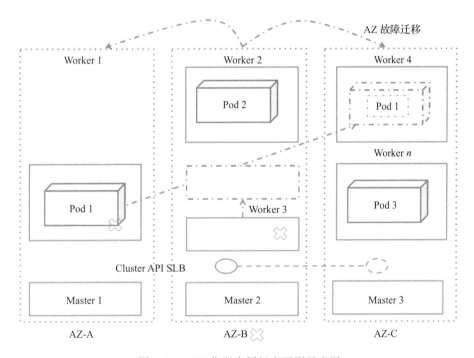

图 4-5　ACK 集群多层级高可用示意图

Kubernetes 集群通过控制应用的副本数来保证集群的高可用。当某个 Pod 节点出现宕机故障时，副本数的保持机制可以保证在其他 Worker 节点上快速再启动新的 Pod。监控体系可用于主动发现业务问题，快速解决故障。监控采集示意图如图 4-6 所示。

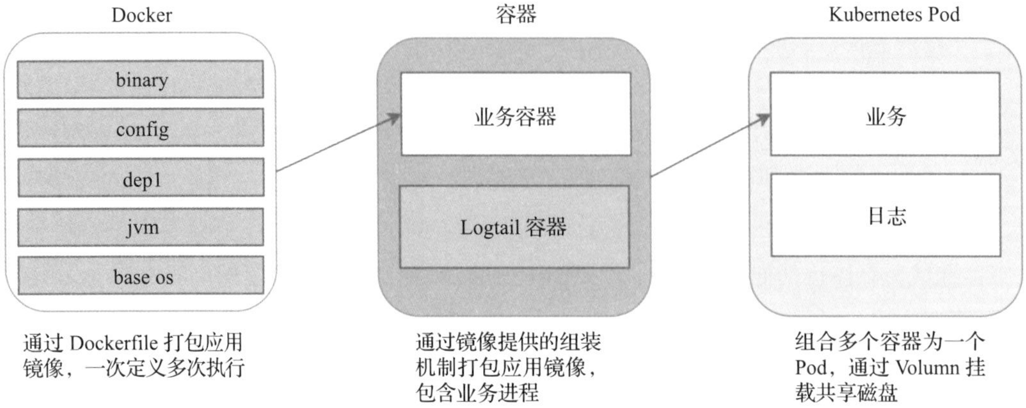

图 4-6 监控采集示意图

监控体系在同一个 Pod 里面部署了两个容器：一个是业务容器，一个是 Logtail 容器。应用只需要按照运维设定的目录将业务日志打包，即可完成监控数据的采集。申通通过基于 Kubernetes 的云原生化的方式上云，在成本、稳定性、效率、赋能业务四个方面效果尤为显著。

4.2 DevOps 技术

DevOps（Development + Operations）作为一组过程、方法与系统的统称，是云原生概念的重要组成部分，旨在促进开发（应用程序或软件工程）、技术运营和质量保障（QA）部门之间的沟通、协作与整合。DevOps 非常重视软件开发人员（Dev）和 IT 运维技术人员（Ops）之间沟通合作的文化、习惯和方式。自动化软件交付和架构变更的流程，可以使软件的构建、测试和发布变得更加快捷、频繁和可靠。DevOps 还会引导更多技术人员意识到，为了按时交付软件产品和服务，开发人员与运维人员必须紧密合作。

4.2.1 DevOps 的技术背景与价值

为了提高软件的研发效率，快速应对市场变化，持续交付价值，DevOps 应运而生。DevOps 包含一系列理念和实践，其基本思想是持续交付（Continuous Delivery，CD），让软件的构建、测试和发布变得更加快捷可靠，尽量简化系统变更流程，缩短从提交到最终安全部署至生产系统的时间。

要实现持续交付，就必须对业务进行端到端分析，用一种理念统一考虑所有相关部门的操作并进行优化，同时利用所有可用的技术和方法来整合资源。DevOps 理念面世至今，深刻影响着软件开发的流程。它提倡打破开发、测试和运维之间的壁垒，利用技术手段实现软件开发各环节的自动化甚至是智能化。大量实践也已经证实，DevOps 对提高软件的生产质量和安全性、缩短软件的发布周期等都有非常明显的促进作用，并且推动了 IT 技术的发展。

相较传统 IT 基础设施，云平台的调度策略更加灵活，用户可以选择与使用近乎无限的资源和丰富的服务，这些都极大地方便了服务的建设。而云原生开源生态的建设，基本上统一了软件部署和运维的基本模式。更重要的是，云原生技术的快速演进，如技术复杂性不断下沉到云，以及对开发人员个体赋能，都在不断提升应用的开发效率。

云原生为 DevOps 效率的提高提供了诸多便利条件，众多云原生技术的发展都是为了优化和完善 DevOps 实践而产生的，它们满足了云时代的系统复杂性和时效性要求，为 DevOps 实现质的飞跃提供了条件。

首先，容器技术和 Kubernetes 服务编排技术的结合，解决了应用部署自动化、标准化、配置化的问题，使建设跨平台的应用成为可能，Kubernetes 成为事实上的云上应用运行平台的标准，极大地简化了多云部署。

一个完整的开发流程将涉及很多环节，环节越多，流转时间越长，效率越低。微服务通过把巨石应用拆解为若干个单功能的服务来降低服务间的耦合性，让开发和部署变得更加便捷，从而有效缩短开发周期，提高部署的灵活性。Service Mesh 可以使中间件的升级和应用系统的升级完全解耦，大幅提升运维和管控方面的灵活性。Serverless 可以让运维对开发透明，对于应用所需的资源自动进行扩缩容。FaaS 则可以进一步简化开发和运维的过程，从开发到最后测试上线都可以在一个集成开发环境中完成。无论哪种场景，后台运维平台的工作都是不可或缺的，但可以让扩容和容错等技术对开发人员透明，从而提高开发效率。

云原生技术促进了 DevOps 的演进，而 DevOps 又对容器技术的安全和效率提出了更高的要求，并推动容器技术实现更多的创新和变革。运维与计算机技术相互促进、相互融合，才是技术发展的大趋势。期待未来会出现更多深层的、技术架构上的创新，让开发和运维变得更加高效、智能。

4.2.2　DevOps 的原则与技术

了解了 DevOps 的技术背景与价值，本节我们将介绍 DevOps 的原则以及涉及的主要技术。

1. DevOps 的原则

在讲解具体技术之前，我们先了解一下 DevOps 的基本理念和原则。要想实施 DevOps，需要遵循一些基本原则，包括文化（Culture）、自动化（Automation）、度量（Measurement）和共享（Sharing）四个方面，可以简称为 CAMS（前面四个英文单词的首字母组合）。下面就来分别介绍这四个原则。

（1）文化

谈到 DevOps，大家关注的一般都是技术和工具，但实际上，DevOps 要解决的核心问题是人与业务、人与人的问题，即如何提高研发效率，加强跨团队协作。如果每个人都能够更好地理解对方的目标和所关注的对象，那么协作质量将得到明显提高。

DevOps 在实施过程中要面对的首要矛盾在于不同团队的关注点完全不一样。运维人员希望系统的运行稳定可靠，所以系统稳定性和安全性要放在第一位。而开发人员则关心如何让新功能尽快上线，实现创新突破，为客户提供更大的价值。业务视角不同，必然会导致误会和摩擦，使双方都觉得对方在阻碍自己完成工作。要实施 DevOps，首先要让开发人员和运维人员认识到他们的目标是一致的，虽然岗位不同，但需要共同承担责任。这也是 DevOps 首先需要解决的认知问题。只有解决了认知问题，才能打通不同团队之间的壁垒，实现流程自动化，使大家的工作融为一体。

（2）自动化

对于持续集成，DevOps 的目标就是小步快跑、快速迭代、频繁发布。小型系统运行起来很容易，但大型系统往往会涉及几十人甚至几百人，要让这个协作过程流畅运行，并不是一件容易的事情。要想更好地落实这个理念，就需要规范化和流程化，让可以自动化的环节实现自动化。

实施 DevOps 之前，首先需要分析已有的开发流程，尽量利用各种工具和平台，实现开发和发布过程的自动化。经过多年的发展，业界已有一套比较成熟的工具链可供参考和使用，不过具体落地还需要因地制宜。

自动化的实现过程，需要进行各种技术改造才能达到预期的效果。例如，如果容器镜像是为特定环境构建的，那么就无法实现镜像的复用，在不同环境部署时均需要重新构建，这将浪费大量的时间。此时就需要把环境特定的配置从镜像中剥离出来，用一个配置管理系统来进行管理和配置。

（3）度量

度量可用于对各个活动和流程进行分析，找到工作中存在的瓶颈和漏洞，并在发生危急情况时及时报警等，从而能够根据分析结果调整团队的工作和系统，提升效率，形成完整闭环。

对于度量而言，首先要解决的是数据的准确性、完整性和及时性问题，其次是要建立正确的分析指标。DevOps 过程考核的标准是鼓励团队注重工具的建设、自动化加速和各个环节的优化，只有这样才能最大限度地发挥度量的作用。

（4）共享

要想实现真正的协作，团队还需要在知识层面达成一致。共享知识可以使团队共同进步，具体说明如下。

- ❑ **可见度**：每个人都可以了解团队其他人的工作，了解某一项工作是否会对其他工作产生影响。相互反馈可以使问题尽早暴露并得到解决。
- ❑ **透明性**：每个人都需要明白工作的共同目标。缺乏透明性将会导致工作安排失调。
- ❑ **知识共享**：知识共享主要解决两个问题，一是避免某个人成为单点，避免因为该员工休假或离职而导致工作无法正常完成；二是提高团队的集体能力，团队的集体能力要高于团队中个人的能力。

知识共享的实现有很多种方法。在敏捷开发中，日站会等形式可用于团队共享进度。在开发过程中，代码、文档和注释可用于大家共享知识。ChatOps 的主要作用是让处于同一群组的成员都能够看到正在进行的操作及结果。诸如会议和讨论等各种不同形式的交流都是为了知识共享。从广义上讲，团队协作就是知识不断积累和分享的过程。落实 DevOps，努力建设一个良好的文化氛围，并通过工具支持让所有的共享变得更加方便和高效。

文化、自动化、度量和共享四个方面相辅相成，各自独立而又相互联系，所以在落实 DevOps 时需要统一考虑这四个方面。通过对上述 CAMS 的介绍，希望大家能够理解，CI/CD 仅仅是实现 DevOps 过程中很小的一部分。DevOps 不仅仅是一组工具，还代表了一种组织文化和一种心智能力。

2. 理性的期待

虽然 DevOps 已经得到业界的广泛接受和认可，但其在实际应用中的成熟度还有待提高。在一份关于 DevOps 的调查报告中提到，DevOps 的进化分为三个阶段，80% 的被调查团队处于中级阶段，而处于高级阶段和低级阶段的都在 10% 左右。报告分析，这是因为通过实现自动化达到中级阶段相对来说比较容易，而达到高级阶段则需要在文化和知识共享等方面付出更多努力，这一点相对来说比较难以掌握和实施。这也符合技术转型 J 型曲线，如图 4-7 所示。在经过了初期的效率增长之后，自动化的落地和深化进入了瓶颈期。更进一步的效率提升需要对组织、架构进行更深入的调整。这期间可能还会出现效率下降、故障率攀升等问题。从这个方面来讲，DevOps 的落地与深化还有很长的路要走。

3. DevOps 工具链

前文相对抽象地介绍了 DevOps 的理念和基本原则，下面我们从技术层面来解析 DevOps。自从 DevOps 的理念被提出以来，业界已经形成了一套以 CI/CD 为核心的工具链。一般的 DevOps 工具包括如下内容。

- ❏ **项目协作**：包括需求管理、任务管理、版本管理、里程碑管理等能力。
- ❏ **代码管理**：包括代码托管、代码评审、智能代码扫描、敏感信息扫描、代码安全风控等能力。
- ❏ **构建**：支持不同语言、不同格式的软件构建及制品打包。
- ❏ **测试**：包括测试用例、测试计划、混沌工程等能力。
- ❏ **制品库**：不同类型的制品仓库及其管理，如 Maven 仓库、Helm 仓库等。
- ❏ **交付**：自动化部署和回滚能力。
- ❏ **流水线**：将集成、代码扫描、编译构建、制品打包、自动化部署及回滚等能力结合在一起，形成一条自动化的流水线作业。
- ❏ **运维**：静态和动态配置管理，对基础设施和应用系统持续提供监控能力。

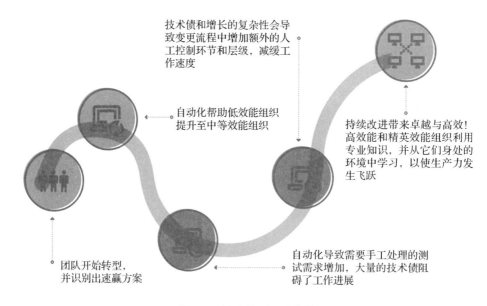

图 4-7 技术转型 J 型曲线

这其中最核心的部分就是流水线，它可以使工具集形成一条链路，实现持续集成（CI）和持续交付（CD）。这些工具通过组成一个工作流的方式来实现工作的自动化，从而一站式完成协作、编码、测试、交付、应用运维等场景的工作。先进工具加上先进理念可以帮助企业构建透明且高效的组织。

虽然 CI/CD 的流程是类似的，但在不同的应用环境下，具体需求还是会有所不同，所以需要关注不同系统的灵活性和可扩展性。云端开发环境一般都会提供扩展机制，以及现成的系统扩展服务，在大部分情况下，用户可以通过自服务的方式定制一条符合实际需求的流水线。

4. IaC 和 GitOps

在建设 DevOps 的过程中，有一些基本理念应成为共识。下面就来介绍其中最重要的声明式运维 IaC 和 GitOps 模式。

（1）声明式运维 IaC

运维平台一般会经历诸如手工、脚本、工具、平台、智能化运维等多个发展阶段。现有的运维平台虽然有很多种实现方式，但总体来说可以分为两类：指令式和声明式。两者的特点分别如图 4-8 所示。

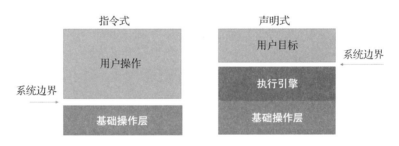

图 4-8　指令式、声明式对比

相较于指令式，声明式的接口多了一个执行引擎，用于把用户的目标转化为可以执行的计划。

早期的运维系统一般都是指令式的，通过编写脚本来完成运维工作，包括部署、升级、修改配置、扩缩容等。脚本具备简单、高效、直接等优点，相对于更早期的手工运维，效率更高。在分布式系统和云计算的起步阶段，采用这种运维方式是完全合理的。基于这个方法，各部门都会相应建立一些系统和工具来提高研发效率。

不过，随着系统复杂性的逐步提高，指令式运维方式的弊端逐渐显现出来。简单、高效的优点在复杂的系统中反而变成最大的缺点。因为简单，所以脚本方式无法实现复杂的控制逻辑；因为高效，所以一旦出现 Bug，那么 Bug 造成的破坏也同样高效，一个小小的失误往往就会导致大面积的服务瘫痪。

甚至，一个变更脚本中的 Bug 可能会导致严重的事故。比如，变更操作副作用不透明、指令性接口一般不具有幂等性、难以实现复杂的变更控制、知识难以积累和分享、变更缺乏并发性等。针对这种情况，人们提出了声明式编程的理念。这是一个非常简单的概念，即用户通过一种方式描述其想要达到的目标，但并不具体说明如何达到目标。声明式接口实际上代表了一种思维模式：抽象和封装系统的核心功能，让用户在一个更高的层次上进行操作。

声明式接口与云时代理念相契合，前面所列举的指令式运维方式的缺点都可以由声明式接口来弥补，具体说明如下。

1）幂等性：运维终态被反复提交也不会出现任何副作用。声明式最明显的优点是变更审核简单明了。配置中心会保存历史上所有版本的配置文件。通过对比新的配置和上一个版本，可以非常明确地看到配置的具体变更。一般来说，每次变更的范围都不是很大，所以审核起来比较方便。审核可以拦截很多人为失误，可以把所有的变更形式都统一为对配置文件的变更，无论该变更是机器的变更、网络的变更、软件版本还是应用配置的变更等。除了人工审核之外，还可以通过程序来检测用户的配置是否合乎要求，从而捕捉用户忽略掉的那些系统性限制，防患于未然。

2）复杂性抽象：系统复杂性越来越高，系统间的相互依赖和交互越来越广泛，操作者无法掌握所有可能的假设条件和依赖关系等，这些都导致了运维的复杂性越来越高。解决这个问题的唯一思路，就是要把更多逻辑和知识沉淀到运维平台中，从而有效降低用户的使用难度和风险。

（2）GitOps

GitOps 是 IaC 运维理念的一种具体的落地方式，它使用 Git 来存储关于应用系统最终状态的声明式描述。GitOps 的核心是一个 GitOps 引擎，负责监控 Git 中应用系统的状态。一旦发现应用系统的状态发生了改变，GitOps 引擎就会负责把目标应用系统中的状态以安全可靠的方式迁移到目标状态，从而实现部署、升级、配置修改、回滚等操作。

Git 中存储了对于应用系统的完整描述，以及所有历史修改记录，非常便于系统的重建，以及查看系统的更新历史，这一点完全符合 DevOps 所提倡的透明化原则。同时，GitOps 也具有前面提到的声明式运维的所有优点。

与 GitOps 配套的一个基本假设是不可变基础设施，所以，GitOps 和 Kubernetes 运维可以非常好地相互配合，如图 4-9 所示。

GitOps 引擎需要比较当前态和 Git 中的终态间的差别，然后以一种安全可靠的方式把系统从当前的任何状态转移到终态，所以 GitOps 系统的设计是比较复杂的。对于用户来说，GitOps 其实很简单，因为它有一套完整的工具和平台的支持。

图 4-9　GitOps 和 Kubernetes 配合流程示意图

4.2.3　应用场景案例：阿里巴巴 DevOps 实践

阿里巴巴业务众多，每个业务都需要应对外部需求的快速变化。如何充分利用新技术以提高团队的工作效率，一直是研发效能团队奋斗的目标。下面就来介绍阿里巴巴在利用云原生技术改进 DevOps 流程中的一系列努力和实践。

阿里巴巴集团内部实际上已经拥有了非常丰富的开发运维工具和平台，并且建立了比较完善的开发流程和规范。但在采用 DevOps 之前也面临着不少软件开发的常见困境，主要表现为有些业务响应慢，创新效率低，特别是在很多项目开发中，新功能批量测试上线，问题在后期集中爆发，导致项目整体不可控。为了进一步提高效率，团队首先通过数据发现研发过程中存在的瓶颈点，并且有针对性地提高了需求的交付效率，以更好地支持业务交付。在提升 DevOps 效率时，团队首先提出了如下目标。

❑ 缩短需求交付周期。

❑ 提高需求吞吐率。

❑ 缩短变更前置。

❑ 减少变更触发重大故障。

❑ 针对上面的目标，团队也制订了相应的方案和策略。

❑ 拉通交付价值流，实现从业务、产品到技术交付的全链路数字化，提升需求流动效率。

❑ 落地基于主干环境的测试环境（包括项目环境、集成环境、沙箱环境）的解决方案，提升线下测试效率。

❑ 探索基于 GitOps 和 IaC 的云原生模式下的软件交付方式，规范软件的交付过程，提升软件交付和运维的效率。

❑ 配合安全生产精细化变更管控项目，完成变更入口收敛，持续专项治理"核按钮"（即可能导致系统出现全局性故障的风险点），提升运维的效率和安全性。

关于需求交付周期，首先，团队需要意识到提高局部的开发效率并不能保证价值的交付具有更高的效率。我们的目标是持续高效地交付业务价值，所有的工作都要以业务为导向。因此，理顺价值交付的流程是实施 DevOps 中非常重要也是最根本的步骤。阿里巴巴遵循了下一代精益产品开发（Advanced Lean Product Development，ALPD）的方法来规范化业务需求的分解和管理流程，如图 4-10 所示。

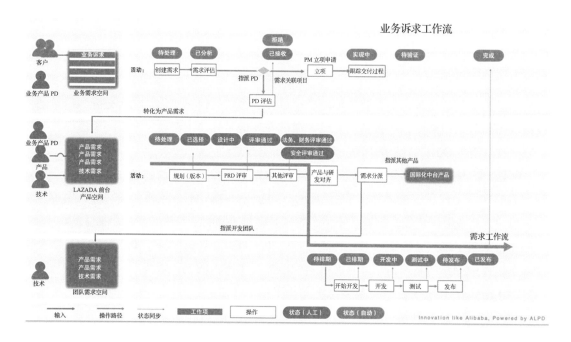

图 4-10　下一代精益产品开发流程示意图

在实现了交付流程的规范化和信息化之后，下一步就是逐一解决交付链路上的问题。这一步的工作重点就是落实如图 4-11 所示的云原生相关的工程实践：不可变基础设施、持续交付流水线和质量守护。其中，不可变基础设施建立了环境基础，持续交付流水线提供了基本机制保障，而质量守护则保障了高质量的可信发布。云原生技术为这三项工作提供了更优雅、更有效的解决方案，它们共同构成云原生的工程实践，保障了交付的质量和效率的可持续性。

除了工程实践上的努力，另一项很重要的活动是工程师文化建设，旨在让更多人感受到工程师文化的氛围，意识到效能的重要性，了解如何提升效能并真正做到效能提升。工程师文化建设活动具体包括持续的方法实践布道，宣传良好的代码文化，以及以领域模型为核心的技术实践体系，通过结构化地分析业务需求，深刻洞察领域的本质，分析业务场景及业务流程，不断演化领域模型，并以此指导微服务架构的设计和分解。技术实践体系只有以领域模型为核心，才能从根本上降低系统开发的复杂性，这是提高工作效率的关键。

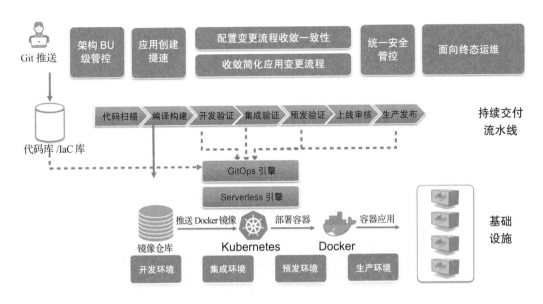

图 4-11　交付链路流程

4.3　微服务

在过去很长一段时间内，传统软件大多是各种独立系统的堆砌，这些系统的问题总结来说就是扩展性差、可靠性不高、维护成本高。随着软件开发技术的发展，以及面向服务的体系架构（Service-Oriented Architecture，SOA）的引入，上述问题在一定程度上得到了缓解。但由于 SOA 早期使用的是总线模式，这种总线模式与某种技术栈具有强绑定关系，导致很多企业的遗留系统很难对接，且切换时间太长，成本太高，新系统稳定性的收敛也需要一段时间。

为了摆脱这一困境，微服务应运而生。作为 SOA 的变体，微服务将应用程序构造为一组松散耦合的服务。在微服务体系架构中，服务是细粒度的，协议是轻量级的。本节就来详细讲解微服务。

4.3.1　微服务的背景与价值

过去开发一个后端应用最直接的方式就是，通过单一后端应用提供并集成所有的服务，即单体模式。随着业务的发展与需求的不断增加，单体应用功能变得越来越复杂，参与开发的工程师规模由最初的几个人可能发展到十几人，应用迭代效率由于集中式研发、测试、发布、沟通的模式而显著下滑。为了解决由单体应用模型衍生出的过度集中式项目迭代流程，微服务模式应运而生。

微服务模式将后端单体应用拆分为多个松耦合的子应用，由每个子应用负责一组子功能。这些子应用称为"微服务"，多个"微服务"将共同形成一个物理独立但逻辑完整的分布式微服务体系。这些微服务相对独立，通过解耦研发、测试与部署流程来提高整体迭代效率。此外，微服务模式通过分布式架构对应用进行水平扩展和冗余部署，从根本上解决了单体应用在拓展性和稳定性上存在的先天架构缺陷。但需要注意的是，微服务模式也面临着分布式系统的典型挑战，例如，如何高效调用远程方法、如何实现可靠的系统容量预估、如何建立负载均衡体系、如何监控和调试分布式服务、如何面向松耦合系统进行集成测试、如何面向大规模复杂关联应用进行部署与运维等。

在云原生时代，云原生微服务体系将充分利用云资源的高可用和安全体系，以保障应用的弹性、可用性和安全性。应用构建在云平台所提供的基础设施与基础服务之上，充分利用云服务所带来的便捷性和稳定性，可以降低应用架构的复杂度。云原生的微服务体系也将帮助应用架构全面升级，让应用具备更好的可观测性、可控制性、容错性等。

4.3.2 微服务的设计约束原则与典型架构

了解了微服务的出现背景，下面看看它的设计约束原则与典型架构。

1.设计约束原则

微服务架构在提升开发和部署等环节灵活性的同时，也提升了运维和监控环节的复杂性。设计一个优秀的微服务架构应遵循如下四项约束原则。

（1）微服务个体约束

一个设计良好的微服务应用，所完成的功能在业务域的划分上应相互独立。与单体应用强行绑定语言和技术栈相比，这样做的好处是不同的业务域拥有不同的技术选择权，比如，推荐系统采用 Python 的实现效率可能比采用 Java 的要高很多。从组织上来说，微服务对应的团队更小，开发和协同效率也更高。"一个微服务团队一顿能吃掉两张披萨饼""一个微服务应用应当能至少两周完成一次迭代"，这些都是对正确划分微服务在业务域边界的隐喻和标准。微服务的"微"并不是为了微而微，而是按照问题域对单体应用做合理拆分。

微服务还应该具备正交分解特性，在职责划分上专注于特定业务并将之做好，即遵守 SOLID 原则中的单一职责原则（Single Responsibility Principle，SRP）。微服务修改或发布时，不应该影响到同一系统中另一个微服务的业务交互。

（2）微服务与微服务之间的横向关系

在合理划分好微服务之间的边界后，我们主要从微服务的可发现性和可交互性两个方面来处理服务间的横向关系。

微服务的可发现性是指，当服务 A 发布或扩缩容时，依赖服务 A 的服务 B 如何在不重新发布的前提下自动感知到服务 A 的变化。这里需要引入第三方服务注册中心来满足服务的可发现性；特别是对于大规模微服务集群来说，服务注册中心的推送和扩展能力尤为关键。

微服务的可交互性是指，服务 A 需要采用什么样的方式才可以调用服务 B。由于服务自治的约束，服务之间的调用需要采用与语言无关的远程调用协议，比如，REST 协议很好地满足了"与语言无关"和"标准化"两个重要因素，但在高性能场景下，基于 IDL（Interactive Data Language，交互式数据语言）的二进制协议可能是更好的选择。目前，业界大部分的微服务实践并没有实现超媒体即应用状态引擎启发式的 REST 调用，服务与服务之间需要通过事先约定的接口来完成调用。为了进一步实现各服务之间的解耦，微服务体系需要有一个独立的元数据中心，由它来存储服务的元数据信息，服务通过查询该中心来理解发起调用的细节。

服务链路不断变长，整个微服务系统也随之变得越来越脆弱，因此面向失败的设计原则在微服务体系中就显得尤为重要。对于微服务应用个体，限流、熔断、隔仓、负载均衡等增强服务韧性的机制成为标配。为了进一步提升系统吞吐能力，充分利用好机器资源，可以采用协程、Rx 模型、异步调用、反压等手段。

（3）微服务与数据层之间的纵向约束

微服务领域提倡数据存储隔离（Data Storage Segregation，DSS）原则，即数据是微服务的私有资产，必须通过当前微服务提供的 API 来访问数据，否则数据层就会产生耦合，违背高内聚低耦合的原则。同时，出于性能考虑，建议采取读写分离方式，分离高频的读操作和低频的写操作。

同样地，由于容器调度会对底层设施的稳定性产生不可预知的影响，在设计微服务时，应当尽量遵循无状态设计原则，这就意味着上层应用与底层基础设施的解耦，微服务可以在不同容器间自由调度。对于有数据存取（即有状态）的微服务而言，通常使用计算与存储分离的方式，将数据下沉到分布式存储，从而在一定程度上实现无状态化。

（4）全局视角下的微服务分布式约束

从微服务系统设计开始，就需要考虑以下因素。

❑ 高效运维整个系统，技术上要准备全自动化的 CI/CD 流水线，以满足对开发效率的诉求，并在这个基础上支持蓝绿部署、灰度发布、金丝雀发布等不同发布策略，以满足对业务发布稳定性的诉求。

❑ 面对复杂系统，全链路、实时和多维度的可观测能力成为标配。为了及时、有效地防范各类运维风险，需要从微服务体系的多种事件源汇聚并分析相关数据，然后在中心化的监控系统中进行多维度展现。微服务不断拆分的过程中，发现故障的时效性和根因分析的精确性始终是开发、运维人员的核心诉求。

2. 典型架构

自 2011 年微服务架构理念提出以来，典型的架构模式按照出现顺序大致可分为四代。如图 4-12 所示，在第一代微服务架构中，应用除了需要实现业务逻辑之外，还需要自行解决上下游寻址、通信及容错等问题。随着微服务规模的逐渐扩大，服务寻址逻辑的处理正变得越来越复杂，哪怕是同一种编程语言的另一个应用，上述微服务的基础能力也需要重新实现一遍。

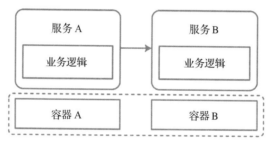

图 4-12　第一代微服务架构模式

在第二代微服务架构中，旁路服务注册中心作为协调者完成服务的自动注册和发现，如图 4-13 所示。服务之间的通信及容错机制开始模块化，并形成独立的服务框架。但是，随着服务框架内功能的日益增多，复用不同编程语言开发的基础功能就显得十分困难，这也意味着微服务的开发人员将被迫绑定在某种特定语言之上，从而违背了微服务的敏捷迭代原则。

2016 年出现了第三代微服务架构，即服务网格，如图 4-14 所示。原来被模块化到服务框架里的微服务基础能力，从一个 SDK（软件开发工具包）演进成为一个独立的进程——Sidecar（边车）。这个变化使得第二代架构中的多语言支持问题得到了彻底解决，微服务基础能力演进和业务逻辑迭代彻底解耦。第三代微服务架构就是云原生时代的微服务（Cloud Native Microservice）架构，边车进程开始接管微服务应用之间的流量，承载第二代微服务架构中服务框架的功能，包括服务发现、调用容错以及丰富的服务治理功能，例如权重路由、灰度路由、流量重放、服务伪装等。

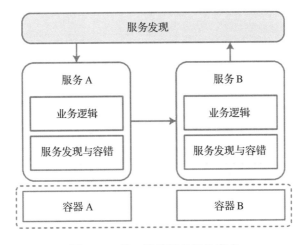

图 4-13　第二代微服务架构模式

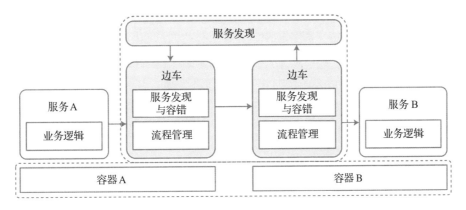

图 4-14　第三代微服务架构模式

随着 AWS Lambda 的出现，部分应用开始尝试利用 Serverless 技术来构建微服务，第四代微服务架构出现，如图 4-15 所示。在第四代微服务架构中，微服务由一个应用进一步简化为微逻辑（Micrologic），这也对边车模式提出了更高要求，更多可复用的分布式能力从应用中剥离，并下沉到边车中，例如状态管理、资源绑定、链路追踪、事务管理、安全等。同时，开发侧开始提倡面向 localhost 编程的理念，并提供标准 API 屏蔽底层资源、服务、基础设施之间的差异，以进一步降低微服务的开发难度。第四代微服务架构就是目前业界提出的多运行时微服务架构（Multi-Runtime Microservice）。

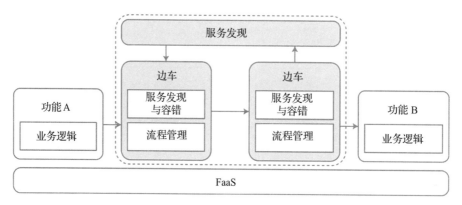

图 4-15　第四代微服务架构模式

4.3.3　应用场景案例：阿里巴巴的 Dubbo 实践

随着互联网的发展，应用的规模不断扩大，常规的垂直应用架构已无法满足应用的要求。同时，服务化进一步演进，服务越来越多，服务之间的调用和依赖关系也越来越复杂，面向服务的架构体系（SOA）应运而生，也因此衍生出一系列相应的技术，如对服务提供、服务调用、连接处理、通信协议、序列化方式、服务发现、服务路由、日志输出等行为进行封装的服务框架。在这样的情况下，新一代的分布式服务架构势在必行。作为电商巨头的阿里巴巴也需要解决这样的问题，其急需一个治理系统，以确保架构有条不紊地演进，因此，Dubbo 诞生了。

Apache Dubbo 作为一款源自阿里巴巴的开源高性能 RPC（Remote Procedure Call，远程过程调用）框架，其特性包括基于透明接口的 RPC、智能负载均衡、自动服务注册和发现、可扩展性高、运行时流量路由与可视化的服务治理。经过数年的发展，Apache Dubbo 已成为国内使用最广泛的微服务框架，并构建了强大的生态体系。为了巩固 Dubbo 生态的整体竞争力，2018 年，阿里巴巴陆续开源了 Spring Cloud Alibaba（分布式应用框架）、Nacos（注册中心 & 配置中心）、Sentinel（流控防护）、Seata（分布式事务）、Chaosblade（故障注入），以便让用户享受到阿里巴巴沉淀十年的微服务体系，获得简单易用、高性能、高可用等核心能力。

Dubbo 作为一个分布式服务框架及 SOA 治理方案，其功能主要包括高性能 NIO（New IO）通信及多协议集成、服务动态寻址与路由、软负载均衡与容错、依赖分析与服务降级等。Dubbo 的最大特点是按照分层的方式来架构，使用这种方式可以使各层之间解耦合（或者最大限度地松耦合）。从服务模型的角度来看，Dubbo 采用的是一种非常简单的模型，要么是提供方提供服务，要么是消费方消费服务，基于此，可以抽象出服务提供方（Provider）和服务消费方（Consumer）两个角色。Dubbo 包含远程通信、集群容错和自动发现三个核心部分。它提供了透明化的远程方法调用，即调用远程方法像调用本地方法一样，只需要简单配置即可，没有任何 API 侵入。同时，Dubbo 具备软负载均衡及容错机制，可在内网替代 F5 等硬件负载均衡器，降低成本，减少单点。Dubbo 还可以实现服务自动注册与发现，而无须写死服务提供方地址，能够通过注册中心基于接口名查询服务提供者的 IP 地址，并且能够平滑添加或删除服务提供者。

随着技术的不断演进，Dubbo v3 中已经发展出 Service Mesh。目前，Dubbo 协议已经得到 Envoy 支持，数据层选址、负载均衡和服务治理方面的工作还在继续，控制层目前也在丰富 Istio 的服务发现和配置中心。

4.4　Serverless

云计算的出现，也催生出很多改变传统 IT 架构和运维方式的新技术，比如虚拟机、容器、微服务。无论这些技术应用在哪些场景，降低成本、提升效率都是亘古不变的主题。随着云计算的不断发展，越来越多的企业把应用和环境中很多通用的部分变成服务。Serverless 的出现，更是带来了跨越式的变革。Serverless 把主机管理、操作系统管理、资源分配、扩容甚至应用逻辑的全部组件都外包了出去，把它们看作某种形式的服务。

构建 Serverless 应用程序意味着开发人员可以将精力专注于核心业务代码上，而无须管理和操作云端或本地的服务器或运行时。Serverless 真正做到了在部署应用时无须涉及基础设施的建设，自动构建、部署和启动服务。本节就来详细讲解 Serverless 技术。

4.4.1　Serverless 的技术背景与价值

基础设施即服务（Infrastructure as a Service，IaaS）和容器技术是云的基础设施，可以为上层应用的运行提供海量低成本的计算资源。以 Kubernetes 为代表的容器编排服务是支撑云原生应用的操作系统，负责高效管理基础设施资源。面向特定领域的后端云服务（Backend as a Service，BaaS）提供了性能高度优化、抽象度更高的 API，成为构建云原生应用的重要元素。随着云原生的发展，存储、数据库、中间件、大数据、AI 等领域出现了越来越多全托管、Serverless 形态的云服务。如今已有越来越多的用户习惯使用全托管的云服务，而不是自建存储系统和部署数据库软件。

随着 BaaS 云服务体系日趋完善，完全基于云平台所提供的全托管、Serverless 化云服务快速构建弹性、高可用的云原生应用已成为可能，Serverless 计算应运而生。Serverless 消除了服务器等底层基础设施的运维复杂度，让开发人员能够更好地专注于业务逻辑的设计与实现。Serverless 计算包含如下特征。

- ❑ **全托管的计算服务**：客户只需要编写代码构建应用，而无须关注同质化的、负担繁重的服务器等基础设施的开发和运维等工作。
- ❑ **通用性**：结合丰富的 BaaS 云服务能力，支持云上所有重要类型的应用。
- ❑ **自动的弹性伸缩**：大幅降低用户资源容量规划的难度。
- ❑ **按量计费**：企业的使用成本得到有效降低，无须为闲置资源付费。

FaaS（Function as a Service，功能即服务）是 Serverless 中最具代表性的服务形态。它把应用逻辑拆分为多个函数，并通过事件驱动的方式触发执行每个函数，例如，当对象存储服务（Object Storage Service，OSS）中产生的上传 / 删除对象等事件能够自动、可靠地触发 FaaS 处理，且每个环节都具有弹性和高可用性时，业务就能够快速实现大规模数据的实时并行处理。同样，通过消息中间件和函数计算的集成，业务可以快速实现大规模消息的实时处理。

FaaS 这种 Serverless 形态非常适合事件驱动的数据处理、API 服务等场景，但它也面临一些挑战，例如，函数编程以事件驱动的方式执行，会在应用架构、开发习惯和研发交付流程等方面有较大的改变。但目前函数编程生态仍不够成熟，应用开发人员和企业内部研发流程需要重新适配。细颗粒度的函数运行也面临诸多技术挑战，比如，冷启动会导致应用响应延迟、按需建立数据库连接成本高等问题。

针对这些情况，容器技术和 Serverless 呈现出了相互融合的趋势。容器具备良好的可移植性，容器化的应用能够无差别地运行在开发机、自建机房及公有云环境中；而基于容器的成熟工具链能够加快 Serverless 的交付。一方面，诸如阿里云函数计算、阿里云 Serverless 应用引擎（SAE）等面向应用的 Serverless 计算服务支持容器镜像和更丰富的实例规格，在保持 Serverless 自动伸缩、免运维等优势的同时复用容器成熟的工具链，可与企业研发交付环境和流程进行更平滑的对接；另一方面，云平台也推出了面向资源的 Serverless 容器服务，如阿里云弹性容器实例（ECI），可以帮助用户消除机器管理等负担，以更弹性的方式运行容器化应用。表 4-1 是传统的弹性计算服务、Serverless 容器和函数计算的对比。

4.4.2 Serverless 的典型技术与架构

了解了 Serverless 的技术背景后，本节将介绍 Serverless 的典型技术与架构。

表 4-1　传统的弹性计算服务、Serverless 容器和函数计算对比

服务分类	弹性计算	Serverless 容器	函数计算
代表产品	弹性计算（ECS）	阿里云弹性容器实例（ECI）	阿里云函数计算（FC）
虚拟化	虚拟机	MicroVM 安全容器	MicroVM 安全容器
交付模式	虚拟机镜像	容器镜像	代码包或容器镜像
应用兼容性	高	中	中
扩容单位	虚拟机	容器实例	函数实例
弹性效率	分钟级	秒级	百毫秒级
计费模式	实例运行时长	实例运行时长	实例执行代码时长

1. 计算资源弹性调度

为了实现精准、即时的实例伸缩和放置，需要把应用负载的特征作为资源调度的依据，使用"白盒"调度策略，由 Serverless 平台负责管理应用所需的计算资源。平台要能够识别应用负载的特征，在负载快速上升时，及时扩容计算资源，保证应用性能的稳定性；在负载下降时，及时回收计算资源，加快资源在不同账户函数间的流转，提高数据中心的利用率。因此，更实时、更主动、更智能的弹性伸缩能力是函数计算服务获得良好用户体验的关键。计算资源的弹性调度，可以帮助用户实现指标收集、在线决策、离线分析、决策优化的闭环。

在创建新实例时，系统需要判断如何将应用实例放置在下层计算节点上。放置算法应当满足多方面的目标，具体列举如下。

- ❑ **容错**：当有多个实例时，将其分布在不同的计算节点和可用区上，以提高应用的可用性。
- ❑ **资源利用率**：在不损失性能的前提下，将计算密集型、I/O 密集型等应用调度到相同的计算节点上，尽可能充分地利用节点的计算、存储和网络资源，动态迁移不同节点上的碎片化实例，进行"碎片整理"，以提高资源的利用率。
- ❑ **性能**：例如，复用启动相同应用实例或函数的节点，利用缓存数据缩短应用的启动时间等。
- ❑ **数据驱动**：除了在线调度之外，系统还可以将天、周或更大时间范围的数据用于离线分析。离线分析的目的是利用全量数据验证在线调度算法的效果，为参数调优提供依据，通过数据驱动的方式加快资源流转的速度，提高集群整体资源的利用率。

2. 流量控制

在多租户环境下，流量控制是保证服务质量的关键。以函数计算为例，当函数调用量

超过预期值时，如果问题是函数逻辑错误导致大量的非预期调用，那么系统应当及时进行流量控制，以确保用户的费用可控。函数计算允许用户配置最大函数运行实例数来限制应用负载。当应用负载上升、系统扩容时，如果函数实例数到达配额上限，那么系统将停止扩容并返回流控错误。除了用户层面的流量控制，当函数的负载动态变化导致系统节点过载时，也应当及时进行流量控制，以避免用户间互相影响。例如，当多个用户流量陡增、超过节点服务能力时，即使每个用户都未用满配额，系统也需要控制流量。该场景下的流量控制不但要及时，而且要公平。流量陡增越大的函数，计算请求被流量控制的概率应当越高。

3. 安全性

Serverless 计算平台的定位是通用计算服务，要能够执行任意用户代码，因此安全是不可逾越的底线。系统应当从权限管理、网络安全、数据安全、运行时安全等各个维度全面保障应用的安全性。轻量安全容器等新的虚拟化技术实现了更小的资源隔离粒度、更快的启动速度以及更小的系统开销，使数据中心的资源使用变得更加细粒度和动态化，大幅提升了资源的使用效率。

4.4.3　应用场景案例：越光医疗巧用 Serverless 容器提升诊断准确度

越光医疗是一家移动医疗设备研发商，主要提供医疗智能设备、云端医用级医疗信息处理算法系统、移动管理交互应用软件等产品。越光医疗的长程动态心电记录仪，体积微小，轻薄，使用方便，使用时只需要将两指大小的设备贴在左胸即可，不会影响患者的日常生活，可连续不间断地记录长达 30 天的动态心电图。一个人每天的心跳总次数超过 10 万次，30 天连续记录的心跳总次数就超过 300 万次。面对如此大量的数据，如果仅用肉眼来寻找异常未免耗时太长，而人工智能辅助诊断则可以大大节省寻找的时间。越光医疗利用长程动态心电记录仪记录数据，待检查结束将设备返还医院，通过专用软件上传数据，然后在云上利用人工智能算法进行分析，辅助医生对全息数据进行查看和审核，最后出具诊断报告。

在实际场景中，病人看病大多集中在工作日的上午，尤其是周一，这就形成了流量的高峰期。早期，越光医疗使用一定量的预定资源来处理上传与分析的任务，但在高峰时段需要排队，或者新购机器手动扩容。

随着容器技术的普及，越光医疗开始使用容器服务。基于容器技术的云原生架构，非常契合越光医疗弹性的流量需求。2019 年，阿里云推出了弹性容器实例（Elastic Container

Instance，ECI），越光医疗便成为其种子用户。

阿里云弹性容器实例是 Serverless 免运维的容器基础设施，与 ASK（Alibaba Cloud Serverless Kubernetes）容器服务无缝集成，共同为客户提供高弹性、低成本、免运维的 Serverless 容器运行环境，免去了用户对容器集群的运维和容量规划工作。

通过阿里云 ASK on ECI 容器服务，越光医疗在短时间内开出了多个运行在 ECI 上的数据传输任务，以处理暴增的业务请求，而后迅速释放，避免了资源闲置，节省了 50% 的成本。利用 Serverless 容器极速扩容，业务处理时间缩短了 90%。

之前启动一台机器再部署容器，可能需要 10 分钟，关闭也需要一定时间。用了 ECI 之后，计算资源迅速就绪，排队时间缩短了 10%～20%，加上原来为了节省成本，处理数据使用的是 CPU，后来 ECI 支持了 GPU，应用也跟随迁移到 GPU 上计算，整体数据的处理时间因此缩短了 90%。最后，采用 Serverless 容器之后，运维也变得更加方便，无须管理底层 ECS 机器资产，也无须管理操作系统和系统镜像，只需要专注于业务应用的容器镜像即可。

4.5　开放应用模型

开放应用模型（Open Application Model，OAM）是描述应用程序及其实现的解耦的规范。开放应用模型旨在为云端应用开发者、运维人员、云基础设施管理人员和云平台构建一套标准化应用架构与管理体系，提升云端应用交付与运维的效率和体验。在实施 DevOps 时通常需要维护开发（Dev）和部署（Ops）之间的描述，以帮助协调交付工作流，而 OAM 规范的目标就是要促进这一过程。OAM 的既定目标是"让简单的应用程序变得更简单，让复杂的应用程序更易于管理"。本节就来详细讲解开放应用模型技术。

4.5.1　OAM 的技术背景与价值

作为当下容器编排的事实标准，Kubernetes 的成功使得各类公有云平台上 Kubernetes 的服务数量大幅度提高。然而，Kubernetes 中的核心资源（例如服务与部署）对应着应用程序整体中的不同组成部分。同样，Helm 表等对象则代表着潜在的可部署应用程序；而一旦开始实际部署，运行方式将不再以应用程序为中心。这就要求开发人员建立起一套拥有完整定义的模型，以代表整体应用程序。

2019 年年末，阿里云联合微软共同发布了 OAM 开源项目，其主要目标是实现从 Kubernetes 项目到"以应用为中心"的平台的最关键的环节——标准化应用定义。事实上，随着应用基础设施层被 Kubernetes 逐渐统一和标准化，应用平台层也开始逐步走向统一与规范化，而 OAM 开源项目就是在这样的背景和趋势下诞生的。

在此之前，云端应用的部署、升级和维护困难重重。开发人员在面对开发、测试和生产等复杂的交付环境时，需要编写和维护多份应用部署配置文件；运维人员需要理解和对接不同的平台，管理差异巨大的运维能力和运维流程。

为了解决这些问题，OAM 为应用开发人员提供了一整套用于描述应用的标准规范。对于任何一个支持该模型的云平台，开发和运维人员都可以通过这个标准的应用描述进行协作，轻松实现应用的"一键安装""一键升级""模块化运维"等，而无须纠结于繁杂的云服务开通配置和接入工作。

由此，我们也可以看到 OAM 的目标：作为用于描述应用程序的范式，OAM 旨在将应用程序描述与应用程序在基础设施中的部署及管理方式区分开来。其本质是为了解耦 Kubernetes 中现存的各种资源，让每个角色的关注点更加集中和专注。将应用程序定义与集群运营细节区分开来，能够确保开发人员专注于应用程序中的关键元素，而不必为部署场景的运营细节而分神。

4.5.2　OAM 的典型原则与架构

接下来将介绍 OAM 的典型原则与架构。

1. 开放应用模型的核心技术思想

众所周知，容器技术因"彻底改变了软件打包与分发方式"而被迅速得以普及。不过，软件打包与分发方式的革新并没有使软件本身的定义与描述发生本质性的变化，基于 Kubernetes 的应用管理体验也没能让业务开发人员与运维人员的工作变得更简单。最典型的例子是，Kubernetes 至今都没有"应用"这个概念，它提供的是更细粒度的"工作负载"原语，比如，Deployment 或 DaemonSet。在实际环境中，一个应用往往是由一系列独立组件组成的，比如，"PHP 应用容器"+"数据库实例"组成了电商网站，"参数服务节点"+"工作节点"组成了机器学习训练任务，"Deployment + StatefulSet + HPA + Service + Ingress"组成了微服务应用。

OAM 的第一个设计思想就是提出云原生"应用"这一概念，并在这个概念中建立了对应用和所需运维能力定义与描述的标准规范。换言之，OAM 既规范了 Kubernetes 中的标准"应用定义"，也帮助封装、组织和管理着 Kubernetes 中的各种"运维能力"。在具体设计上，OAM 的描述模型是基于 Kubernetes API 的资源模型（Kubernetes Resource Model）来构建的，它强调一个应用是多个资源的集合，而非一个简单的工作负载。如图 4-16 所示，在 OAM 语境中，一个 PHP 容器和它所依赖的数据库以及它所需要使用的各种云服务，都是一个"电商网站"应用的组成部分。同时，OAM 把这个应用所需的"运维策略"也看作应用的一部分，比如，这个 PHP 容器所需的 HPA（Horizontal Pod Autoscaling，水平自动扩展）策略。

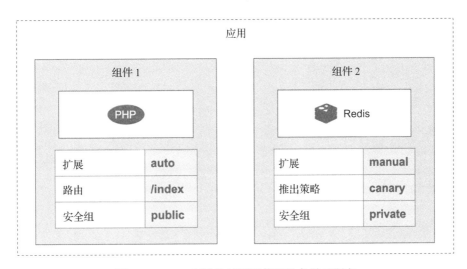

图 4-16 PHP 容器及其需要使用的各种云服务

OAM 项目的第二个设计思想就是提供更高层级的应用层抽象和关注点分离的定义模型。Kubernetes 作为一个面向基础设施工程师的系统级项目，主要负责提供松耦合的基础设施语义，使得用户在编写 Kubernetes YAML 文件时，往往会感觉这些文件里的关注点非常底层。实际上，对于业务开发人员和运维人员而言，他们并不想配置如此底层的资源信息，而是希望能有更高维度的抽象。这就要求一个真正面向最终用户侧的应用定义，一个能够为业务开发、运维人员提供所需应用定义的原语。

2. 开放应用模型的核心概念

OAM 主要定义了三个具体的概念和对应的标准，分别是应用组件依赖、应用运维特征和应用配置。

❑ **应用组件依赖**：OAM 定义和规范了组成应用的组件。例如，一个前端 Web Server 容器、数据库服务、后端服务容器等。

❑ **应用运维特征**：OAM 定义和规范了应用所需的运维特征的集合。例如，弹性伸缩和 Ingress 等运维能力。

❑ **应用配置**：OAM 定义和规范了应用实例化所需的配置机制，从而能够将上述这些描述转化为具体的应用实例。具体来说，运维人员可以定义和使用应用配置来组合上述组件和相应的特征，以构建可部署的应用交付实例。

例如，图 4-17 是在 OAM 的框架和规范下，一个由 PHP 容器和 Redis 实例组成的应用示例。

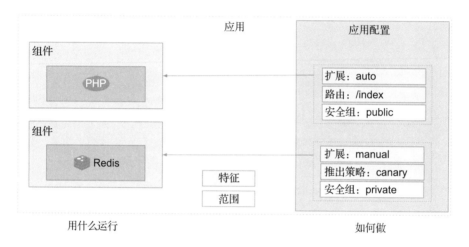

图 4-17　OAM 框架下的应用框架示例

在上述模块化应用定义的基础上，OAM 模型还强调了整个模型的关注点分离特性。即业务开发人员负责定义与维护组件，用于描述服务单元，运维人员负责定义运维特征并将其附加到组件上，构成 OAM 可交付物——应用配置。这种设计使 OAM 在能够无限接入 Kubernetes 各种能力的同时，还能为业务开发人员与运维人员提供最佳的使用体验和最低的学习成本。

4.5.3　应用场景案例：KubeVela 基于 Kubernetes OAM 实现

在应用定义模型规范的基础上，OAM 提供了开源、标准的 OAM Kubernetes 实现（即 KubeVela 项目），任何 Kubernetes 集群都能借此"一键"升级为一个基于 OAM 模型的云原生应用管理平台。

对于业务开发和运维人员来说，KubeVela 就是一个开箱即用的 PaaS 或 Serverless 平台。它为用户提供了易于操作的命令行工具和图形化界面，并且内置了一组简洁的工作负载和运维能力，使得用户可以非常方便地在 Kubernetes 上部署和管理云原生应用，对接 CI/CD 和 DevOps 工具链，就像使用一个基于 Kubernetes 的、开源的 Heroku 一样。

另一方面，KubeVela 项目又是一个可以供平台工程师扩展的 PaaS 核心，平台工程师能够基于 KubeVela 轻松构建出满足自身业务诉求的、功能更加丰富的 PaaS 或 Serverless 平台。在这个场景下，KubeVela 主要解决了如下几类问题。

1）可插拔式的能力模块：KubeVela 支持将任何现有的 Kubernetes API 资源声明为工作负载或运维能力，而无须任何改动。这也意味着所有社区中的 Kubernetes 生态能力都可以非常方便地组装到 KubeVela 项目中，变成工作负载或运维能力，以便 KubeVela 的最终用户能够立刻使用。这种可插拔式的设计方式，使得现有 Kubernetes 集群里的所有能力在 OAM 化时变得非常容易。

2）工作负载与运维能力标准化交互机制：KubeVela 保证 OAM 模块式接入、部署和管理任何 Kubernetes 工作负载和运维能力的一个前提，就是这些工作负载与运维能力之间的交互需要标准化、统一化，工作负载与运维能力标准化交互机制由此应运而生。比如，在 Deployment（无状态应用）与 HPA（自动水平扩展控制器）的协作关系中，Deployment 在 OAM 模型中就属于工作负载，而 HPA 则属于运维能力。在 OAM 中，应用配置里引用的工作负载和运维能力也必须通过协作的方式来操作具体的 Kubernetes 资源。

KubeVela 通过 DuckTyping（鸭子类型）机制，在运维能力对象上自动记录与之绑定的工作负载关系，从而实现工作负载和运维能力之间的双向记录关系，具体说明如下。

1）给定任何一个工作负载，系统可以直接获取到与它绑定的所有运维能力。

2）给定任何一个运维能力，系统可以直接获取到它所要作用的所有工作负载。

这种双向记录关系，在一个大规模的生产环境中，对于保证运维能力的可管理性、可发现性和应用稳定性，是至关重要的。

除此之外，KubeVela 还提供了其他几个非常重要的基础功能，以供平台工程师构建自己的 PaaS 或 Serverless 平台，具体功能说明如下。

1）组件版本管理：对于组件的任何一次变更，OAM 平台都将记录其变更历史，以便运维人员通过运维能力进行回滚、蓝绿发布等运维操作。

2）组件间的依赖关系与参数传递：该功能主要用于解决部署吖需的组件间依赖问题，包括组件之间的依赖和参数传递，以及运维能力与组件之间的依赖和参数传递。

3）组件运维策略：该功能允许开发人员在组件中声明对运维能力的诉求，指导运维人员或系统为该组件绑定和配置合理的运维能力。

相比于传统 PaaS 封闭、不能与"以 Operator 为基础的云原生生态"衔接的现状，类似 KubeVela 这种基于 OAM 和 Kubernetes 构建的现代云原生应用管理平台（如图 4-18 所示），本质上是一个"以应用为中心"的 Kubernetes，可以保证应用平台能够无缝接入整个云原生生态。同时，OAM 还可以进一步屏蔽容器基础设施的复杂性和差异性，为平台使用者带来低心智负担的、标准化的、一致化的应用管理与交付体验，让一个应用描述可以完全不加修改地在云、边、端等任何环境中直接进行交付和运行。

此外，OAM 还定义了一组核心工作负载、运维特征和应用范畴，作为应用程序交付平台的基石。如果模块化的工作负载和运维功能越来越多，就会形成组件市场。而 OAM 就像是这个组件市场的管理者，负责处理组件之间的关系，把许多组件集成为一个产品交付给用户。OAM 加持下的 Kubernetes 应用拼图，可以像乐高积木一样灵活组装底层能力、运维特征和开发组件。

最后，OAM 社区还与混合云管理项目 Crossplane 建立了深度合作关系，从而保证符合 OAM 规范的待运行程序、运维能力和它所依赖的云服务可以组成一个整体，在混合云环境中无缝漂移。这种与平台无关的应用定义范式，应用开发人员只需要通过 OAM 规范来描述应用程序，就可以使应用程序在任何 Kubernetes 群集，或者 Serverless 应用平台，甚至边缘环境上运行，而无须对应用描述做任何修改。OAM 社区与整个云原生生态一起，正在将标准应用定义和标准化的云服务管理能力统一起来，使"云端应用交付"真正成为现实。

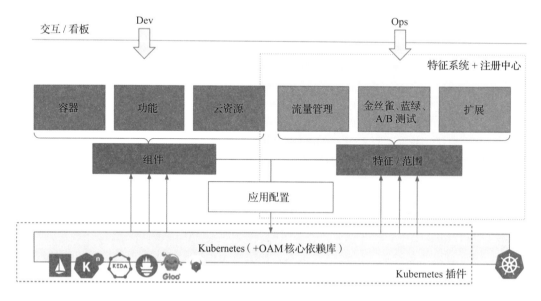

图 4-18 基于 OAM 构建的 Kubernetes 应用管理平台

4.6 Service Mesh 技术

Service Mesh 又称服务网格。之所以称为服务网格，是因为每台主机上同时运行了业务逻辑代码和代理，此时，这个代理被形象地称为 Sidecar（业务代码进程相当于主驾驶，共享一个代理相当于边车），服务之间通过 Sidecar 发现和调用目标服务，从而在服务之间形成一种网络状依赖关系，然后通过一种独立部署的称为控制平面（Control Plane）的独立组件来集中配置这种依赖调用关系，以及进行路由流量调拨等操作。如果此时我们把主机和业务逻辑从视图上剥离出来，就会出现一种网络状的架构，服务网格由此得名。本节就来详细讲解被称为下一代微服务架构基础的 Service Mesh 技术。

4.6.1 Service Mesh 的技术背景与价值

从成本角度出发，很多企业都在考虑利用开源、开放技术替换传统分布式应用中所使用的厂家专有技术。一方面，这可以很好地获得业界前沿技术发展所带来的技术红利，卸下专有技术发展所带来的研发成本负担；另一方面，云平台大多会提供开源、开放技术兼容的云产品和云服务，企业可以很方便地将相应的开发和运维工作托付给云平台，从而将更多的注意力聚焦于自己赖以生存的业务开发上。

从技术角度出发，通过微服务软件架构应对日益复杂的分布式应用的方式已在业界获得广泛共识。微服务软件架构的核心思想与软件工程中的模块化、高内聚低耦合、分而治之等软件设计思想是一致的，即将功能完整的单个应用拆分成合适的小应用，再通过 RPC 等技术连接小应用，最终实现完整的功能。然而，微服务软件架构在解决问题的过程中也引入了一些新的问题，诸如体现于小应用之间的服务连接、安全、控制和可观测性等问题。

在 Service Mesh 出现之前，微服务软件架构所带来的问题都是采用框架思维解决，即将服务连接、安全、控制和可观测性等能力以 SDK（Software Development Kit，软件开发工具包）的形式提供给应用开发人员。随着技术的发展和业务规模的不断增长，框架思维的瓶颈逐渐凸显。其一，单一编程语言无法有效实现所有业务需求，多编程语言场景的出现导致相同功能的 SDK 需要用不同的编程语言重复开发，且不同编程语言的 SDK 需要同时维护和迭代，共享困难。其二，SDK 与应用在同一个进程中紧密耦合，这种强绑定关系使它们无法独立快速演进，从而陷入了基础技术与业务发展相互制约的困境。

Service Mesh 的出现使得解决问题的思路从之前的框架思维变成了平台思维，将之前 SDK 中非常固定的内容（比如编程 API、协议编解码等）仍然保留在 SDK 中，其他内容则全部剥离至完全独立的 Proxy（即 Sidecar）进程中。Proxy 的热升级技术将让平台功能的变更对应用完全无感，从而最大程度解决了过去应用与 SDK 因深度耦合而无法独立演进的问题。此外，SDK 中相关功能的剥离实现了应用的轻量化，让应用能够更好地聚焦于业务逻辑本身。

在云原生时代，Service Mesh 正朝着基础架构抽象屏蔽、更好的自动化以及更适应混合云环境的方向演进。

4.6.2 Service Mesh 的典型技术与架构

于 2017 年发起的服务网格 Istio 开源项目，清晰地定义了数据平面（Data Plane，由开源软件 Envoy 承载）和控制平面（Control Plane，Istio 自身的核心能力）。Istio 为微服务架构提供了流量管理机制，同时也为其他功能（包括安全性、监控、路由、连接管理与策略等）奠定了基础。Envoy 由 Lyft 公司创建，并成为 CNCF 的第二个毕业项目，可在无须对应用程序代码做出任何改动的前提下，实现可视性与流程控制能力。由于 Istio 构建于 Kubernetes 技术之上，因此它自然可运行于提供 Kubernetes 容器服务的云平台环境中，也因此成为大部分云平台默认使用的 Service Mesh 解决方案。

除了 Istio 之外，还有 Linkerd、Consul 这样相对小众的 Service Mesh 解决方案。在数据层面，Linkerd 采用 Rust 编程语言实现了 linkerd-proxy；在控制平面，与 Istio 一样，Linkerd 也是采用 Go 语言编写。最新的性能测试数据显示，Linkerd 在时延、资源消耗等方面比 Istio 更具优势。Consul 在控制平面直接使用 Consul Server，在数据平面则可以选择性地使用 Envoy。与 Istio 不同的是，Linkerd 和 Consul 在功能体系上不如 Istio 完整。

Conduit 作为 Kubernetes 的超轻量级 Service Mesh，其目标是成为最快、最轻、最简单且最安全的 Service Mesh。Conduit 使用 Rust 构建了快速、安全的数据平面，使用 Go 语言开发了简单强大的控制平面，并紧密围绕性能、安全性和可用性进行设计开发。Conduit 能够透明地管理服务之间的通信，提供可测性、可靠性、安全性和弹性支持。虽然它与 Linkerd 相仿，数据平面是在应用代码之外运行的轻量级代理，控制平面是一个高可用的控制器，但不同的是，Conduit 的设计更倾向于 Kubernetes 中的低资源部署。

Gartner 研究报告显示，Istio 有望成为 Service Mesh 的事实标准，而 Service Mesh 本身也将成为容器服务技术组件的标配。但从长远来说，Service Mesh 目前仍处于比较早期的采用阶段，今后还有很长的路要走。

图 4-19 以开源的 Istio 为例，展示了 Service Mesh 的典型架构。其中，数据平面的 Proxy 由开源软件 Envoy 负责，控制平面则由 istiod 实现。Service A 调用 Service B 的所有

请求，都被其下的 Proxy 截获，并代理 Service A 完成到 Service B 的服务发现、熔断、限流等功能，而所有功能的决策总控都是在控制平面上进行配置。istiod 可以在虚拟机或容器中运行，其主要模块包括 Pilot（服务发现、流量管理）、Citadel（终端用户认证、流量加密）和 Galley（配置隔离）。

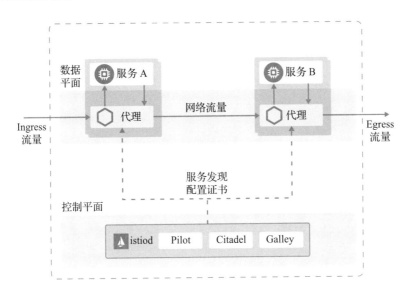

图 4-19　Service Mesh 典型架构

　　虽然 Service Mesh 因为 Proxy 的引入而多了两次 IPC 通信的成本，但随着软硬件结合优化能力的提升，并没有对整体调用延迟带来显著的影响，对于毫秒级别的业务调用而言，其影响基本可以忽略不计。被服务化的应用并未进行任何改造就获得了强大的流量控制能力、服务治理能力、可观测能力、4 个 9 以上高可用、容灾和安全等能力，加上业务因此而具备的横向扩展能力，整体收益要远大于额外 IPC 通信所支出的成本。

　　数据平面与控制平面间的协议标准化是 Service Mesh 技术发展的必然趋势。大体上，Service Mesh 的技术发展正在围绕"事实标准"逐渐展开，即共建各云平台共同采纳的开源软件。从接口规范的角度看，Istio 采纳了 Envoy 所实现的 xDS 协议，并将该协议当作数据平面和控制平面之间的标准协议；微软提出了 Service Mesh Interface（SMI），致力于对数据平面和控制平面的标准化做更高层次的抽象，以期让 Istio、Linkerd 等不同的 Service Mesh 解决方案在服务观测、流量控制等方面实现最大程度的开源能力复用。UDPA（Universal Data Plane API，通用数据平面 API）是基于 xDS 协议发展起来的 API 标准。通过它，企业可以根据云平台的特定需求便捷地扩展。新的 xDS v4 将基于 UDPA。

此外，数据平面插件的扩展性和安全性也得到了社区的广泛重视。从数据平面的角度看，Envoy 得到了包括 Google、IBM、Cisco、微软、阿里云等在内的企业共建以及主流云平台的采纳，进而成为事实标准。在 Envoy 为插件机制提供了良好的可扩展性的基础之上，目前业界正在探索如何用 WASM 技术实现各种插件之间的隔离，避免因为某一插件的软件缺陷，而导致整个数据平面不可用的情况。WASM 技术的优势除了提供沙箱功能之外，还能支持多编程语言，从而最大程度地让掌握不同编程语言的开发者可以使用自己所熟悉的技能去扩展 Envoy 的能力。

在安全性方面，Service Mesh 非常利于实现云原生时代的零信任架构，包括 Pod Identity、基于 mTLS 的链路层加密、RBAC（Role Based Access Control，基于角色的访问控制）、基于 Identity 的微隔离环境（动态选取一组节点组成安全域）等内容。

4.6.3 应用场景案例：阿里巴巴 Service Mesh 实践

阿里巴巴坚信 Service Mesh 是未来的关键技术，因而坚定地对其进行探索，结合"借力开源、反哺开源"的发展策略，选择基于开源的 Istio 和 Envoy 不断进行技术延展。新技术的发展不可避免地需要应对过去发展时所积累的历史包袱。为此，阿里巴巴在 Service Mesh 的探索之路上经历了不同的发展阶段，并采用了不同的技术架构。长远来看，阿里巴巴希望借助大规模场景持续打磨 Service Mesh 技术，在实现反哺开源的同时，用开源、开放的标准技术取代阿里巴巴内部的私有技术，最终用一套开源技术服务阿里巴巴与蚂蚁集团和阿里云客户，实现"三位一体"。

在相当长的一段时间内，新技术的不成熟很可能是一种常态，关键在于如何实现新技术架构的平滑演进，避免出现推倒重来的情况。基于这一方面的考量，阿里巴巴对 Service Mesh 的实践经历了"起步""三位一体"和"规模化落地"三大阶段，并在不同阶段采用了不同的软件架构或部署方案，如图 4-20 所示。

在起步阶段，Istio 控制平面的 Pilot 组件会存放在一个单独的容器中，并当作一个独立的进程和 Sidecar（指 Envoy）部署在一个 Pod 中。这种方式可以将开源的 Envoy 和 Pilot 的改动降到最小，从而加速它们的落地，也便于我们基于开源的版本做能力增强和反哺。这一方案的缺点在于，每个 Pod 中都包含一个 Pilot 进程，这会增大应用所在机器上的资源消耗。但在服务规模并不大的情形下，增加的资源消耗相对较小，此时可以忽视这一缺点。

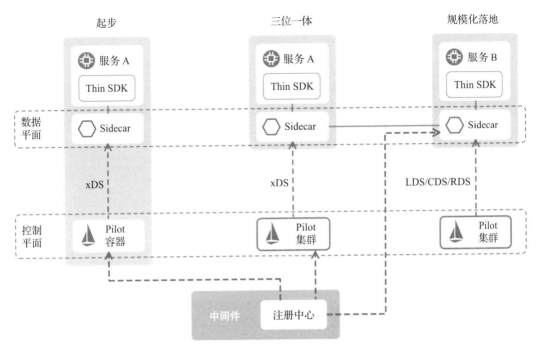

图 4-20　阿里巴巴对 Service Mesh 的实践历程

在"三位一体"阶段，Pilot 进程从业务 Pod 中抽离出来，变成一个独立的集群，在 Sidecar 和 Pilot 之间仍然使用 xDS 协议。这一架构虽然减少了应用所在机器的资源消耗，但我们必须要正视规模化落地的问题。xDS 协议中包含一个叫作 EDS（Endpoint Discovery Service，端点发现服务）的协议，Pilot 通过 EDS 向 Sidecar 推送服务发现所要使用到的机器 IP（又称 Endpoint）信息。在阿里巴巴大规模应用的场景下，因为有大量的端点需要通过 Pilot 推送给 Sidecar，导致 Sidecar 的 CPU 消耗非常大，所以需要考虑业务进程是否会因为 Sidecar 对资源的争抢而受到影响。这种规模化问题在起步阶段的技术方案中并不是不存在，只不过因为落地时应用的服务规模比较小而没有成为瓶颈。

为了解决规模化落地的问题，我们设计出了规模化落地的技术架构。在这一架构中，虽然还是 Sidecar 对接 Pilot 集群，但 Pilot 集群只提供 xDS 协议中的 LDS（侦听器发现服务）、CDS（集群发现服务）和 RDS（路由发现服务）这些标准服务，而 EDS 采用 Sidecar 直接对接服务注册中心解决。值得强调的是，虽然 Sidecar 直接对接服务注册中心，但是它仍然沿用了 Envoy 中对 EDS 所抽象的数据结构和服务模型，只是在数据获取上通过对接注册中心来实现。之所以 Sidecar 直接对接服务注册中心能解决 EDS 所存在的规模化问题，根源在于阿里巴巴的服务注册中心具备了增量推送的能力。

在这三种架构中，未来的终态一定是三位一体的架构，且数据平面和控制平面也一定是并重发展。由于阿里巴巴今天的服务规模非常庞大，所以没办法做到一步到位。规模化落地这一过渡方案有助于我们更好地反哺开源社区，尽早大规模落地也会让阿里巴巴清楚地知道开源方案仍存在的问题，从而为完善开源方案做出更大贡献。

现阶段，阿里巴巴对 Service Mesh 的探索与实践仍聚焦于实现应用与中间件技术的解耦，并取得了阶段性的重大成果，接下来的探索重点将是流量的体系化治理能力。

4.7 分布式消息队列

在云原生时代，消息队列作为一种和 RPC 同样重要的通信机制和架构模式，对解决业务流量的"削峰填谷"、解耦分布式组件、建立事件驱动架构、流式数据处理、系统间集成等都起着关键作用。这一节我们就来进一步探讨分布式消息队列技术。

4.7.1 分布式消息队列的背景与动机

分布式消息系统是一种利用高效可靠的消息传递机制进行平台无关的数据交互，并基于数据通信进行分布式系统集成服务的系统。消息队列是在消息传输过程中保存消息的容器。消息队列管理器在将消息从源中继到目标时充当中间人的角色，消息队列的主要目的是提供路由并保证消息的可靠传递；如果发送消息时接收者不可用，那么消息队列会保留消息，直到可以成功传递为止。分布式消息系统通过提供消息传递和消息排队模型，可以在分布式环境下扩展进程间的通信，并支持多通信协议、语言、应用程序、硬件和软件平台，实现应用系统之间的可靠异步消息通信，并保障数据在复杂网络中的传输高效、稳定、安全、可靠，以及分布式网络环境下的高可用性和一致性，常用于应用解耦、异步通信、流量削峰、日志收集、缓存更新、数据同步、事务最终一致性等典型场景。

在云原生时代，微服务架构的大规模应用对链路间的可靠传输提出了更大的挑战，而消息服务作为应用通信的基础设施，逐渐变成微服务架构应用的核心依赖，这也是实践云原生核心设计理念的关键技术。企业通过分布式消息系统很容易搭建出分布式、高性能、弹性、稳定的应用程序。消息服务在云原生架构中的重要性也导致其极有可能成为应用实践云原生的阻塞点，所以消息服务的云原生化至关重要。与此同时，在云原生时代，消息队列不仅串联解耦了不同的微服务，而且随着 Serverless、Service Mesh 等技术的广泛应用，分布式消息队列的使用场景也得到进一步的扩展，从可靠异步传输链路的基础设施，逐渐演变为事件传递的中枢神经，连接着各种各样的云服务、云应用和 SaaS 产品，提升了产品的集成与被集成能力。消息形态也从单纯的消息裸数据，逐渐转变为更高维度的事件抽象。

4.7.2　分布式消息队列的典型技术与架构

当前主流的消息队列有 RocketMQ、Kafka、Pulsar、RabbitMQ 等，其中比较有代表性的是 RocketMQ 与 Kafka。接下来我们将重点围绕这两个产品，为大家介绍相关分布式消息队列的关键技术与架构。

RocketMQ，作为一款低延迟、高可靠、可伸缩、易于使用的消息中间件，由阿里巴巴研发并贡献给了 Apache 基金会，并于 2017 年成为顶级开源项目。RocketMQ 是用 Java 语言开发的，它采用"发布—订阅"模式传递消息，具有高效灵活的水平扩展能力和海量消息堆积能力，近年来获得了国内外越来越多企业的认可。

Kafka 是由 LinkedIn 开发的高吞吐量分布式消息系统，旨在为处理实时数据提供一个统一、高通量、低延迟的平台。Kafka 的最大特性是可以实时处理大数据以满足各种需求场景。Kafka 是用 Scala 语言开发的，其客户端在主流的编程语言里都有对应支持，如 Scala、C++、Python、Java、GO、PHP 等。Kafka 于 2010 年贡献给了 Apache 基金会，成为顶级开源项目。

此外，国内外不同的云平台均提供了分布式消息队列服务，但几乎所有消息队列都采用了类似的中心化架构。

如图 4-21 所示，分布式消息队列包含以下几个模块。

- ❑ **客户端**：提供了消息的接收与订阅 API，同时内置了重试、熔断等高可用功能。
- ❑ **注册中心**：提供了集群管理、元数据管理、路由和服务发现等功能。
- ❑ **计算节点**：在消息队列的服务端 Broker 中，计算部分包含高性能的传输层以及可扩展的 RPC 框架，用于处理来自客户端的不同请求。
- ❑ **存储引擎**：Broker 的核心为存储引擎，某些消息队列可能会将存储引擎与计算节点拆分开来，主要是为消息提供高性能持久化，以队列方式组织消息，用以保证消息必达。

在云原生时代，消息队列已然成为云原生的底层通信基础设施，不仅提供了微服务间异步解耦、削峰填谷等能力，还发挥着数据通道、事件驱动等重要作用。但随着使用场景的逐步扩展，云原生时代的消息队列面临着更大的挑战，具体包括以下几个方面。

（1）高 SLA

由于消息队列一般用于业务的核心链路，因此业务系统对消息队列的可用性要求极高。而在云原生时代，云原生应用对消息这种云原生 BaaS（Backend as a Service，后端即服务）

有更高的 SLA 要求，应用将假设其依赖的云原生服务具备与云一样的可用性，从而无须建设备份链路来提高应用的可用性，降低架构的复杂度。

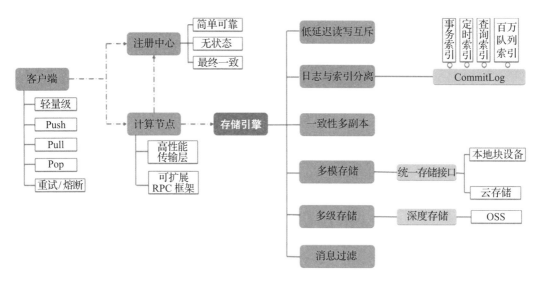

图 4-21　消息队列功能架构

（2）高性能

随着越来越多的行业开始使用云原生服务，在扩展消息队列使用场景的同时，业界对消息队列的性能提出了更高的要求。除了容量之外，更低的写入延迟，更短的端到端时延，更平稳的性能曲线也成为企业关注的重点。因此，云原生时代的消息队列，除软件层面的极致优化之外，一系列如 RDMA、FPGA 等新硬件技术都得到了广泛应用。这些新技术的采用，极大地提升了消息队列的性能，这也符合云原生时代面向性能设计的理念。

（3）极致弹性

消息队列是有状态服务，云原生时代的消息队列最大的改进在于从用户的视角彻底消除了状态，在逻辑资源和物理资源两个维度真正做到了按需使用。消息队列与 Serverless 的结合正好将这种需求做到了极致。企业更关心消息实例提供的逻辑资源是否充足，队列数量是否能满足扩展性的需求。比如，在商业化 MQ 实例中可以根据用户流量自动对实例规格进行按需调整（从 2W TPS 至 10W TPS），也可以根据分布式消费者的数量规模对逻辑队列数量进行动态调整，企业无须评估容量。在服务提供者侧，我们更关心的是如何降低运维的成本，系统可以根据集群 Load 等指标自动扩容或收缩 MQ 物理资源，而 Kubernetes 和 Serverless 等技术的大量使用，使得这种极致的弹性扩缩能力成为可能。

（4）标准

为避免厂商锁定，同时提升多种消息队列的互通性，云原生时代的消息队列必定是遵循开源和开放标准的。在消息领域，无论是接口还是协议，社区一直有很多事实标准用于提高消息队列的易用性，比如，Kafka 提供的 API 和协议、JMS API、CloudEvents 规范，MQTT 中的协议和模型、AMQP 的协议和模型等。以阿里云为代表的云平台的消息队列产品对这些事实标准都提供了相应的接入方式，企业可以低成本地完成迁移上云。然而，事实标准如果太多，其实就是没有标准。OpenMessaging 作为云原生时代的分布式消息队列标准，得到了越来越多云平台的支持，它将提供六大核心特性：多领域、流、平台无关、标准的 Benchmark、面向云和线路层可插拔。

（5）原生事件支持

事件相对于消息更加具象化，代表了事情的发送、条件和状态的变化；事件源来自不同的组织和环境，所以事件总线天然需要跨组织；事件源对事件将如何响应没有任何预期，所以采用事件的应用架构是更彻底的解耦，将具备更好的可扩展性和灵活性。云原生时代的消息队列已经不只停留在消息层面，而是对更高维度的事件提供支持，这不仅消除了微服务之间的耦合，甚至在企业的组织架构层面都做了解耦，提升了应用本身的集成与被集成能力。同时，消息队列对事件的更好支持，也使得 EDA（Event-Driven Architecture，事件驱动架构）在微服务领域得到广泛的应用。相比于以前的同步请求方式，事件驱动架构下的微服务耦合更为松散。

4.7.3　应用场景案例：阿里巴巴的 RocketMQ 实践

阿里巴巴内部业务众多，微服务化带来了大量的系统间交互。其中，消息是不同微服务间进行交互所不可缺少的一环，尤其是对于交易、物流等核心业务链路而言。阿里巴巴内部的使用场景具体包括异步解耦、削峰填谷、数据同步、事务最终一致性保证等。下面我们以电商业务为案例来讲述消息系统的具体使用。在电商业务中，用户的下单流程可以简单地分为两个阶段，支付阶段和物流阶段，这两个阶段的业务逻辑是由两个相互独立的微服务完成的，如图 4-22 所示，下单服务编排了 Alipay 和菜鸟两个服务，以完成整个网购流程。

（1）异步解耦

异步解耦本质上是一个同步转异步的过程，在系统间的交互过程中，最大程度避免上游服务对下游服务的依赖，并保证整个业务链路的完整性与正确性。

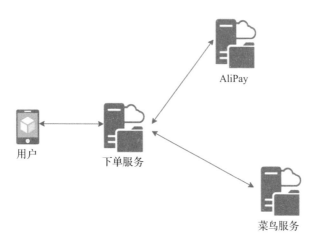

图 4-22　用户下单流程示意

　　在上述网购业务中，相较于支付服务，物流服务中包含的业务链路更长。所以，在用户购买服务中，如果需要等待物流服务返回具体的结果，则不仅会影响用户体验，而且会极大降低系统性能。因此，阿里巴巴内部使用分布式消息队列 RocketMQ 来解耦上游支付系统与物流订单系统的耦合，如图 4-23 所示。

　　通过异步解耦，系统只需要在支付完成、发送物流消息成功后，向用户返回购买成功的信息即可，而不用等待物流系统实际处理后再返回。这不仅提升了用户体验，还提升了系统容量，同时降低了系统开发的复杂度。

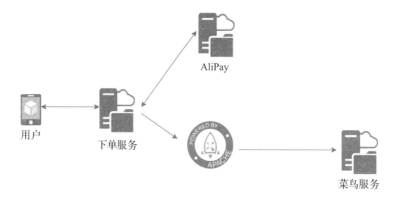

图 4-23　添加 RocketMQ 后的用户下单流程

（2）削峰填谷

　　随着电商业务的蓬勃发展，大促已经成为电商领域非常常见的营销模式，但大促会对系统带来超过平时数倍乃至上百倍的数据压力，因此需要引入 RocketMQ 分布式消息队列。

RocketMQ 的引入，不仅可以解决支付系统与物流系统的耦合，而且在大促流量达到洪峰后，还可以通过自身所具有的亿级消息堆积能力，极大程度地降低物流服务被冲垮的风险，使得物流服务可以按照自身的实际处理能力对业务进行处理。同时，由于 RocketMQ 提供了消息必达的能力，能够避免消息丢失给用户带来损失，保证了整个业务处理的完整性与正确性。

（3）事务最终一致性

回到上面的案例，虽然我们已经把整个电商网购业务简单地拆分成两个阶段，但是仍不可避免地要对系统之间可能产生的异常进行容错处理。那么，我们就要面临一个非常简单的问题，到底是应该先扣款支付，还是应该先发物流消息。如果先发物流消息，而扣款不成功，则将给平台带来极大的损失；而一旦选择先扣款，如果扣款成功，消息发送却失败，则将会发生用户付款了却收不到货的情况，这将给用户造成损失；因此，这两种选择都是不可接受的。

在这个案例中，我们使用 RocketMQ 提供的事务消息轻松解决了这个问题。在事务消息的解决方案中，我们首先会发送一条 prepare 消息到 RocketMQ 集群，此时，该消息并不会被下游物流服务收到；发送 prepare 消息成功后，我们会进行实际的扣款，如果扣款成功，就会提交上述 prepare 消息，并投递到下游物流服务中，而如果扣款失败，我们就会回滚上述 prepare 消息，避免下游物流服务收到该消息。此时，我们需要面临另外一个问题：如果在提交或回滚的过程中，当前处理业务的下单服务实例宕机怎么办？RocketMQ 通过回查机制解决了这个问题，如果一条 prepare 消息在很长时间后还没有提交或回滚，那么 RocketMQ 就会主动向集群中的其他下单服务发起回查，其他实例会根据实际扣款结果来决定是否提交或回滚该 prepare 消息。以 RocketMQ 为代表的分布式消息队列通过这种方式解决了系统开发过程中常见的分布式事务问题。

当然，分布式消息队列还有很多使用场景，比如，数据同步、日志传输等。这些实际场景均离不开以 RocketMQ 为代表的分布式消息队列提供的强大堆积能力以及严格的消息送达能力，因此，未来云原生的消息队列不仅会向云原生的热点技术靠拢，更会借助云原生的力量，做强、做深消息队列本身的基础能力。

4.8 云原生数据库技术

数据库是应用开发非常重要的组成部分，可以帮助开发人员存储和管理数据。但随着企业业务向数字化、在线化和智能化演进，面对呈指数级递增的海量存储需求和挑战，以及业务带来的更多热点事件、突发流量的挑战，传统商业数据库已经很难满足和响应快速变化和持续增长所带来的业务诉求，企业需要降本增效，做出更智能的数据决策。而云原生理念与技术的不断普及，为数据库带来了非凡的变化。接下来，我们将为大家深入讲解云原生数据库的价值与相关技术。

4.8.1　云原生数据库的技术背景与价值

1970 年，IBM 提出了现代关系型数据库的标准——关系模型，关系型数据库就此兴起。随后，1974 年最早的关系型数据库原型 System R 被推出，自此开启了现代数据库时代。20 世纪 80 年代到 90 年代是商业数据库发展的黄金时期，大部分核心技术在这段时间内逐步完善。此后，新技术虽然不断涌现，但关系型数据库经受住了时间与市场的考验，成为 IT 基础设施的基石。同一时间，以 Oracle 为代表的传统数据库公司脱颖而出，成为企业级数据库的赢家。

随着云原生的普及，以及云计算所引发的技术变革，整个世界发生了跨越式的变化，而数据库也在这场变革中获得了新的动力。Amazon 于 2009 年 10 月发布了 RDS（Amazon Relational Database Service，Amazon 关系型数据库服务）并深受市场追捧，开启了云托管数据库时代。阿里云紧随其后，推出了云原生数据库—PolarDB。这两款云原生数据库已成为云原生数据中发展最快的产品。近几年来，各云平台纷纷在自研云原生数据库领域持续发力，云数据库逐渐受到越来越多企业用户的青睐。

云原生数据库是一种通过云平台进行构建、部署并交付给用户的云服务。相较于其他类型的数据库，它最大的不同就是以云原生的形式进行交付，具备传统数据库所不具备的直接访问性和运行时可伸缩性，属于 DBaaS（DataBase as a Service，数据库即服务）平台。云原生数据库的易用性、高扩展性、快速迭代、节约成本等特性，为企业提供了增强的可靠性和可伸缩性，很好地解决了企业用户的核心诉求。从资源池化、弹性扩展、智能运维，到离线、在线一体化，利用云原生数据的这些核心特性，企业可以实现存储、管理和提取数据等多种目的。

虽然将本地数据库迁移到了云端，但是对于 CTO 或 CIO 而言，做出这样的决策并不容易。据预测，至 2022 年，预计全球 83% 的企业的工作负载将全部存储在云端。从数字化转型的角度而言，选择云原生数据库会为企业带来诸多优势，云原生数据库代表了未来的发展趋势。下面就来介绍几个典型的云原生数据库技术。

4.8.2　云原生数据库的典型技术

本节主要介绍三种典型的云原生数据库技术，具体内容如下。

1.云原生关系型数据库

作为最主流的数据库类型，关系型数据库一直在数据库中占有重要位置。而云原生关系型数据库的快速发展与其架构优势密切相关，这些优势具体体现在以下几个方面。

❑ **资源池化，大容量，高性价比**。传统商用数据库需要企业自行适配硬件，后续如需扩展，需要购买价格不菲的相关设备。而云原生数据库从一开始就充分享受了云平台的各种技术红利，资源共享池化，可以存储海量的数据，同时提升了资源的利用率，让普通企业也可以享受到以往只有大型企业才能使用的先进硬件及部署环境。此外，资源按需付费，用户只需要对使用的部分买单即可，降低了成本。

❑ **提供极致弹性**。计算和存储 / 内存分离，CPU、内存和存储等部件均可实现独立弹性，支持独立扩展，变配速度快，从而满足不断变化的多种业务需求，实现完全 Serverless 化。

❑ **强大的容灾能力及可靠性**。充分利用强大的云基础设施，提供跨节点容灾支持；充分利用新技术新硬件，比如，利用 RDMA（Remote Direct Memory Access，远程直接数据读取）技术实现分布式共享存储，通过数据的多副本技术提升容灾能力；充分提升跨区域的复制能力，提升高可用能力，保证用户业务的可用性。

❑ **完全托管**。用户无须负责硬件的购买和部署、软件错误的修复、实例参数的配置、监控的开发、数据的备份和管理等工作。

❑ **智能化 + 自动化管控平台**。将机器学习、人工智能技术与数据库内核相结合，使得数据库更加自动化和智能化，实现自感知、自决策、自恢复和自优化。

要实现以上这些优点，云原生数据库必须进行相关的技术演进。在硬件资源方面，CPU/ 内存 / 存储的独立资源化对资源间的互联提出了很高的要求，各个节点之间，包括存储节点、计算节点甚至内存池节点的互联，都需要高性能 RDMA 网络甚至其他新总线的支持。在软件方面，因为资源的池化并不能在操作系统层面实现完全透明，数据库需要对功能模块进行拆分和重构，以实现不同的组件通过高速网络在不同的物理机的互连和运行，从而实现性能的最大化。

同时，OLTP（Online Transaction Processing，联机事务处理）数据库作为一个整体，需要在资源分离的情况下，对外保证 ACID（原子性、一致性、隔离性和持久性）和外部一致性，因此需要高效的分布式缓存、分布式锁和分布式事务机制来保证读写的快速弹性和整体的高性能。另外，在保证正确性的前提下，需要减少节点之间数据日志的通信量。下面，我们结合阿里云 PolarDB 对云原生数据库的一些核心技术进行探讨。

（1）计算存储分离技术

云原生时代要求数据库具备海量的计算能力和数据存储能力。在这样的场景下，传统数据库的计算和存储耦合架构的缺点逐渐暴露，具体如下。

- **资源浪费**：计算能力、存储能力达到瓶颈，虽然这两种情况往往不会同时发生，但单纯增加机器必然导致资源浪费。
- **扩展不易**：在计算和存储耦合的模式下，如果单纯增加设备，总会或多或少衍生出数据迁移和系统重新配置的问题，扩展能力弹性不足。

由上可见，计算和存储耦合架构在云原生时代暴露出了缺乏弹性的严重问题。随着网络速度越来越快，访问延时越来越小，现有架构都开始向着计算和存储分离这一方向发展。目前，云原生数据库已实现了存储资源的独立扩展，例如，基于分布式存储的云原生数据库 PolarDB 等已实现了存储资源的池化及独立扩展，并获得了广泛认可。

计算和存储分离架构为云原生数据库带来了计算和存储上的实时水平扩展能力，实现了计算能力上的极致弹性。由于单个数据库实例的计算能力有限，传统做法往往是通过搭建多个数据库副本分担压力，从而提供数据库扩展能力。然而这种做法需要存储多份全量数据，日志数据频繁同步造成了过高的网络开销成本。同时，在传统数据库集群上，增加副本需要同步所有增量数据，这又带来了同步延迟上涨问题。所以，PolarDB 等主流产品都采用了共享存储集群的数据架构，实现多个计算节点可以挂载同一份存储。计算节点可以单独扩展，支持一写多读集群的部署，且提供读扩展能力，支持在分钟级扩展到 15 个读节点。PolarDB 的系统架构图如图 4-24 所示。

计算和存储分离架构打破了存储的单机限制，使得存储独立弹性成为可能。例如，PolarDB 采用分布式共享存储架构，通过 RDMA 高速网络形成的分布式存储，最大数据容量可达 100TB。计算和存储分离的高弹性让云原生数据库能够轻松应对高并发的应用场景，在促销、秒杀等流量峰

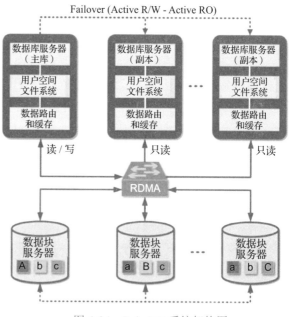

图 4-24　PolarDB 系统架构图

值的场景中实现秒级扩容，支持企业应对大规模数据分析的读写需求，实现海量数据低成本存储、快速弹性扩容，从而保障数据库集群的可用性。

传统数据库架构的数据缓冲区（Buffer Pool）将存储数据加载到内存中供计算层读写数据，并定期写出脏数据到存储层，以实现数据的持久存储。对于一个写密集的 OLTP 系统而言，系统性能瓶颈主要为从缓存刷脏数据到存储层的 I/O。

（2）计算内存分离技术

计算和存储分离的云原生架构虽然实现了计算和存储资源的独立弹性，但计算节点仍然包含 CPU 和内存，无法实现这两者的秒级弹性扩容收缩。与此同时，在很多业务场景下，这两者的业务需求很不一样，所以云原生数据库也在尝试计算和内存的分离技术。CPU 和内存分离的核心收益具体如下。

- 在数据库中，缓冲区的使用逻辑相较于计算节点更为简单，但是其中保存了更重要的"状态"信息。把内存和缓冲区从计算节点中分离出来，既可以保证这些重要信息在计算节点升降级、变配时的持久性，也可以有效减少这些操作对用户业务的影响。
- 用户业务在不同时期对数据库 CPU 和内存资源的需求量及比例可能会产生较大的波动。在当前 CPU 和内存绑定的架构下，CPU 和内存的资源占比固定，无法根据业务负载来快速弹性变化，从而导致了低峰期的资源闲置。而计算和内存分离技术则能大幅度提升资源的利用率，降低成本。
- 实现内存的高弹性。在 CPU 和内存绑定的架构下，数据库 CPU 所使用的内存扩展性受限于当前物理机的总内存大小和空闲内存大小，而跨机垂直扩展又存在闪断和短时间不可用的问题，从而导致高峰期垂直扩展这样的难题。而计算和内存分离技术可以完美地解决这个问题。

为了实现以上收益，云原生数据库需要实现缓冲区和计算节点的分离，具体实现要点如下。

1）缓冲区通过单独进程进行管理，允许页面缓存独立于数据库。在出现数据库故障时，页面缓存将保留在内存中，确保数据库重启时不用重新加载数据，而是直接使用最新状态预热缓冲池。

2）保留数据库实例崩溃前的数据内存状态。

3）数据库崩溃重启时不必再执行"故障恢复"的过程（即回放日志以保障数据的一致性）。

而除了上述的独立缓存技术，PolarDB 在 CPU 和内存分离方面采用了更多创新技术，列举如下。

- ❑ 数据库实例的 CPU 和内存资源可以部署在不同的物理机上,并通过 RDMA 高速互联。因此,CPU 和内存资源占比不再固定,而是可以根据业务负载动态变化。所有 CPU 和内存资源都可以在集群资源池的维度进行分配,利用业务的错峰和水位,有效提升资源的利用率,降低整体成本。
- ❑ PolarDB 引入了独立的分布式共享内存池。在此架构下,同一个数据库实例的内存可以由位于不同内存节点上的多块内存组成。因此,缓冲区的大小不再受物理机限制。
- ❑ 在 CPU 和内存分离后,PolarDB 数据库的计算进程不再包含大量内存,而是只有少量高速缓存。这使得计算进程变成了无状态的节点,从而实现了快速的跨物理机弹性。

（3）高可用及数据的一致性

高可用率和灾难恢复能力是数据库的重要考量因素。云原生数据库通过多副本技术确保数据的可靠性。

下面我们仍以 PolarDB 为例进行说明。PolarDB 通过 PolarFS 分布式文件系统实现了数据多副本及一致性。PolarFS 是国内首款面向 DB 应用设计的、采用了全用户空间 I/O 栈的低延迟高性能分布式存储系统。PolarFS 对 Raft 协议进行了优化,实现了 Parallel-Raft 算法,大幅提高了数据同步保证一致性的能力,以分布式集群的方式提供了优异的存储容量与存储性能的扩展能力。在一个主集群三个副本的基础上,PolarDB 还包含了一个跨机房的备节点,以提供多机房容灾能力,如图 4-25 所示。

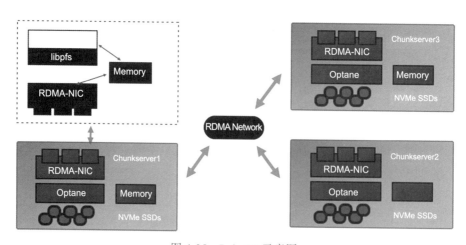

图 4-25　PolarFS 示意图

作为与 PolarDB 深度协同的存储基础设施，PolarFS 最核心的价值不仅体现在性能和扩展性方面，还体现在面对诸多挑战性业务需求和规模化的公有云研发运维过程中，长期积累所形成的一系列高可靠、高可用、与数据库协同设计的存储技术。保证数据可靠性是 PolarDB 所有设计的第一目标。在实际的分布式系统中，硬盘、网络与内存等硬件，固件或软件的 Bug 等问题都可能造成数据错误，从而给数据可靠性带来诸多挑战。为了确保各种异常情况（包括硬件故障、软件故障和人工操作故障）发生时的数据可靠性，PolarFS 提供了端到端的全链路数据校验保障。

另外，如图 4-26 所示，PolarDB 在存储层（PolarStore）提供了三个副本的同时，还通过自研的 x-Paxos 库提供了跨节点、跨机房的数据同步，以此提供跨 AZ 级别的容灾、RPO=0 的解决方案。这个方案利用 PolarDB 自主物理复制能力，提供更可靠、更低延迟的复制。相比 RDS 和 MySQL 的逻辑日志复制，PolarDB 在节点切换时，受大事务、DDL 的影响更小，且可以保证 RTO 小于一分钟。PolarDB 三个节点分别用于部署 Leader、Follower 和 Log 节点。其中，Log 节点只记录日志，不参与选主，不存储数据，部署成本相比现在的架构多了 Active Redo Log，但成本增加很少。

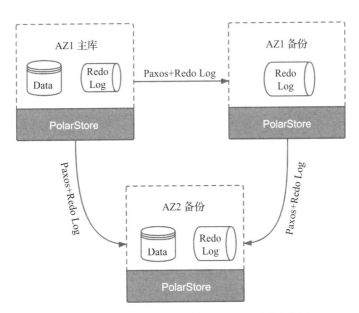

图 4-26　PolarDB 实现跨节点、跨机房的数据同步

云原生数据库想要实现完备的跨 AZ 复制能力，还需要考虑单域故障时的自动切换、节点变更（增加、删除、改变节点角色等）和灵活的架构部署等能力。自动切换需要秒级完

成，且做到应用透明；节点变更需要做到能够按照应用需求快速扩容、缩容，且对系统无影响；而灵活的部署则要求应用在成本、性能和复杂性之间灵活取舍，这些能力都是一个成熟的具备跨域复制能力的数据库所必不可少的、重要的核心优势。因此，PolarDB 借此展现了强大的 HA 能力：在主数据库发生故障时，其只读节点可以在一分钟内切换成主节点，且不可用时间可以控制在十几秒以内。

在数据备份方面，分布式存储也拥有诸多优势。这里以 PolarFS 和 PolarDB 为例，PolarFS 支持对 PolarDB 做秒级的物理快照备份与快速还原。快照是一个典型的基于时间及写负载模型的后置处理机制。数据库创建快照时并没有备份数据，而是把备份数据的负载均分到创建快照之后的实际数据写发生的时间窗口，以此实现备份、恢复的快速响应。相较于传统的全量数据结合逻辑日志增量数据的恢复方式，PolarDB 通过底层存储系统的快照机制以及 Redo Log 增量备份，在按时间点恢复用户数据的功能上更加高效。

这些技术都保证了云数据库的高可用率，实现了 SLA 为 99.99%、RPO=0。

（4）数据及日志的复制技术

上文谈到了计算和存储的分离技术，以及通过多副本技术保证数据的可靠性。接下来将介绍数据和日志的同步技术，以及该技术所带来的计算节点的弹性和跨域高可用功能。

以 PolarDB 为代表的云原生数据是基于 MySQL 发展而来的，MySQL 数据库多采用逻辑日志和并行回放技术以提升备节点的性能。然而，逻辑日志只能在事务提交时产生，备节点也只能在主节点完成提交后才能在本地状态机中回放出主节点的状态。一旦遇到较大的事务，这种主备之间的延迟将会非常明显。另一方面，虽然 MySQL 具备并行回放能力，但由于回放的并行粒度较大，因此常受限于实际的使用场景。如在单表更新频繁的场景中，实际上备节点只能做到串行回放。同时，采用共享存储架构，虽然多个节点是读取同一份存储数据，但各个计算节点的 in-memory 数据仍需要保持一致，这个"物理"的数据一致性是逻辑复制无法做到的。所以，要想从根本上解决该问题，势必需要将逻辑日志复制演进为物理日志复制。物理日志即在数据库更新时产生的写前日志，这种日志一般针对数据库页面修改而产生，每个页面的修改对应于一条或者多条日志项。如果复制物理日志并在备节点上回放，那么数据库就具备了复制内容少、备节点上可执行更细粒度的并行回放（可以页面为粒度进行并行回放）等优势。

如图 4-27 所示，PolarDB 从架构设计开始就纳入了物理复制的思路。在代码实现中，PolarDB 在内核层面实现了大量优化，从而可以更好地适配 PolarFS 和 PolarStore。比如，在 Redo Log 中加入一些元数据，以减少日志解析时的 CPU 开销。这个简单优化减少了60% 的日志解析成本。另外，PolarDB 也重用了一些数据结构，以减少内存分配器的开销。

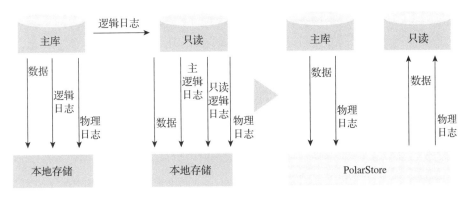

图 4-27　PolarDB 架构设计

PolarDB 运用了一系列算法以优化物理日志应用的性能，比如，只有在缓冲区中的数据页面才需要应用日志，同时，PolarDB 也优化了 Page Cleaner() 和 Double Write Buffer，大大降低了这些工作的成本。这一系列的优化使得 PolarDB 在性能上远超 MySQL，并在 Sysbench OLTP insert 等大量并发写入的基准评测中达到最高 6 倍于 MySQL 的性能。

通过上述物理复制和同步技术，云原生数据库实现了一写多读的能力。一个集群可以支持多达 16 个读节点，用户按需配置，实现了计算节点的弹性能力。同时，高效的物理复制技术也使得具备跨地域高可用功能的全球数据库成为可能。

（5）跨地域高可用技术

随着数字经济时代的到来，越来越多的商业行为逐渐数字化，这就对互联网基础设施提出了越来越高的要求。数据库作为最基础的服务设施，需要达到数据零丢失、服务零间断等标准才能在最极端的环境下满足业务最苛刻的需求。为满足双零需求，在设计上，数据库架构多采用异地多活的部署模式：将数据库系统跨越一定的物理距离部署在多个地域，要求多个地域内的数据保持一致，并在某个地域发生故障时可以切换到另外一个可用域，且该切换要做到数据不丢失、应用无感知。同城三中心、跨城五副本等架构正逐渐成为业务标配。在这些需求下，云数据库不但要做到地域内的多节点和多副本，更要支持跨区域的多点复制、迁移和服务功能。

为了解决跨地域高可用的强需求，全球跨地域部署的强一致高可用解决方案不断涌现。PolarDB 推出了全球数据库（PolarDB Global Database Network，PolarDB-GDN）解决方案，目前已覆盖全球 10 余个地域。PolarDB-GDN 主要解决了跨地域的数据读写问题和高网络延迟下的数据同步问题。全球数据库内的主集群与只读集群间采用了高速并行物理复制的技术，所有集群间的数据都保持同步，且在全球范围内的延迟控制在 2 秒之内，这大大降低了非中心区域应用访问的读取延迟。PolarDB-GDN 在地域间建立了多条并行收发的日志通道，用于并行传送本地的日志数据。此外，PolarDB-GDN 还加入了流水线式技术，能同时完成日志写入内存、日志传输和日志落盘等关键操作，将同步速度从之前的 18MB/s 提升到 130MB/s。另外，PolarDB-GDN 也支持跨地域的灾备和切换。

（6）Serverless 及多租户技术

云原生数据库的一个特点是能够提供按需分配的资源。随着资源的完全池化，整个数据中心（甚至多个数据中心）相当于现在的一台物理机，上面只有一个多租户的云原生数据库，每个用户都可以不受限制地扩展其读写能力：一个用户可以瞬间使用大量 CPU 或内存资源支撑起业务高峰。因为所有资源的完全池化，CPU、内存、存储使用率均可达到较高水平，所有资源都按量计费，相同的服务器资源可以支撑更多的用户业务，从而提升产品的竞争力。

当然，要实现 Serverless 和多租户，云数据库的技术也要进行相应的改造，其中最重要的还是通过各资源的分离技术，实现池化和高弹性，使得各个用户的资源可以按需调节，无感迁移。

（7）HTAP

传统的企业数据库系统根据其主要功能和性能不同，可分为 OLTP（OnLine Transaction Processing，联机事物处理）系统和 OLAP（OnLine Analytic Processing，联机分析处理）系统。在传统数据库架构中，OLTP 数据库和 OLAP 数据库是完全分离的。随着新业务需求的不断衍生，OLTP 数据库往往还需要具备执行一些分析类 SQL 查询的能力。对分析需求不高的业务，企业可以节约极大的数据库成本。兼具 OLTP 和 OLAP 能力的 HTAP（Hybrid Transaction/Analytical Processing，混合事务 / 分析处理）系统已成为数据库发展的重要趋势。目前，越来越多主流的 OLTP 数据库加强了其执行复杂 SQL 的能力。可以预见，OLTP 数据库将持续在执行框架、数据格式、副本形态、软硬件设计等方面加强执行复杂分析 SQL 的能力，成为兼具 OLTP 和 OLAP 能力的 HTAP 数据库。

OLTP 系统一般采用行式存储，对于运营型负载（指包含许多小事务和大量数据更新的负载）非常高效。OLAP 系统则与之相反，它一般采用列式存储，对于分析型负载（指包含大而复杂的查询，需要遍历大量行的负载）非常高效。另一方面，由于存储结构自身的局限性，行式存储不利于分析型查询的执行，列式存储不利于运营型事务的执行。从数据流的角度来看，数据通过企业运营系统进入后台 OLTP 系统，再通过 DTS(Data Transmission Service，数据传输服务)技术转存到 OLAP 系统以完成数据分析和报表生成。这一架构具有如下缺点。

- 企业需要同时维护两套系统，保存两份数据，这极大地增加了企业的运营成本。
- 对数据做的分析不是实时的，这严重影响了需要依据分析来做出决策的及时性。

综上所述，HTAP 数据库所要解决的主要技术挑战具体列举如下。

- 如何在同一数据库系统中同时获得高效的事务处理能力和复杂的查询分析能力。
- 如何避免复杂分析查询对实时事务处理所造成的影响。

HTAP 数据库的核心技术包括列存储技术、行列混存技术、内存数据库技术、并行查询技术、面向混合负载的查询引擎技术和 SIMD 技术等。典型的 HTAP 数据库产品包括 SAP HANA、Cosmos DB、PolarDB、Amazon Aurora（Parallel Query）等。

SAP HANA 采用全内存列式存储，每个数据库表的存储可分为 Delta Store 和 Main Store 两个部分。Delta 中的数据采用的是简单的非排序字典编码，Main 中的数据采用的是排序的字典编码和其他读优化的高效压缩算法。增、删、改操作只在 Delta Store 上进行，而查询操作则需要同时访问 Delta Store 和 Main Store 进行。Delta Store 中的数据会通过后台的 Merge 线程定期并入 Main Store 中以提高 OLAP 的性能。

PolarDB 的 HTAP 主要通过全内存列存索引的方式实现。用户可以在行存表上定义全内存列存索引，而列存索引可以包括行存表的全部或部分列。系统会将行存表的数据自动实时同步更新到列存索引中。OLAP 查询会自动导航到内存列存索引上执行。

2. 云原生多模数据库

1998 年，Strozzi 发布 Strozzi NoSQL 数据库管理系统，该数据库采用 Shell 编程界面，弃用了 SQL 查询语言，因此称为 NoSQL。2006 年，Google 陆续发表关于三驾马车 GFS、MapReduce 以及 BigTable 的相关文章，其中一篇题为 "Bigtable: A Distributed Storage System for Structured Data" 的文章分析了用于处理海量数据的分布式结构化数据存储系统 BigTable 的工作原理。随后，2007 年，Amazon 发表了 "Dynamo: Amazon's Highly Available Key-value Store" 一文，对 Dynamo 整个架构和设计思想进行了深入讲解。这两篇论文有效地论证了 NoSQL 在大规模互联网行业中的重要价值。

与此同时，由此引发的热烈讨论也标志着 NoSQL 时代的到来。NoSQL 技术通过 BASE 理论，牺牲了一定的事务和一致性能力，换来了大规模、可弹性伸缩的高性能分布式存储能力，解决了传统 SQL 数据库的性能和扩展性两大问题，使 NoSQL 成为 SQL 强有力的补充，在生产环境里相互协同配合，因此 NoSQL 的定义也演进为 not only SQL。Bigtable 与 DynamoDB 均建立在数据分区的理论基础上，配合分布式技术，具有极强的弹性扩展能力，可以根据不同的业务场景，通过增加节点来简单高效地提升存储和计算能力。在互联网飞速发展阶段，NoSQL 是软件系统架构中不可或缺的角色。随着 NoSQL 数据库使用场景越来越丰富，传统的 KV 结构也在不断进化，例如，以 MongoDB 为代表的文档数据库，以 Neo4J 为代表的图数据库等，它们通过多样化的数据结构模型，来满足日益多元化的业务场景。在 DB-Engine 上，超过一半的数据库属于 NoSQL 数据库。NoSQL 数据库产品生态呈现出了蓬勃的生命力。

然而，现代应用场景的玩法和功能越丰富，意味着 NoSQL 数据库面临的新挑战越多。NoSQL 数据库虽然具备极强的扩展能力，沉淀了大量的数据，例如我们时常能够见到数千台规模的存储或者缓存集群部署，但在如此超大规模的部署下，其经济效益必然成为关注焦点。现有 NoSQL 数据库的成本掣肘主要体现在如下几个方面。

- ❑ **资源有效利用率**。传统 NoSQL 的弹性能力是由所部署的节点数量决定的，这就意味着，要提升 NoSQL 的弹性能力，节点上的 CPU、存储和内存三大主要核心资源需要进行同比例的扩展。但在现实场景中，能力短板将由最薄弱的能力资源决定，换句话说，有时只需要扩展最薄弱的能力资源，而同比例扩展势必会造成其余资源的冗余浪费，即成本开支。例如，在高性能的缓存场景中，需要消耗大量的 CPU，但对存储或内存容量的需求是相对克制的。为了支撑类似于购物节、秒杀等这类大促活动，企业往往通过扩充大量高性能的 CPU 机器实现，但在这样的场景下，存储空间会存在大量的冗余，冗余即成本浪费。而在历史库的场景下，存储容量的需求是第一位，查询性能只需要满足基本的低吞吐能力即可，在这种情况下，CPU 资源就会被大量闲置，造成一定的资源浪费。因此，平衡三者的资源有效利用率正变得越来越重要。
- ❑ **数据的冷热存储**。NoSQL 往往存储着大量的数据，而数据也是有温度的：访问频次较高的热数据需要极强的硬件支持，访问频次较低的冷数据只需要极低成本的存储方案即可。传统的 NoSQL 数据库并不能很好地支持冷热数据混合存储的方案，往往需要在业务上进行大量的定制化开发或者运维手工迁移，技术方案复杂，可复制性差。而在同一集群中采用较高规格的硬件也意味着资源过剩，不能实现效益的最大化。
- ❑ **多套数据库冗余**。此外，由于数据类型多样，为了实现业务研发效率的最大化，会部署多套数据库产品。例如，元数据使用文档数据库存储，订单消息流数据使用宽表存储。每套数据库为了保障稳定性，会预留出多份冗余资源，这在无形中又增加了成本开支。如何降低系统成本，已成为过去所有数据库应用都在考虑的核心问题。在云原生技术的加持下，技术红利为我们带来了全新的成本控制思路。

在过去，为了解决上述成本问题，云平台会对传统的 NoSQL 进行无数次定制、改造与优化，利用定制化的机型实现资源利用率的最大化，在业务层上研发冷热数据分离与数据路由技术、制定统一的数据库访问中间件等一系列技术方案。随着云原生时代的到来，相关问题迎刃而解，最显著的特征就是各种 IaaS 资源实现了分离与弹性，而云原生 NoSQL 数据库能够将这些 IaaS 资源原生集成到内部架构之中。除了拥有与关系型数据库类似的计算和存储分离技术，接下来我们将详细讲解云原生多模数据库所涉及的其他相关技术。

（1）多模计算技术

随着业务的不断多样化，应用对于数据的多类型处理能力提出了新的要求，而传统多套系统组合解决方案又具有架构复杂、维护成本高、起步门槛高等痛点，使得企业对于数据库系统提供多模能力的诉求越发凸显。同时，多模作为一个技术趋势热词，频繁出现在近几年的 Gartner 等行业前沿报告中。在 DB-Engines 网站上，我们可以看到已经有很多热门的数据库系统被打上了多模的能力标签，这也反映了厂商和市场在该领域的实质性响应。例如，5G-IoT 时代的数据需求主要包含三大数据类型：日志数据、监测点和元数据。日志数据对应宽表模型，监测点对应时序，元数据对应文档模型，搭配图数据库进行设备关系管理或者数据挖掘。为了适应不断演进的业务需求，云原生 NoSQL 数据库必须具备多模的能力，成为云原生多模数据库：实现一种数据库服务多种数据模型的能力，并内置数据模型的转化与统一的访问语言。

目前，主流 NoSQL 多模数据库的实现方式通常是先将数据模型抽象为 KV 数据，再由 KV 数据通过存储引擎存储于硬件介质之上。以 KV 数据抽象为基础实现多模能力，工程复杂度低，但对于时序或者图这类具备显著数据特征的数据模型来说，却不能最大程度地发挥其能力优势。采用 KV 存储时序数据时，每对 KV 对应一个时序点，非常不利于时序数据的压缩和扫描。时序的理想存储方式是按照时间线进行序列式压缩存储。所以，在实现云原生多模数据库时，可以选择更深一层的技术抽象，将时序数据抽象为文件模型，即在存储池上的接口以文件为操作单位。这样虽然在工程上放弃了一定的便捷性，但可以换取不同数据模型的最高效率。

同时，业务时常需要对数据模型进行水平转换，例如，宽表模型向搜索模型的转换。在云原生多模数据库的内部集成 Stream 模块、将数据写入宽表模型时，检索模型将通过 Stream 订阅数据更新，并实时更新到检索模型之中。更上层的 API 会根据数据请求特征自动路由到不同的模型上读取数据，或者两者同时读取再进行数据合并。同样，时序引擎也会利用宽表引擎的能力来存储时间线 tag 数据。

（2）生态兼容能力

云原生架构的不断落地，催生了基于函数计算的 Serverless 架构，云原生多模数据库也必须面向生态提供数据上下游流动能力。作为云原生的重要标志之一，Stream 既可以向外递送数据的增量修改，也可以从上游下拉数据变更，经过 ETL 写入数据库之中。此外，云原生多模数据库还要具备向下兼容的能力，即兼容传统 NoSQL 数据库访问 API。这一方面解决了数据上云的迁移问题，另一方面也拥抱和吸纳了众多生态系统，让众多现有系统也可以简单快捷地使用上云原生多模数据库。

SQL 并不是关系型数据库的专利，云原生多模数据库也采用 SQL 作为统一的数据访问语言。SQL 可以一致性地操作多种数据模型并进行简单的 SQL 统计分析。基于云原生多模数据库构建的业务系统，可以更高效地挖掘云原生多模数据库的价值。

（3）数据库 Serverless 化

互联网场景中业务流量的快速变化和不可预测是数据库管理员一直以来的痛点。过去，面对生产稳定性问题时，很多场景都是通过扩容来解决。但是由于成本约束，又不得不限制容量，使得成本与稳定性这两个问题被捆绑在了一起。这种计划式资源管理模式，不仅让数据库管理员浪费了大量的时间和精力在容量规划预测和资源调度搬迁等工作上，而且依然无法保障资源的充分利用，并且时刻面临资源不足而可能导致的稳定性风险。云原生的兴起，唤醒了企业对于资源按需即时获取的强烈需求。弹性有别于扩展性，其强调的是在业务需求下能否在秒级时间量级里快速伸缩，而无须等待设备上线和数据搬迁。Serverless 就是体现这种弹性能力的最好形式。它通过声明式 API 定义对数据库资源的要求，包括可用性、延迟、一致性、部署位置等，无须再为不确定的业务流量去评估存储和请求等资源，可将精力集中到业务开发中，加速数据应用的创新。实现数据库 Serverless 化的关键是隔离和调度，前者需要解决共享资源下的稳定性问题，以确保租户之间不会相互影响；后者需要解决资源的按需供应和高效利用，以确保集群负载均衡，并根据业务流量快速弹性伸缩。

Serverless 对资源进行了全新定义，一般以 CU（Capacity Unit，能力单元）或 RU（Request Unit，请求单元）甚至是 Request 为计量单位。解耦底层 CPU、内存、存储等基础资源并面向请求定义资源，需要系统具备清晰完整的计量统计配套设施，并对 CU、RU 或 Request 的统计做到可验证性和精准性。Serverless 将众多用户实例存放于一个巨大的资源池中，通过规模效应解决徒增的资源消耗。但不同用户之间的行为充满了多样性，在线离线混合、业务请求陡增等众多场景都需要一定的机制来保障业务服务的可持续性。所以计量系统虽然已经与 CPU 等基础资源解耦，但仍需要强健稳定的资源隔离机制。可以通过 DB VM 在数据库内部管理时间片和输入 / 输出，或者利用 Cgroup 技术进行一定的资源隔离。此外，还需要配合一定的全局调度能力来规避或提前感知资源消耗的异常变化。

在实例的节点分配上，需要平衡爆炸半径和资源利用效率。实例分配过于集中会提升单实例的处理能力，副作用是会增大全局的影响面；而实例分配过于分散时，虽然故障影响面小，但全局资源水位会出现高低不等的情况。所以，在分配策略上要根据全局情况和 SLA 进行动态调整，通过 SLA 确定平衡点。

存储计算分离技术的加持使计算节点成为无状态节点，因此计算节点的迁移成本得到降低。利用监控和统计数据，可以对节点负载进行一定程度的提前预测，预先发起迁移任务，隔离或快速增加异常实例资源。

3. 数据库安全

数据安全是企业的生命线，而数据库又是对最核心数据进行计算和存储的部分，所以数据库在企业中通常处于最核心的位置。从机房、网络、服务器、数据交换设备、操作系统、应用程序到数据库自身，数据库所处的环境异常复杂，安全隐患非常多。在传统线下环境中，要想完整建设如此多环节的安全体系，从成本、可运维性、稳定性角度而言，所面临的挑战非常大。同时，安全能力的迭代和运营也需要持续进行，稍有不慎就会导致数据泄露和数据破坏的问题发生。

随着云原生数据库的普及，数据库安全机制云原生化的需求日益强烈。相比传统云下数据中心，云原生安全体系具有开箱即用、可弹性伸缩、自动进化与修复的能力。从安全漏洞、数据破坏等角度出发，云原生保护能力比传统线下基于边界的安全形态更有优势。云原生数据库在敏感数据加密能力上提供了全链路端到端的加密手段，以针对服务面和控制面的内外部人员操作进行全面的访问授权、审计和监测，对审计日志提供基于区块链技术的防篡改能力，使云原生数据库更加安全与可信。

安全能力是云原生数据库产品的基本能力，也是企业级数据库的必备能力。在一个传统复杂的系统中，安全性往往与性能、可运维性等属性相互冲突，而云原生的安全能力兼顾性能与可运维性，能够保持快速的迭代能力。云原生时代，用户可以最大程度享受到安全性、性能与可运维性在云上的融合，开箱即用、按需配置。云原生数据库构建在 IaaS/CaaS 之上，在基础安全能力上复用通用的云原生安全能力，涉及 IDC、计算、存储、网络、容器等多个方面的多种安全能力，如机房安全合规、VPC（虚拟私有云）专用网络、云服务器与容器安全隔离、云账号访问控制 RAM、密钥管理服务 KMS、硬件加密机 HSM、云盘加密能力、云盾防御 DDoS 等。但对于云数据库来说，只有基础的安全能力是远远不够的，还需要全链路多方位的安全能力，这其中包括访问控制、传输加密、存储加密、计算加密、备份恢复、容灾等多个方面的安全能力。以阿里云为例，接下来我们将逐一进行讲解。

（1）网络和账号访问控制

在网络访问层面，云数据库提供了对访问数据库的源 IP 进行白名单控制的能力，减少了数据库的暴露面。白名单支持如下两种方式。

❑ **IP 白名单**：采用 CIDR 格式，可以分组，每个组可以设置多个白名单。默认的 IP 白名单只包含 127.0.0.1，表示任何设备均无法访问该 RDS 实例。IP 白名单无法识别该地址是专有云网络还是经典网络地址。

❑ **安全组**：支持按照 ECS 安全组的方式设置。安全组是一种虚拟防火墙，用于控制安全组中的 ECS 实例的出入流量，在 RDS 白名单中添加安全组后，该安全组中的 ECS 实例就可以访问 RDS 实例了。安全组内的 ECS 新增或者减少，对于安全组白名单模式来说都会自动生效。相比 IP 白名单模式，安全组更易于维护，因为 IP 白名单模式在每次新增访问源时，如果网段无法覆盖，均需要进行更新操作。安全组模式是 ECS 与云数据库的联动模式，比较适合云原生快速弹性伸缩的场景。

设置完白名单后，可以通过控制台或 API 设置数据库的账号及权限，初始化第一个高权限账号，通过高权限账号管理其他普通权限的账号，注意，网络和账号访问控制必须同时设置完成，之后实例才可以正常使用。

（2）数据库访问传输加密

为了提高传输链路的安全性，用户可以在控制台或者通过 API 启用 SSL（Secure Socket Layer，安全套接层）加密，并安装 SSL CA 证书到需要的应用服务中，这样应用服务才能通过 SSL 访问数据库。SSL 是 Netscape 公司提出的安全保密协议，通常用于在浏览器和 Web 服务器之间构造安全通道以进行数据传输，它采用 RC4、MD5、RSA 等加密算法实现安全通信。国际互联网工程任务组（The Internet Engineering Task Force，IETF）对 SSL 3.0 进行了标准化，并将其更名为安全传输层协议（Transport Layer Security，TLS）。SSL 在传输层对网络连接进行加密，虽然能够提升通信数据的安全性和完整性，但会延长网络连接的响应时间，所以建议仅在外网链路有加密需求的时候启用 SSL 加密，内网链路相对比较安全，一般无须对链路加密。SSL 链路最核心的问题是证书签发，阿里云数据库 SSL 证书采用两级 CA 结构，只签发服务器端证书，SSL 只做单向服务器端验证，不做客户端验证。两级 CA 结构如图 4-28 所示，可以在官网下载 CA 证书链接。

（3）数据库透明加密和存储加密

数据库在传输层加密时会使用 SSL 机制，在存储层则有两种实现方式：落盘加密（Data at Rest Encryption，DRE）和数据库透明加密（Transparent Data Encryption，TDE）。落盘加密是通过基础设施层的云盘加密能力实现的。数据库透明加密是数据库特有的加密方式，即对数据文件执行实时 I/O 加密和解密，数据在写入磁盘之前进行加密，从磁盘读入内存时进行解密，密钥使用 KMS 进行管理。所谓透明，是指对应用来说是无感知的，数据在内存中仍然是解密状态。

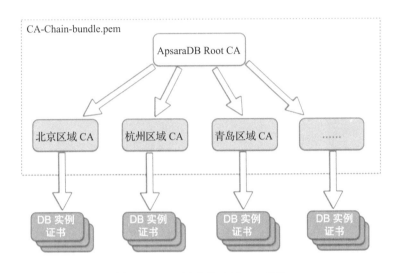

图 4-28　SS 证书的两级 CA 结构

注：每个实例由区域所在的 CA 颁发证书，包含两个文件：Instance_name.cert 和 Instance_name.key。

开启数据库透明加密方式后，由于数据在内存中仍然是解密状态，因此查询数据时是明文状态，TDE 方式最主要的作用是防止备份泄露导致数据泄露。备份文件是加密的，无法用于恢复到本地，如果要将数据恢复到本地，就需要先关闭 TDE 再使用新的备份进行恢复。

数据密钥使用阿里云 KMS 管理，可以使用 KMS 自动生成的密钥，也可以选择现有密钥。现有密钥可以由 KMS 创建，也可以从外部导入，也就是 BYOK（Bring Your Own Key）的能力，KMS 服务后端使用硬件加密机 HSM 对密钥进行管理，以确保符合安全等级要求。不同数据库支持的透明加密语法和加密范围不同，MySQL 数据库支持表级别的透明加密，采用的 SQL 语法如下：

```
alter table <tablename> encryption='Y';
```

SQL Server 数据库支持库级别的透明加密，通常采用控制台或 OpenAPI 进行配置。RDS MySQL 开启 TDE 的整体流程如图 4-29 所示。

（4）端到端的全链路加密

SSL 链路加密、TDE 透明加密和存储加密等手段只保证了数据在存储、传输时的安全，一旦数据加载到运行态的数据库中就脱离了保护，服务器仍然可以以数据库管理员的身份登录获取用户数据，或者以内存转储的方式获取用户数据。另外一种常用的全链路加密方式是在进入数据库之前由客户端对数据进行独立加密，这样虽然保证了数据库内不存在明文数据，但同样无法对这些数据做任何计算，除了基本的存储功能之外，服务器将无法利用数据库强大的数据处理能力，业务功能将受到限制。

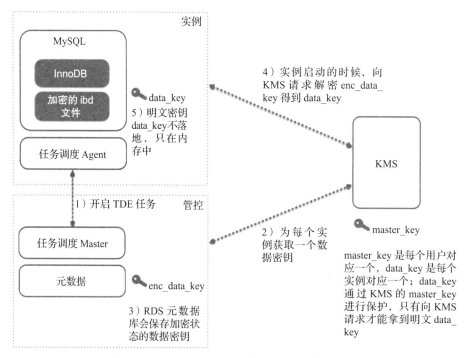

图 4-29　RDS MySQL 开启 TDE 的整体流程

端到端全链路加密机制是阿里云达摩院数据库与存储实验室自研的安全机制，并且已经在 PostgreSQL 和 MySQL 产品上落地，未来也将推广到自研云原生数据库 PolarDB 和 AnalyticDB。端到端的全链路加密机制，可以完全杜绝云数据库服务（或应用服务等数据拥有者以外的任何人）接触到用户的明文数据，从而避免在云端发生数据泄露。全链路加密采用阿里云加密计算能力（可信执行环境），使得数据在用户侧（客户端）加密后，在服务器端全程只需要以密文的形式存在，但仍然支持所有的数据库事务、查询、分析等操作，真正做到云数据库内数据的"可用但不可见"。

可信执行环境（Trusted Execution Environment，TEE）采用 Intel SGX（Software Guard eXtension，软件保护扩展）技术实现在密文数据上的计算操作，TEE 中的内存是受保护

的。TEE 具体的流程如图 4-30 所示，用户查询语句在客户端应用加密后发送给云数据库，云数据库执行检索操作时进入 TEE 环境，拿到的结果是密文状态，然后返回给客户端，数据面从传输、计算到存储全链条都处于加密状态，只有在可信执行环境中才进行明文计算。

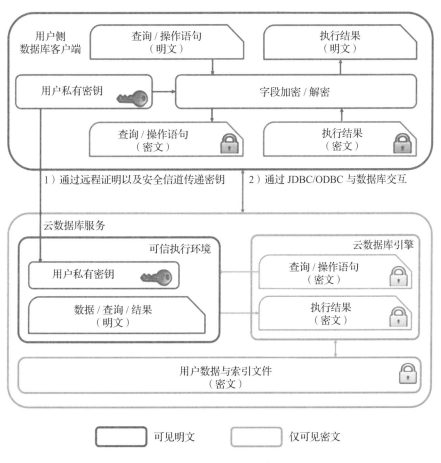

图 4-30　TEE 流程示意图

（5）备份容灾安全

在备份和容灾方面，需要重点解决的是数据误删除或恶意删除等紧急情况下的数据兜底恢复能力，以及 IDC 级别的基础设施故障的逃逸能力，明确提出不同级别的容灾要求，包括本地基于时间点的备份和恢复能力、跨可用区的容灾能力和全球数据库能力。阿里云在数据库控制层面的操作上，制定了很多风控措施，包括删除保护、删除后进入回收站、备份的永久保留能力等。

4.8.3 应用场景案例：PolarDB 助力银泰实现快速云化

银泰从 2016 年开始做 IDC 上云，这其中就包括难度最大的数据库上云。首先进行的是会员的数据库上云，银泰采用从 Oracle 向 MySQL 的迁移方式，因为涉及核心业务链路，对于这部分改造投入了不少的研发资源。到了 2019 年，随着银泰业务的持续发展，在 IDC 中残余的少量数据库资源对系统的性能及稳定性带来了很大威胁，于是银泰寻求快速云化的方案，最终在 2019 年 9 月实现了数据库的 100% 云化。

在云化的过程中，银泰遇到了诸多挑战：以前在进行核心交易库从 Oracle 转成云上 MySQL 时，投入的研发资源较多；对于剩余的支撑型数据库上云，银泰希望在尽可能少地投入研发资源的情况下实现数据库的云化。而且，因为 IDC 的稳定性存在较高风险，需要做到半年内快速云化，时间周期较短。Oracle 之间的调用链路复杂，涉及比较多的 DTS、DBLink，灰度迁移困难。此外，Oracle 对于语法错误的兼容度非常高，而且对于隐式转换也支持得非常好，以前的很多应用在没有严格遵守 SQL 规范的情况下仍能正常运行，但是在进行从 Oracle 到 MySQL 的数据库改造时，这些应用很可能不能正常运行，所以银泰希望在尽量不修改以往的应用代码的情况下，通过数据库的技术解决这样的问题。

为解决上述问题，银泰采用 PolarDB 来满足业务要求。如图 4-31 所示，PolarDB 高度兼容 Oracle 语法。比如对使用最多的存储过程，在以前 Oracle 转 MySQL 上云时，投入了大量研发资源将 Oracle 中的存储过程转化成 Java 代码。有了 PolarDB 之后，对于存储过程，可以通过 ADAM 这个工具快速地完成 Oracle 到 PolarDB 的迁移。对于应用，只需要修改数据库连接地址和数据库驱动包即可，大大减少了研发资源的投入。也正是因为需要研发投入的资源减少，上云周期大幅缩短。

首先，DTS 支持 PolarDB，能够解决上云之后对于 DTS 的依赖。其次，对于多个库、应用之间的复杂调用关系，一方面通过分析数据库监听日志的方式进行梳理，另一方面也使用 ADAM 的调用分析工具，整理出调用关系图，然后根据复杂程度从小到大的顺序，逐步灰度迁移。

在迁移过后，银泰在诸多方面得到了提升。

❑ **成本方面**：云化后，在基础设施、运维方面投入的成本大幅减少。和上云前相比，在相同预算投入下，吞吐率变为原来的三倍以上。

❑ **稳定性方面**：上云之前，银泰的稳定性很大程度上取决于自己 DBA 的技术水平；上云之后，支撑银泰稳定性的是阿里云强大的后台技术团队。

❑ **安全性方面**：云化后的数据库自带审计功能，且在数据库的上层还有阿里云的安全防控，不再需要银泰自己去购买安全、审计软 / 硬件，也无须投入专人去维护这些产品。

❏ **弹性扩容**：上云之前，如果要在大促前扩数据库，银泰需要自己采购硬件、部署网络，而且大促结束后没办法进行缩容。一方面是扩容难度大，风险高；另一方面是大促结束后没办法回收资源，造成成本浪费。但是上云之后，它可以很好地使用云数据库的弹性扩／缩容特性，大促前，在界面上进行简单操作就可以实现扩容；大促结束后，还能很方便地进行缩容，节约成本。

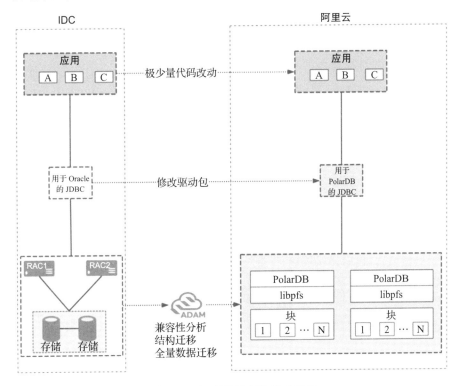

图 4-31　银泰数据库迁移示意图

4.9　云原生大数据

随着云原生概念的兴起，越来越多的企业投身于云原生浪潮中。云原生技术使得企业在公有云、私有云和混合云等云环境中构建和运行应用变得更加容易，更能充分利用云环境的优势，加速企业应用迭代、降低资源成本、提高系统容错性和资源弹性。随着业务的发展，企业数据需求呈现出海量、类型多样化、处理实时化、智能化等特点，对数据分析系统提出了弹性扩展，结构化、半结构化或非结构化海量数据存储计算，一份存储、多种计算及低成本等核心诉求。

传统商业化数据仓库及大数据技术面临着扩展性、建设维护成本、系统复杂度等一系列挑战，因此无法很好地满足业务诉求。本节具体讲解云原生大数据如何改变现有情况。

4.9.1　云原生大数据的技术背景与价值

随着云原生版图的不断扩展，大数据也在不断演进。正如前文所述，企业对于海量、多样化的数据提出了实时化、智能化的处理需求。大数据结合云原生特性，为企业提供了远超以往的特性。

- ❑ **弹性伸缩**：提供便利的弹性扩容能力，通过云控制台或云 API 简单操作便可以实现数百节点的伸缩或变配。根据业务需求，可选择计算单元、CPU、内存、存储空间的等比扩展，提高性能，适配业务的发展。
- ❑ **简单易用**：通过控制台操作即可实现集群管理、监控维护等工作，无须关注底层基础设施的繁重运维工作；完全支持各类标准，如使用标准 SQL 即可构建企业级数据仓库。
- ❑ **性能卓越**：基于分布式大规模并行处理框架，可线性扩展存储及提高计算能力；可按业务需求选择最佳存储方案；查询引擎深度优化，提升后的查询效率数倍于传统数据仓库。

这些特性被广泛应用于各类业务场景，包括金融、零售等领域，需对销售、资产、供应链等业务数据进行汇总分析，以便通过数据掌握公司经营情况，提高决策精准度及效率；或者应用在互联网、游戏领域，对用户的行为进行实时分析、优化运营策略、提升资源运营效率。

4.9.2　云原生大数据的典型技术

1. 数据仓库

自数据仓库的概念问世以来，面向分析的数据管理在技术和管理方法方面一直都在不断演进。当前数据仓库正在从传统数据仓库向现代化数据仓库转型，以满足企业在数据时代的新需求。现代化的数据仓库具备以下主要特点。

- ❑ 统一平台，支持多使用场景。
- ❑ 在传统数据仓库以 ETL/BI 为主要场景的基础上，增强了数据实时捕获、实时分析的能力，数据洞察由 T+1 转变为支持 T+0 的实时分析能力，并提供更实时的决策支持能力。

- ❑ 融合高级分析能力。数据仓库借助机器学习等高级分析能力，从历史数据中获得更深入的洞察。
- ❑ 处理多样化数据。企业新增的数据大多为半结构化和非结构化数据，现代化数据仓库通过数据类型扩展以及联邦外部数据源等方式，提供更友好、统一的半结构化、非结构化数据的处理能力。
- ❑ 数据在线服务能力。数据仓库需要对大量的数据进行加工处理，之后再向线上业务提供服务，驱动线上业务智能化。加工处理后的数据无须迁移到其他服务，直接对外部提供高性能数据服务即可大大简化系统架构并降低平台总体成本投入。

云原生技术消除传统数据平台的限制，使用 Serverless 架构，获得极致弹性，满足多种数据分析负载资源需求，精确匹配业务需要，提升平台的业务敏捷性；通过存储和计算分离，独立伸缩，提供按使用付费的模型和近乎无限的扩展能力，消除传统数据仓库扩展性的限制；内建完善的企业级管理能力，实现全托管、自动升级和优化、免运维。

云原生技术也使得产品功能更加丰富，使易用性大幅提升，从而覆盖更广泛的使用人群，列举如下。

- ❑ 组织内广泛的业务人员：现代化数据仓库对企业数据资产进行管理，借助平台敏捷、弹性、安全的特性，通过广泛的分析工具，向组织内外数量庞大的业务人员提供数据分析服务。
- ❑ 数据科学家：在统一的数据资产和权限管理之下，数据科学家可以直接使用现代化数据仓库开展数据探索分析和业务概念验证等工作。
- ❑ 运维与数据开发工程师：相较于传统数据仓库，云原生的现代化数据仓库将最小化平台的运维工作，使企业聚焦于业务开发本身。

基于以上背景和需求，阿里云推出了新一代云原生数据仓库服务，提供了独特的离线实时一体化平台能力。借助这些能力，企业将简化数据管理平台架构，构建符合当下数据管理需求的数据仓库服务，助力企业数字化转型。

（1）多租户安全体系

安全是多租户数据仓库面临的核心挑战之一。为了有效保障租户数据的全生命周期安全，云上的数据仓库应至少从如下三个层次来构建安全体系。

- ❑ **数据中心安全基础设施**：数据中心的各类硬件保障设施、管控流程机制以及网络安全能力是数据仓库安全体系的基石。
- ❑ **数据仓库安全系统**：数据仓库自身的访问控制系统、应用隔离系统、风控审计系统和平台可信系统是构建安全体系的核心所在。

❑ **数据治理类安全产品**：基于数据仓库的安全能力，针对数据使用过程中常见的数据泄露、数据滥用以及数据误用等安全风险，提供相应的产品或产品组合方案，是保证数据全生命周期安全的关键。如图 4-32 所示，阿里云提供了相应的产品组合，以帮助企业解除后顾之忧。

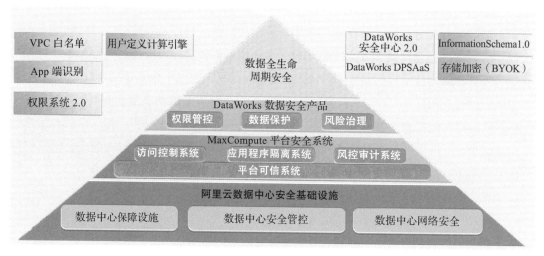

图 4-32　阿里云安全产品组合

（2）离线实时在线一体架构

如图 4-33 所示，云原生数据仓库整体采用存储与计算分离的架构，数据加密存储于分布式文件系统中，计算节点可以部署于容器、虚拟机或物理机中。客户可以根据对资源的需求灵活配置资源，达到资源利用率的最大化，从而节约成本。

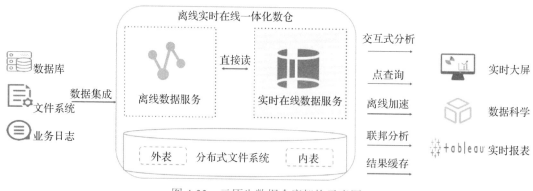

图 4-33　云原生数据仓库架构示意图

云原生数据仓库提供了大数据计算服务与实时在线服务。不同的服务之间、元数据及数据之间是天然联通的。不同的数据服务均提供了 SQL 的查询接口，便于用户轻松地编写 SQL 查询语句，进行数据的处理和查询。

不同的数据服务之间资源共享，离线数据服务与实时在线服务共享存储和计算资源；同时支持智能调度，根据服务的优先级不同，对资源进行合理分配，以确保资源利用率最大化，保障实时在线服务的稳定性。

2. 数据湖

大数据加速上云，使数据湖技术和架构加快了向云原生方向的演化。在降本增效这一普遍诉求的推动下，基于云原生和数据湖对大数据平台进行架构升级已成为很多企业的显著需求。我们首先来看一下为什么要有数据湖，然后重点讨论数据湖的架构和相关技术。

数据湖首要的功能是集中存储企业的全部数据，包括原始数据和加工数据，然后支持各种数据处理，包括离线 ETL、实时分析和机器学习，对数据进行挖掘与分析，洞察数据的价值以支持业务决策。按照数据类型来区分，数据分为结构化数据（数据库表）、半结构化数据（日志）、非结构化数据（文档）甚至二进制数据（图像、音视频等）。

数据湖和数据仓库的概念比较容易混淆。可能有人会问，企业已经有了数据仓库支持商业智能和决策，为什么还要有数据湖？数据仓库从实现上来看是一个更大型的数据库，其数据来源于企业内多个业务事务操作数据库的汇总和采集，属于关系数据。这些数据事先已经定义好了模式，经过清理和转换，主要支持 SQL 查询和分析。数据湖与数据仓库相比，具有如下几个重要特征。

- ❑ 数据湖存储企业的全部数据，包括来自业务系统的关系数据以及来自移动应用程序、IoT 设备和社交媒体的非关系数据；而数据仓库只存储关系数据。数据湖直接存储全部原始数据，数据保真度高。
- ❑ 数据湖收集数据时无须设计好数据结构，不需要像数据仓库那样事先定义模式，而是在分析时根据业务场景再给出模式，从而使数据收集更加敏捷。
- ❑ 随着人工智能（Artificial Intelligence，AI）技术的发展和成熟，数据湖除了支持商业智能（Business Intelligence，BI）之外，逐步加大机器学习的比重。数据仓库主要支持 SQL 查询和分析，通常是周期性地采集数据。而数据湖由于实时计算技术的加持，可以做到数据实时入湖。
- ❑ 大数据技术的发展使得低成本存储全部原始数据和进行各种计算分析成为可能，这一点是传统的数据仓库无法想象的。

云上部署数据湖成为很多成功案例的最佳实践，这主要是因为云平台能够提供规模化的基础设施部署，在性能、可扩展性、可靠性和可用性等方面具有很好的优势，满足数据湖低成本存储和处理全部数据的需求。按照云原生数据湖架构实现大数据上云和对大数据进行架构升级，企业可以获得如下好处。

❑ 利用公有云对象存储产品的按量付费特性和冷热分层技术，实现低成本存储海量数据。

❑ 利用云原生弹性计算能力和各种计算产品，实现低成本挖掘数据价值，赋予业务智能特性。

❑ 受益于各种内置的数据湖管理能力和数据治理功能，降低大数据的运维成本。

数据湖架构，特别是云原生下的数据湖架构，作为一个架构分层，主要包含湖存储、湖加速、湖计算和湖管理几个组成部分，如图 4-34 所示。

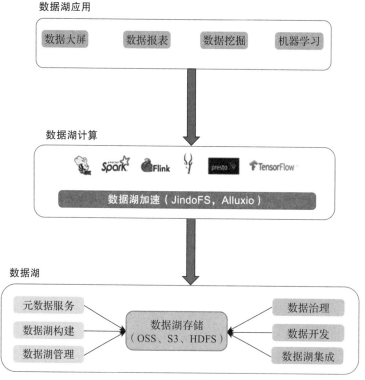

图 4-34　数据湖架构

（1）数据湖存储

以 HDFS 为集中存储、以 YARN 进行统一计算调度的 Hadoop 大数据平台架构模式逐渐被存储和计算分离的数据湖架构替代。存储和计算在架构上解耦，使存储朝着大容量、低成本、规模化供应方向发展，计算则向着弹性伸缩和多样化方向发展，这在整体上更有利于专业化分工和客户价值的最大化。基于对象存储构建数据湖，实现存储计算分离，是数据湖架构向云原生方向演化发展的基础。

（2）数据湖加速

存储和计算分离给计算的性能带来了挑战。对象存储替代大数据领域常用的 HDFS 成为数据湖存储系统。如何适配对象存储、支持缓存加速、优化计算数据访问变得非常重要。除此之外，标准的大数据列式存储格式 Parquet 和 ORC 已不能完全满足数据湖计算发展的需要，专门的数据湖存储格式（比如 Delta Lake、Apache Hudi 和 Iceberg）应运而生。

（3）数据湖计算

数据湖的理念和实践催生了多样的计算场景，促使 AI 和大数据加快融合。计算场景从过去单一的 MapReduce 批处理发展到现在的多样化场景全覆盖，包括 Hive/Spark 离线处理、Flink 实时计算、Presto 交互式分析和 TensorFlow/PyTorch 机器学习。基于数据湖，企业各个计算场景得以打通，批和流开始融合。大数据处理后的数据交给 AI 训练，BI 和 AI 形成完整的工作流。云原生数据湖促使计算引擎加速向云原生演进。计算引擎所依赖的元数据组件在数据湖的架构下得以统一，独立成为数据湖产品的核心内置服务。存储和计算分离解耦，甚至是混洗也分离出去交给了独立的混洗服务。这一切都使得计算组件不再受存储和数据状态的约束，而是借助于云原生的灵活调度，实现极致的弹性伸缩。

（4）数据湖管理

按照数据湖的理念，企业将所有数据全都集中在一起存放，打破了数据孤岛。这就要求数据湖做好集中管理，避免数据湖变成数据沼泽；做好数据湖和数据资产的安全治理和权限设置，避免数据泄露和隐私问题，以确保数据安全。

3. 实时计算

近些年，大数据计算领域的核心目标是洞察数据并获得其中的巨大价值，但这些价值并不都是完全相等的。一些见解和洞察在数据刚产生不久之后能发挥巨大的价值，但价值会随着时间的流逝而迅速降低。所以，想要迅速挖掘这些数据中的价值，就需要在技术上洞察流式处理中实时产生的数据。这就是实时计算技术，也称为流式计算。

实时（流式）计算作为一项核心的大数据处理技术，广泛应用于查询连续数据流，并且能够在数据到达之后的很短一段时间内完成预定义的执行逻辑。通常来说，数据从产生到被处理得到结果的时长可以控制在几毫秒到几分钟不等。用户可以在时效性和吞吐量上进行平衡。

如今，大多数云平台提供了全托管的实时计算服务，其应用范围也已经远超传统的流式分析，如基于窗口的聚合和关联等。例如，搜索服务正在大量应用实时计算技术缩短构建索引的延时，出行公司将实时计算技术应用于车费的动态定价，银行将实时计算技术应用于信用卡欺诈检查，大量的传统行业则将这项技术用于实时的数据分析。

（1）查询语言

流式数据的查询语言一直是热门的研究主题。起初，绝大部分计算系统通过对 SQL 进行扩展并添加流式数据和窗口之间的互相转换操作来满足查询需求。后来，计算系统支持自定义窗口类型和聚合操作来实现更多的查询功能。其中，最值得注意的是持续查询语言（Continuous Query Language，CQL）及其衍生的变种。直到最近，以 Flink 为代表的新型流计算系统开始完全拥抱标准 SQL，在标准查询语言的基础上提供流批一体的功能和语义。现在各个技术社区都在 SQL 标准委员会中进行讨论，努力建立统一、符合标准的查询语言。

另一方面，受类似于 MapReduce 的 API 影响，大多数系统实现了一种函数型、命令式的编程 API，以类似硬编码的方式描述整个数据流图。这种类型的 API 往往随着不同系统的设计风格而变化。

（2）时间与水位

实时计算需要处理的是无限的数据集，而时间和顺序是无限数据处理的核心。由于诸如网络抖动、数据源头失效等问题，数据通常无法按顺序到达系统。目前，业界主要通过两种主流的做法来处理数据乱序：一种是在获取输入的点上缓存数据，对无序的数据进行排序之后成批处理；另一种是在数据输入的时候容忍乱序的数据，并能够根据最新的数据时间重新进行调整和计算。

水位是一种帮助处理乱序数据的技术，同时还能跟踪数据的处理进度。水位在窗口的触发、过期状态的清理等方面都是必不可少的。

（3）状态数据管理

状态数据管理是处理无限数据集的另一个核心问题。一些早期的系统在执行窗口聚合、关联等需要状态数据的操作时，只是简单地将其存储在有限的内存之中。这种做法只能支持少量的功能，同时程序的可扩展性也受到了很大的影响。

后来，一些流计算系统选择将状态数据管理的难题和挑战都直接交给用户。这种做法需要用户在编写程序时就充分了解数据的状态，并且能够管理与其相关的所有操作，还需要考虑一致性和容错问题。这种做法大幅提高了用户使用流计算的门槛。

近年来兴起的流计算系统无一例外地选择了内置状态数据管理的做法，如 Apache Flink。借助于成熟的单机 key-value 系统（如 RocksDB），流计算系统开发了标准的状态访问接口、状态过期策略、全局状态检查点等。这些不仅能够降低用户开发流计算作业的门槛，还能够大幅提升系统的可扩展性和稳定性。

（4）故障恢复和高可用

故障恢复和高可用性是大部分用户选择流计算系统的首要考虑因素。除了在故障发生时提供高可用的保证之外，流计算系统还需要保证作业的低延迟。因此，在设计故障恢复和高可用机制时，一定不能牺牲系统延迟。目前，业界流行的做法主要有两种：主动待机（Active Standby）和被动待机（Passive Standby）。

主动待机的做法是同时运行两个相同的进程，并在主处理进程发生错误时切换到辅助实例。这种做法可以确保非常高的可用性，是一些关键应用的首选方案。与之不同的是，被动待机的做法只有在错误发生之后，才会在一些空闲的资源上拉起新的处理进程，同时借助全局状态回滚等操作在新启动的实例上继续之前的操作。与主动待机相比，被动待机的方案具备更高的性价比，正获得越来越多的关注。

（5）动态负载管理

由于流式数据的特点是源源不断、实时产生，流计算系统的负载也会随着源头数据的产生速率而波动。在这种情况下，输入速率有可能超过系统的最大负荷，从而导致性能下降、处理延迟甚至系统崩溃。

早期许多系统会采取丢弃输入数据的做法来降低系统的负荷。系统负载管理器会时刻观察系统当前的负载，并决定什么时间在数据处理的哪个阶段丢弃多少数据。这一系列的操作使得系统在高压力的情况之下，既能保证延迟处于可接受的水平，又将对结果的质量影响降到最低。

随着技术的不断迭代，流计算系统提供恰好的语义已经是用户最普遍的需求。目前，主流系统一般会选择在压力超过负荷时进行水平扩展（如增加并发）或者垂直扩展（如增大单个进程的资源）来扩容，并在处理能力有明显剩余的时候对系统进行有效缩容。同时，在系统本身不能及时扩容的情况下，为了保持程序的稳定性，还需要依赖一些背压（Back Pressure）的机制来反馈到输入节点，以降低输入的速度。

4. 数据治理

随着业务的发展，企业的数据类型日益增多且数据量急剧膨胀。数据可能会分布在各类存储中并使用多种引擎进行计算。企业中的不同角色在管理和使用这些数据时，也面临着诸多挑战，列举如下。

❑ 数据资产管理者如何盘点整体数据资产规模、增长趋势、核心数据资产分布等情况。

❑ 数据提供者如何将数据更好地转变成资产，让数据更好地被发现和使用，并持续提升数据的质量。

❑ 数据使用的安全性和审计合规性。

❑ 如何优化存储和计算资源，以节约企业成本。

以上问题都是数据治理需要解决的问题。通常来说，数据治理涵盖数据资产管理、数据地图、数据质量和资源优化等功能，提供数据资产概览和趋势分析能力，帮助数据资产管理者进行数据盘点；支持各种数据类型的数据目录构建、全局检索和数据分类等功能，助力数据的流通和使用；提供数据探查分析、数据质量监控、基于数据血缘的数据溯源和影响分析、数据使用审计和数据安全管控、数据脱敏保护等数据的集中管理和管控能力。

在探索数据价值的过程中，阿里巴巴提出"一切业务数据化，一切数据业务化"的理念。依托于这一理念，现代数据治理选择以元数据为切入口。随着数字化转型不断演进，越来越多企业业务、政府服务逐渐进行信息化、数据化。在这一过程中，海量的数据产生了。只要有数据存在的地方，就有其对应的元数据。元数据，简单定义就是描述数据的数据。只有利用完整、准确的元数据，才能更好地理解数据，充分挖掘数据的价值，从而实现"一切业务数据化"。做好元数据的管理后，企业的一切数仓流程、数据湖上的任务运转、数据资产分布乃至所有以数字化呈现的业务状态等均会实时、准确、完整地呈现在元数据中。对元数据进行分析便可以洞察数据资产的冗余度、数据开发任务的合理性、资源的消耗分布、业务运转的健康度等诸多信息，进而可以通过数据反向推动业务调整、升级，达到"一切数据业务化"的目的。数据治理的本质就是以元数据作为"神经中枢"，收集业务数据、发现业务问题、分析业务问题、解决业务问题。

围绕元数据的数据治理全流程，功能上需要涵盖元数据采集、存储检索、在线元数据服务、数据预览、分类注标、资产注解认证、数据探查、影响分析、数据权限、血缘分析、数据脱敏、数据审计、资源优化等能力。

云原生数据治理体系需要在技术上做到高可扩展性、高可用性、多租户资源隔离、全链路监控、灰度发布、用户侧免运维的服务能力。数据治理宏观架构如图 4-35 所示。

数据治理在技术上的核心分层包括元数据采集层、存储层、计算层和服务层。

（1）元数据采集层

元数据的收集方式通常有两种。第一种：通过钩子引擎，将元数据的实时变更推送到数据治理系统中来。第二种，通过元数据采集器，把元数据拉到系统中来。元数据采集器通常是采取插件化的技术架构，一般是提供官方插件支持云上主流的数据源的周期采集，同时支持用户自定义扩展插件解决个性化的元数据采集。

云原生元数据抓取和解析的难点在于需要考虑不同租户的资源隔离、复杂网络的打通、元数据抓取的性能、对目标数据源的负载保护等问题。企业中云上数据资产的多样性，也对采集器的易用性、自动化、多版本的管理能力提出了要求。

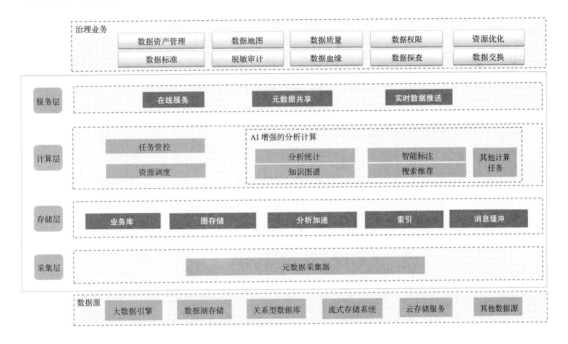

图 4-35　数据治理宏观架构

（2）存储层

数据治理面向的是全种类数据，其中会涉及结构化、半结构化、非结构化各类元数据，涵盖大数据体系的各类存储、OLTP（联机事务处理）数据库、存储系统的元数据等。数据治理的难点在于存储系统数据结构设计的通用性。元数据的存储系统通常是各类云原生数据库的组合方案，具体包括 OLTP 类的分布式数据库、KV 系统、日志服务、消息队列、图数据库和搜索服务。

（3）计算层

数据治理系统面临很多在线触发或周期触发的计算任务。计算任务之间又有依赖关系。这就要求整个系统需要有一个能够支持多租户、高可用性、海量扩展的工作流调度和资源调度系统。其中，调度计算的典型任务具体包括如下内容。

❑ **数据质量**：通过对规则和时间序列的分析，可以监控数据的波动和异常，及时发现数据仓库体系中数据的异常问题。

❑ **数据探查**：分析表中数据的统计学规律（比如最大值、最小值、分位数、直方图等），以帮助数据开发工程师、数据分析师更好地理解数据。

- ❏ **资源优化**：分析各个引擎的存储和计算任务的信息，为用户提供成本优化建议和数据仓库的最佳实践。其中，分析的产出包括数据倾斜、任务冲突、表的管理建议、数据集成任务的配置优化建议、数据开发的最佳实践等。

- ❏ **血缘分析**：数据血缘分析的本质是图遍历。通过对节点进行正向和反向的遍历，我们还可以发现数据的传递性和复用性。在血缘图中增加数据使用者的信息，即可找到人和数据的关系，这在业务上既可以进一步分析数据资产的价值度，又可以帮助用户发现冗余资产和无效的业务流程。

随着业务上各类治理诉求的不断增多，计算框架的设计需要具备通用性。传统计算任务更多是基于规则来进行，而后续 AI 增强的分析计算会为业务提供更加智能的帮助，具体包括：构建人和数据的知识图谱，帮助企业找到更想要的资产；对数据资产进行分类、聚类、自动打标，提高企业管理资产的效率和体验；针对数据的各种实时指标做时间序列的分析和异常检测，帮助企业做资产智能的监控和预测，等等。

（4）服务层

数据治理的服务形态包括在线访问的 API、离线加工后的元数据、异步推送实时数据等。对于在线访问的 API，云原生的微服务方式是最佳的输出方式。离线加工后的元数据可以供云上的企业结合自己的业务数据做进一步的统计分析。输出方式一般有云数据仓库授权、数据集成和同步数据等。异步推送实时数据的方式支持企业订阅感兴趣的数据，然后通过云原生消息服务将元数据、统计分析结果实时推送给企业。

整体数据治理体系构建在云原生的服务和组件之上，天然具备云原生的各种技术和运维能力，为企业提供各类治理技术和服务能力，也天然具备多租户、资源隔离、简单易用、自动计算免运维、水平扩展、高可用性等特点。

4.9.3 应用场景案例

1. 数据仓库

（1）背景和挑战

某视频行业客户是一个原创视频、全能剪辑的短视频社区，面向大众提供短视频创作工具，包括视频剪辑、视频拍摄，在谷歌应用商城收入榜排行前五，全球累计用户 8.9 亿多。现有数据平台的主要痛点如下。

- ❏ 架构复杂，具有多套开源组件和多个集群，平台运维人力资源成本投入大。
- ❏ 扩容周期长，不能满足业务快速增长的需要。

❑ 数据仓库分析时效性不足，难以满足在线运营需要。

❑ 新数据应用开发上线周期长。

（2）解决方案

基于离线实时一体化的数据管理平台架构示意图如图 4-36 所示。

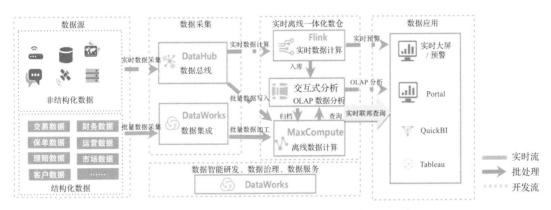

图 4-36　基于离线实时一体化的数据管理平台架构示意图

数据管理平台方案要点如下。

❑ 离线分析平台负责数据统一管理，开展 ETL 和机器学习分析。

❑ 交互式分析服务作为 OLAP 分析引擎，对离线数据仓库进行加速，对外提供高性能
OLAP 分析服务。

❑ 以数据总线、实时数据计算和交互式分析服务满足低延迟的流式计算、实时分析
需求。

❑ 提供一站式数据集成、数据开发及数据治理能力。

（3）应用收益

客户使用大数据计算服务、交互式分析服务、在线服务以及实时计算服务构建数据平
台，满足大规模离线数据 ETL、机器学习、交互式分析、实时计算的需要，形成离线实时
在线一体化数据仓库平台的能力。

基于数据管理平台，企业打通了用户数据，快速交付了基于用户标签的实时用户洞察
分析、实时视频推荐的数据应用，提升了产品的个性化使用体验，促进了业务的增长。

2.数据湖

（1）背景与挑战

某科技有限公司是一家拥有小贷牌照和融资担保牌照的金融科技公司。在该公司的业

务模式中，信贷风控要解决的关键问题就是，面对海量的借贷互联网用户，如何在信息不对称的情况下，以最低的风险把钱借出去。大数据的作用至关重要，因为数据越多、数据的种类越丰富，对用户的了解就会越全面，风险评估也就越准确，风险控制也会相对更有效。但是随着业务的发展，数据会越积越多，场景也会越来越复杂，传统的大数据架构已经难以满足面向大规模用户做精准风控的需求。当数据的体量达到一定级别、数据的多样性达到一定的复杂度时，企业就需要高效、灵活、低成本的解决方案，即数据湖。现有大数据平台的主要痛点如下。

❑ 架构复杂。
❑ HDFS 成本较高，扩容复杂，无法缩容。
❑ HDFS 成为关键性能瓶颈。
❑ 计算资源隔离较粗糙。
❑ 底层数据无精准权限管理。

（2）解决方案

图 4-37 所示的是基于数据湖对大数据平台进行架构升级的示意图。

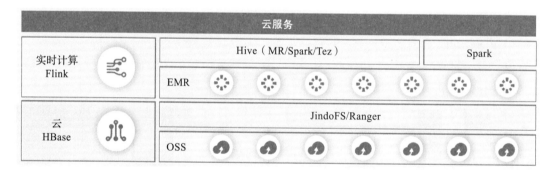

图 4-37　基于数据湖对大数据平台进行架构升级

基于数据湖对大数据平台进行架构升级的方案要点具体如下。

❑ 基于阿里云 OSS 构建数据湖，实现低成本存储，无容量限制。
❑ 使用 JindoFS 数据湖加速，优化海量 OSS 数据访问。
❑ 离线分析，基于 EMR（弹性 MapReduce）弹性伸缩；集群无状态，可随时新建或销毁。
❑ 基于 Flink 实时计算。
❑ 计算资源按集群隔离，底层数据权限按 OSS 桶隔离，赋权到集群。

（3）应用收益

基于数据湖管理，客户得以成功贯彻实施以下 5 个大数据发展原则，从而持续产生价值，驱动业务发展。

第一，全面记录。对于目标客户，在用户授权的前提下，应尽可能多地记录其各方面的信息，包括时间、位置以及各种操作细节等。所有维度的信息会随着时间不停变化，因此大数据部门要负责驱动业务部门在所有的业务过程和操作流程上尽可能多地记录原始信息，并且要持续进行记录。

第二，全面实时化。全面实时化是要让大数据尽可能地流动起来。因为在客户的业务模式下，数据的价值不仅与数据量成正比，也与数据的时效性成正比。不对称信息往往会随着时间的变化持续产生。实时数据能够让人感受到实时的变化并及时预测和调整业务策略，这对整个公司来说具有极大的价值。

第三，全面治理。全面治理是相对于传统的数据治理而言的。传统的数据治理更加偏重于数据质量治理和成本治理，而客户则更关注于架构和效率的治理。比如，架构的合理性、系统的复杂度、调度的效率、数据开发的效率以及数据服务的效率，等等。全面治理是为了在降本增效的大前提下提供更便捷、更稳定的数据支撑服务。

第四，场景驱动。大数据在对外提供服务时，要时刻抓住业务的痛点。比如，数据不对称是风控环节的最大痛点，那么系统建设和效率优化都要围绕着关键痛点来展开，所有的资源都要优先支持关键场景，所有任务的安排都要以解决关键场景的问题为最高优先级。

第五，安全合规。这是客户业务的生命线。遵守监管要求、安全合规地进行数据管理是业务可持续发展的前提。从规范层面、流程层面甚至系统层面，杜绝灰色空间，确保让所有能够接触到数据的人都能守住数据安全底线。

4.10 云原生 AI

随着基础云服务越发普及，云原生开始与越来越多的技术相融合。作为新技术代表，人工智能在云原生领域不断深入，让大数据、人工智能和云计算真正走向融合并重新定义了"企业效率"。

企业的业务系统若必须连续分析海量数据，并在其上运行机器学习模型或者做自然语言处理和非结构化数据挖掘，就需要大量的存储、数据、计算。将存储、数据和计算集中在云端，借助云平台的海量资源实现业务需求的交付，是个极具性价比的选择。本节就来讲解云原生 AI 的业务价值与落地实践。

4.10.1 云原生 AI 的技术背景与价值

近些年，以深度学习为代表的 AI 技术展现出巨大的潜力，各行各业都在加大对 AI 技术的投入。这一方面推动了 AI 技术的快速发展，另一方面也给系统建设带来了很多新的挑战。

深度学习方法的效果往往取决于所使用的数据量，因此 AI 技术需要消耗大量算力，占用大量数据存储空间。近年来，这些需求呈现出指数级增长趋势。云计算凭借其高可扩展性、弹性以及低成本的基础平台优势成为现代 AI 系统必不可少的技术底座。

此外，AI 系统的一些特性使其具有相当高的复杂性。比如，深度学习应用的流程链路天生较长，从数据收集到数据处理，再到模型训练以及部署，每一个环节都紧密相关，不同环节还会对诸如吞吐量和延时等指标有不同的要求。AI 系统还经常使用多种异构硬件以获得超高性能的算力。基于云原生的现代 AI 系统通过容器技术及 Kubernetes 编排系统，可以保证应用在不同环境中的可移植性，同时解耦上层应用与底层硬件架构，降低运维成本。

4.10.2 云原生 AI 的典型技术

关于云原生 AI 的典型技术，具体介绍如下。

1. 云原生 AI 训练平台

对于 AI 训练平台，如何更好地管理不同的异构资源、运行环境和不同业务的训练任务等问题，一直缺乏一个卓越的解决方案。随着云原生的普及，结合容器技术和 Kubernetes 调度能力的 PAI-DLC 产品提供了一套完全不同于过去的最佳使用实践，极大地优化和提升了业务方的资源使用效率，使多版本引擎的管理更加便捷高效，同时其还内置了具备弹性调度能力的训练引擎，最大程度提高了企业 AI 训练平台的效能。PAI-DLC 架构流程见图 4-38。

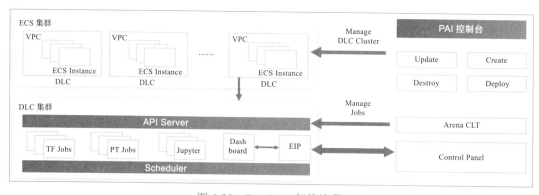

图 4-38 PAI-DLC 架构流程

上文提到，对于云原生 AI 训练平台而言，除了结合容器技术和 Kubernetes 调度的关键技术，AI 训练平台上的训练引擎技术也能对 AI 训练任务的快速迭代起到关键作用。如图 4-39 所示，PAI-DLC 内置的 PAI 分布式训练引擎，支持包括数据并行、模型并行、流水并行等能力，支持上层多种不同的建模表达，提供了接近线性的分布式加速。

2. 云原生在线推理服务平台

在机器学习模型训练完成之后，还有一个非常重要的环节，即在生产环境中对模型进行部署和应用，对数据进行实时推理。高性能的在线推理平台是 AI 场景中非常重要的一环，对于在线服务而言，需要更多关注的是模型服务的性能，例如，如何在大流量、高并发、高吞吐的情况下保证延时稳定，以确保服务的可扩展性，降低链路的网络开销；同时，由于在线场景的特殊性，需要根据实际业务场景对资源进行扩缩容，所以弹性的资源伸缩对于在线推理平台也是非常重要的要求。

图 4-39　PAI 分布式训练框架

基于上述背景，PAI-EAS 旨在提供一个高性能、高可用、轻量级的云原生模型在线推理平台。弹性、轻量、可扩展都是 AI 推理平台非常重要的属性。PAI-EAS 基于 Kubernetes 构建，它充分利用了云上的弹性计算资源，为不同的需求提供全方位的平台支撑。对于资源弹性要求较高的用户，PAI-EAS 支持以 Serverless 的方式运行于弹性容器实例之上，并配合 Kubernetes 的 HPA（Horizontal Pod Autoscaling，水平自动扩展）能力，实现模型服务实例的弹性伸缩。对于性能和稳定性要求更高的模型服务，PAI-EAS 提供了专用资源组的方案，通过阿里云提供的弹性网卡等技术实现用户网络和 PAI-EAS 网络之间的互通，配合自研的服务发现机制，实现客户端到服务端之间的直连通信，以客户端软负载的方式来请求服务，降低网络链路上的通信开销，同时避免网关和 SLB（服务器负载均衡）等网络组件的连接数及带宽的限制，以提升性能和稳定性。服务也可以根据负载情况实现线性扩展。

PAI-EAS 在保证服务稳定性的同时，还提供了一系列模型管理的相关功能，对模型性能数据进行全方位的实时监控和报警，让企业更加放心地将模型服务部署到云端，极大地减少了本地自动部署及管理模型服务的运维开销。

3. 云原生 AI 服务编排

机器学习平台不仅需要考虑数据预处理、模型训练、模型预测及部署等局部能力的不断加强，还需要考虑如何将这些能力进行串联并实现自动化，这也是对机器学习环节进行编排。除此之外，还需要解决运行资源隔离、任务调度以及扩展性等问题，整个流程如图 4-40 所示。

PAI Studio 作为一个机器学习产品，可以为用户提供数据集管理、模型训练、模型管理、在线服务推理等产品能力，其中核心模块 PAI Flow 的能力就是对机器学习的算法进行编排。PAI Flow 基于开源项目 Argo Workflow 打造，主要模块运行于 Kubernetes 中。

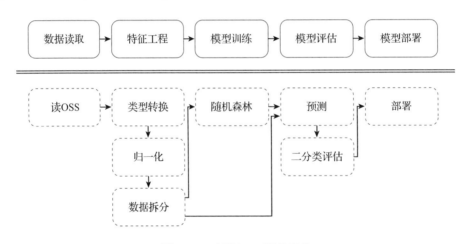

图 4-40　云原生 AI 服务编排

借助于 Kubernetes 的资源隔离和调度能力，以及 Argo Workflow 的任务调度能力，PAI Flow 抽象出了对整个 AI Pipeline 的管理和复用，可以用于编排机器学习的各个环节。PAI Flow 还基于 Kubernetes 增加了多用户、多租户的能力，加强了安全性。PAI Flow 提供了官方的高性能、分布式的 MaxCompute Xflow 框架实现的经典机器学习算法，以及数据处理组件，并轻松扩展到其他诸如 Alink、Spark 等 AI 算法框架。利用这些算法构建的 Pipeline 能满足大多数业务的需求。同时，PAI Flow 还为用户提供了通过容器镜像自定义算法执行逻辑的能力，并不局限于使用官方算法，还可将自己特有的行业经验算法融入其中。为了满足用户更灵活的使用需求，以及集成到业务系统的诉求，PAI Flow 还提供了 API 及

SDK，覆盖了 PAI Flow 的 Pipeline 管理和运行以及元数据和状态的查询。PAI Flow 旨在提供机器学习环节的编排和自动化能力，同时考虑了多用户、多租户和安全隔离、多引擎支持、用户自定义算法，使得机器学习的整个过程变得更加高效和灵活。

4.10.3　应用场景案例：利用云原生 AI 打造新一代社交推荐平台

伊对主要专注于移动端线上交友和相亲，将视频、直播和在线红娘创造性地融入该领域，开辟了视频恋爱社区的独立赛道，为单身人群提供了全新的社交体验。

为了更好地服务对于推荐内容的要求逐渐严苛的客户、满足千人千面的个性化推荐需求，伊对需要建立高效的机器学习平台。

作为阿里云比较成熟的机器学习框架平台，PAI 所具备的能力覆盖了推荐业务整个链条，从前端用户行为的埋点收集、行为日志，到加工、数据分析以及用户画像的构建，包括在线的学习以及推荐服务、召回、过滤、综合排序及最终推荐给用户，如图 4-41 所示。对于初创公司以及对推荐业务不太成熟的企业而言，PAI 大幅提高了整体落地效率，开箱即用是其对于企业的最大价值。

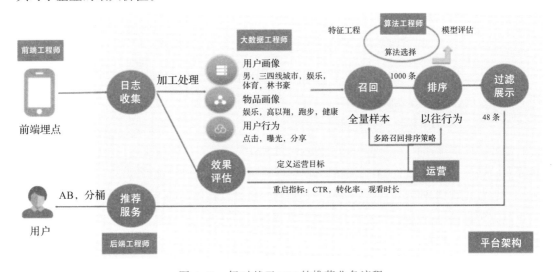

图 4-41　伊对基于 PAI 的推荐业务流程

如图 4-42 所示，伊对基于 PAI 在推荐场景的算法服务中充分考虑到了业内的主流推荐算法，例如协同过滤、ALS 的矩阵分解、LR 逻辑回归、FM、LDA 这些自然语言文本处理分类算法以及涉及人工的运营策略。其中还涉及多路召回，将各种独立召回算法模型结果使用 LR、GBDT、FM 等算法综合排序后最终融合在一起，大大提高了推荐业务使用效率。

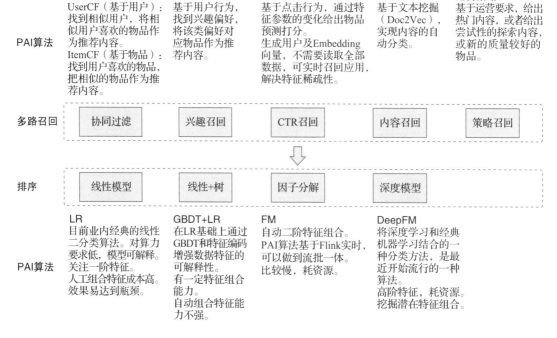

图 4-42 伊对基于 PAI 在推荐场景的算法服务

相亲推荐是 PAI 在伊对实际业务中的具体应用场景。相亲是伊对 App 中最核心的一个用户场景，其推荐整体架构如图 4-43 所示。当用户相亲交友时，视频直播间的推荐是非常关键的一环。从 PAI 在整个相亲推荐的应用上看，主要分为 4 个维度。从推荐维度上看，有直播间的红娘推荐和嘉宾的匹配以及视频质量的评分等。其次是在线训练，像多路召回、排序及策略等，都是基于 PAI 现有的机器学习算法模型来使用。再次就是底层的数据加工和用户特征工程的建立，以及底层数据周期性地更新，按时间分为天、小时和分钟级别进行更新。整体的基础数据准备好了，接下来就是更好地利用 PAI 这个成熟的服务平台，构建我们的相亲推荐服务。

伊对基于 PAI 的相亲推荐整体流程就如 4-44 所示。流程从用户曝光请求开始，获取用户的基本信息，再从阿里云的 Hologres 中获取已有的特征模型，再基于在线的特征学习训练，把这些特征工程结合底层的离线和在线的学习计算综合排序，最终产生的结果会返回给用户。

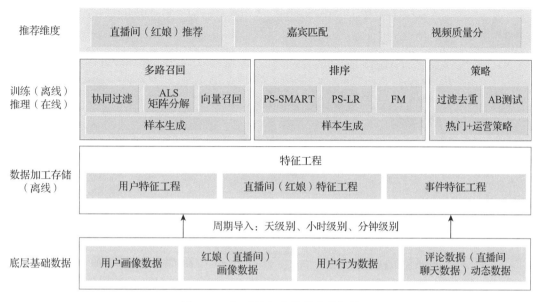

图 4-43　伊对的相亲推荐整体架构

4.11　云端开发

随着云原生技术的快速发展，企业和应用上云已成为必然趋势。云上开发人员无须过多关心底层的基础设施和运维，而是将重点放在基于越来越丰富和强大的云服务的快速定义和扩展业务模型上，实现业务逻辑，完成商业落地。云端开发就是在这一过程中诞生的。那么，什么是云端开发呢？本节将为大家深入解读云端开发技术。

4.11.1　云端开发的技术背景与价值

随着"基础设施即代码"理念的逐渐深化，云服务提供了越来越多供开发人员使用的服务、产品，越来越多的配置化、通用化的代码被自动生成或直接隐藏，使开发人员可以将更多精力聚焦于业务逻辑的实现上。在这一过程中，传统开发工具也迎来变革，在特定的开发场景中，能够提供更高开发效率的工具脱颖而出。

云端开发通常是指基于云平台完成编码、测试、发布等开发流程的闭环。更进一步地，完整的云端开发平台不仅提供了云端的开发环境，还提供了整套开发工具和配套设施，让开发人员做到在云端也可以完成应用程序的需求、编码、测试和运维的全生命周期管理。

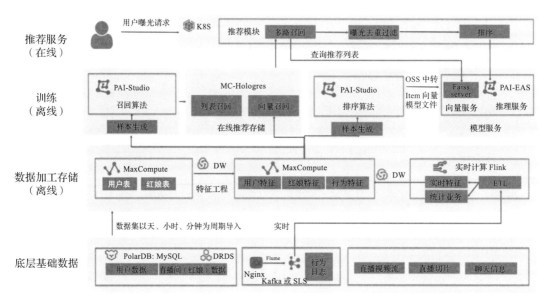

图 4-44 伊对相亲推荐整体流程

1.云端开发的优势

随着云原生技术的快速演进以及 DevOps 理念和工具的逐步成熟，云端开发的优势逐渐显现，具体优势说明如下。

（1）开箱即用

因为代码和运行环境都在云端，所以云端开发可以轻松实现零配置上手。在云端开发平台上，开发人员打开浏览器即可获得配置好的环境。而环境配置可以由项目组的资深同事负责维护，配置好针对某个项目的系统版本、程序运行时、SDK 和 IDE 插件集合。

（2）弹性的计算资源

众所周知，C/C++ 的编译非常耗时，一个略大一点的 C 项目冷编译一次就得 30 多分钟。增加 CPU 核数、换上读写性能更高的磁盘或者用 GPU 都可以有效缩短编译时间，但成本很高。云端开发平台使用的是云端资源，得益于云计算的弹性，可以实现按需分配计算资源，使开发人员可以快速进行功能扩展。此外，在某个用户下线后，计算资源将自动释放，供其他需要的用户使用，从而更好地优化成本。

（3）多人协作

代码仓库的代码审查可以在多个开发人员之间实现异步协作，这是一种低频交互的协作方式。云端开发环境可以支持更多协作场景。分享功能可以通过 IM 工具（如钉钉）轻松分享某个云端项目环境，进行协同检查和代码调试，从而避免截图加文字的低效沟通方式。针对源代码的协同编辑功能，可以在一个编辑器里出现多个人的编辑光标和选中状态，再配合语音，让远程的多人编程变成可能。

2. 云端开发的困难

但开发人员第一次尝试进行云端开发时，除了能享受到云计算带来的资源弹性、配置简化和成本优化之外，可能还会遇到以下困难。

（1）云上和本地的差异

开发人员可能会发现在生产中很难简单地将使用的配置复制到云端。同样，如果想把已经在云上的应用放到本地运行，也很难构造出相似的环境。另外，新应用与现有应用的集成是开发过程中的关键部分，相较于本地环境，云端环境往往拥有更复杂的网络安全策略，从集成的角度来看，云端环境带来了更多挑战，具体说明如下。

❏ **编码和调试体验的差异**

Java 开发人员通常更倾向于在本地使用 IntelliJ Idea 搭建开发环境。由于 Eclipse、IntelliJ Idea 能够深入支持 Java 和 Spring，其适用场景包含语法支持、快速定位、快捷输入、断点调试、性能分析等。开发人员跨越了不算太高的学习门槛之后，就可以享受其带来的高效率了。相对的，如 JavaScript、Go 等语言，本地 IDE 对其的支持还不够深入，提效不如 Java IDE 那么明显，因此它们的开发人员更愿意迁移到云端开发。在流畅度上，通常来说，本地编辑和调试的延迟会比云端延迟更短，云端会有几十毫秒的网络延迟，而本地一般只有数毫秒甚至更低的延迟。对于大家经常用到的调试功能，虽然云端开发模式也可以支持单步调试，但对于类似于远程调试的略微卡顿感，开发人员还是能够感知到的。

❏ **对大型复杂项目的支持**

由于技术的不断积累，传统的成熟且功能全面的本地开发模式可以与各种编程框架很好地结合，并以此实现对大型项目的良好支持。相较而言，目前云端开发环境多用来处理小而简单的场景。

❏ **与本地工具的联动**

由于本地开发模式直接运行在个人 PC 之上，因此可以天然地借助丰富的原生软件生态完成开发过程中各个环节的工作，而云端开发会把环境的系统统一为 Linux，以便更贴近真实的部署环境。项目的文件中除了源码文件依赖之外，还会有一些其他的资源文件，比如图标。而这些文件通常会依赖本地的其他软件进行编辑，云端开发对于这类需求反而显得不够便利。

（2）陌生的开发生态

开发人员习惯于使用 Java/MySQL、Microsoft.Net/SQL Server 和其他传统开发平台，而云服务可能是完全不同的编程模型。如果开发人员已经能够很好地运用 SQL 和 Java，可能会不愿意进入一个完全陌生的平台。企业的开发效率和开发人员对工具的熟悉程度关系密切，而处于快速发展的云计算平台经常会更新其使用方式或最佳实践，这些变化也会给开发人员带来额外的学习成本和压力。

（3）隐形成本

由于在云上创建资源已变得非常简单，开发人员很容易忘记或忽略要关闭的虚拟机。有时候开发人员会肆意使用虚拟机资源，但程序一旦运行起来又很容易忘记关闭，直到收到账单时才记起还有未释放的资源。

为了能更好地支持云原生应用的开发，降低开发者的上手曲线。阿里云云效团队自主开发了云效 CloudIDE 产品，该产品集成了云效的代码仓库、持续集成和部署工具。为应用程序的开发提供了全生命周期管理的一站式开发体验。CloudIDE 同时也是一个云端 IDE 的中台服务，帮助其他云产品在 CloudIDE 提供的空间管理、模板管理、插件定制能力等基础能力之上，定制出自己的领域专属云端开发工具，以助力云产品的生态建设。

4.11.2　应用场景案例：杭州幻熊科技借助云效平台实现每日交付

杭州幻熊科技有限公司（以下简称幻熊科技）主要从事结婚新零售和产业云平台建设，旨在提供出色的产品，推进中国婚嫁行业的互联网化变革，重塑行业服务体系与商业文化，建立全新的婚嫁消费格局。幻熊科技旗下产品主要包括云设计系统、智能一体机、供应链云仓、移动端 App 和小程序。小而精的技术团队在保障产品发布的同时承担着更为重要的创新任务，其中幻熊科技上海分公司有 15 人，主要从事具体产品开发，包括移动端 App、小程序和 H5 等；武汉分公司有 10 人，主要从事婚礼实景 VR 研究和开发。

在经过调研后，我们了解到为了支撑快速发展的行业业务，企业内部正在调研并准备搭建持续集成和持续交付平台。云效的出现恰好契合了企业流程升级的需求。

流程升级首先要洞悉当前流程遇到了什么问题，找出其中影响效率与质量的关键节点，加以改进并获得良好的效果。以幻熊科技上海开发团队为例，其中：

❑ 服务端 4 人，主要开发语言为 PHP；

❑ Web 前端 4 人，主要开发语言为 JavaScript；

❑ Android 客户端 3 人，主要开发语言为 Java；

- ❑ iOS 客户端 2 人，主要开发语言为 Swift；
- ❑ 测试 2 人，负责所有产品测试。

技术团队负责产品全栈开发，整体规模较小并且没有专职的运维人员。基于快速发展的业务需求，产品迭代速度需要持续加快。迭代次数增加加重了发布负担，发布逐渐变成制约产品创新的瓶颈。流程升级前的基本情况如下：

- ❑ 产品迭代周期以周为单位；
- ❑ 代码通过开源代码平台"码云"托管；
- ❑ 版本发布以 FTP+ 手工部署的方式进行；
- ❑ 自建 Jenkins 流水线执行 Android/iOS 客户端构建。

结合上述基本流程以及沟通观察，我们发现技术团队的痛点主要集中在以下几点。

- ❑ **发布流程和人员协调复杂，时间长**。为了保障服务器安全，生产环境只有特定的人员可以操作。所有项目发布都需要事先协调，并且等待和依赖发布人员需要消耗较长的时间。
- ❑ **Bug 从修复到验证耗时久、效率低**。测试环境通常需要频繁打包，一个 Bug 从修复到部署至测试环境进行验证，消耗时间较长，且多为重复性工作，已经严重影响了开发效率。
- ❑ **人工部署生产环境存在安全隐患**。具有发布权限的开发人员身兼数职，直接通过人工执行部署不能避免误操作，给生产环境安全带来了极大的隐患。

以上是企业切身感受到的痛点，而这些问题恰好是云效致力于解决的问题。通过良好的分支策略、自动化的流水部署和环境管理以及增强的测试与质量卡点，只需要简单的变化就可以将成熟的 DevOps 经验应用于企业开发流程，解决企业遇到的实实在在的问题。这些变化总结下来有以下几点：

- ❑ 增加代码评审，加强开发质量；
- ❑ 高度自动化，尽可能减少人工干预；
- ❑ 需要快速且准确地反馈问题；
- ❑ 加强质量管控和可视化呈现。

小微开发团队通常不会面临复杂的开发策略与产品维护需求，其核心诉求是产品快速迭代，以满足不断变化的业务需求。引入成熟的方法、快速提升开发效率、规范现有流程，是最直接的方式。这是一个小变化带来大收益的典型案例。流程升级带来的变化如表 4-2 所示。

表 4-2 流程升级前后对比

对比项目	原　来	现　在
发布方式	手工发布	自动发布
正式发布频率、时长	1 次 / 周 平均 30 分钟 / 次	随时发布 2 分钟 / 次
代码集成频率	3～4 次 / 日	随时集成
Bug 修复完成至开始测试所需的等待时间	平均 2 小时	5 分钟
代码评审	无强制要求	合并请求强制评审
构建通知	无通知	自动钉钉通知
测试、生产环境管理	人工	工具自动管理

结合表 4-2，升级后的优势主要体现在质量和效能提升上，具体分析如下。

❑ 流程升级前，测试环境和生产环境部署完全依赖开发人员；流程升级后，发布几乎
不占用人力，每周至少节省 1.5 人 / 日。

❑ 正式发布限制解除，可以按照业务需求随时发布。

❑ 代码集成频率提升，集成问题随时发现。

❑ 等待测试时间缩短到 5 分钟，测试吞吐率提升数倍。

❑ 生产环境误操作问题基本消除。

目前幻熊科技服务端程序和 Web 前端程序已建立近 60 条流水线，支持测试与生产两套
环境的自动部署。由 Jenkins 管理的 Android/iOS 移动应用也正在逐步纳入流水线，全部实
现自动构建和打包发布。

持续交付是软件企业最需要的能力，意味着从业务需求开始到交付上线之后的端到端
的过程，做好持续交付对整个开发体系意义重大。从理论上讲，通过持续交付可以满足每
天、每周甚至任何频度的业务需求。

持续交付是 DevOps 最佳实践之一，利用 DevOps 的能力和实践可以帮助企业显著提升
软件交付效能，提升工程生产力。DevOps 不是趋势，是事实上都应该采用的软件开发和交
付方法，它能给企业带来更高的产出，创造更大的价值。不是每个企业都需要有 DevOps 专
家，通过成熟的开发效能工具，小微企业同样可以享受 DevOps 带来的收益。

4.12　云原生安全

IDC 最近发布的《全球云计算 IT 基础设施市场预测报告》显示：2019 年全球云上的

IT 基础设施占比超过传统数据中心，成为市场主导者。企业上云已成功完成从被动到主动的转变。企业上云后不仅可以享受云的便捷性、稳定性和弹性扩展能力，还可以通过云原生安全更好地解决原来在线下 IDC 无法解决的问题。

云原生安全作为一种新兴的安全理念，不仅解决了云计算普及带来的安全问题，更强调了以原生的思维构建云上安全建设、部署与应用，推动安全与云计算深度融合。接下来我们将深入解读云原生安全的典型技术。

4.12.1　云原生安全的技术背景与价值

过去很多年安全都是网络安全厂商的责任，云计算时代，云服务方在改变 IT 的同时，也在为大家带来新的安全能力。安全机制一直是跟随 IT 基础设施和业务来提供服务的，其保护的对象就是使用云系统和云应用的流程机制。与传统企业网络安全机制显著不同的是，云原生安全的管理责任由云平台和企业共同承担。

云原生给企业安全建设带来了根本性变化，使得企业可以跳脱现在单项、碎片化的复杂安全管理模式，迎来"统一模式"，即使在复杂的混合云环境下也可以实现统一的身份接入、统一的网络安全连接、统一的主机安全以及统一的整体全局管理。更重要的是，传统物理边界变得模糊后，安全不再围绕企业数据中心和终端来设计部署，安全边界也不再是数据中心边缘和企业网边缘的"某个盒子"。

从 2018 年到 2019 年，以国内各大公有云为目标的网络攻击明显上升，年均增长 200% 以上。一方面，5G、物联网、AI、云计算的普遍应用，使企业的数字化环境日益复杂，显著增加了攻击面。另一方面，云上安全威胁比例持续增高。在企业上云的全程融入云原生安全能力，或直接选择安全实力更强的云平台，有助于解决传统安全建设理念存在的弊端。云原生安全理念将安全能力内置于云平台中，实现了云化部署、数据联通、产品联动，可以充分利用云原生安全资源，降低安全解决方案使用成本，实现真正意义上的普惠安全。

但需要明确的是，相比数字化的发展速度，大多数企业安全体系的完备程度还存在比较大的差距。不能简单地把安全寄希望于一笔预算的投入，而是应该系统性地重新思考安全的战略定位，选择恰当的路径和手段，找到解决安全风险的"最优解"。

依托云原生安全思路，企业能够构建全面、完善的云原生安全体系。云原生安全产品适应云主机、容器等云上环境新安全需求：数据库审计、加密服务、敏感数据保护、密钥管理服务等云原生数据安全产品可以保障云上数据安全可靠；DDoS 防护、云防火墙、Web 应用防火墙等云原生网络安全产品可以有效抵御云上网络威胁；云安全中心等云原生安全管理产品可以应对云上安全管理新挑战。

4.12.2　云原生安全的典型技术

在了解了云原生安全的技术背景与实际价值后，本节我们将介绍云原生安全的典型技术。

1. 零信任

零信任安全最早是由著名研究机构 Forrester 首席分析师约翰·金德维格于 2010 年提出的。零信任安全针对传统边界安全架构思想进行了重新评估和审视，并对安全架构思路提出了新的建议。

零信任的核心思想是默认情况下不应该信任网络内部和外部的任何人、设备或系统，而是需要基于认证和授权重构访问控制的信任基础。诸如 IP 地址、主机、地理位置、所处网络等凭证均不能作为可信的凭证。零信任对访问控制进行理念上的颠覆，引导安全体系架构从"网络中心化"走向"身份中心化"，其本质诉求是以身份为中心进行访问控制。

目前落地的零信任概念包括 Google BeyondCorp、Google BeyondProd、Azure Zero Trust Framework、云上零信任体系等，且零信任还属于一种新兴的技术趋势，比较适用于 Kubernetes。阿里巴巴自身也在零信任上进行了创新，制定了网络微隔离、应用层鉴权等方案。

（1）Istio 零信任方案

Istio 作为由谷歌、IBM 与 Lyft 共同开发的开源项目，旨在提供一种统一化的微服务连接、安全保障、管理与监控方式。在讲解 Istio 零信任方案之前，我们先来讲一下微服务的常见安全需求和风险分析。

❑ 微服务被突破之后，流量会被监控，系统会受到中间人攻击（Man-in-Middle Attack，MITM）。为了解决这种风险问题，需要对流量进行加密。

❑ 针对微服务和微服务之间的访问控制，采取双向 TLS（安全传输层协议）和细粒度的访问策略。

❑ 需要审计工具审核谁在什么时候做了什么。

在了解了对应的风险之后，接下来我们讲解 Istio 如何实现零信任架构。如图 4-45 所示，Istio 安全架构的首要特点就是全链路都是通过双向 mTLS 进行加密，其次就是微服务和微服务之间的访问可以进行鉴权，通过权限访问之后还需要进行审计。Istio 是在数据层面和控制层面进行分离的，控制层面通过 Pilot 将授权策略和安全命名信息分发给 Envoy，然后由数据层面通过 Envoy 来进行微服务间的通信。每个微服务的工作负载（Workload）上都会部署 Envoy，每个 Envoy 代理（Sidecar）都会运行一个授权引擎，该引擎在运行时授权请求。当请求到达代理时，授权引擎将根据当前授权策略评估请求上下文，并返回授权结果 Allow 或 Deny。

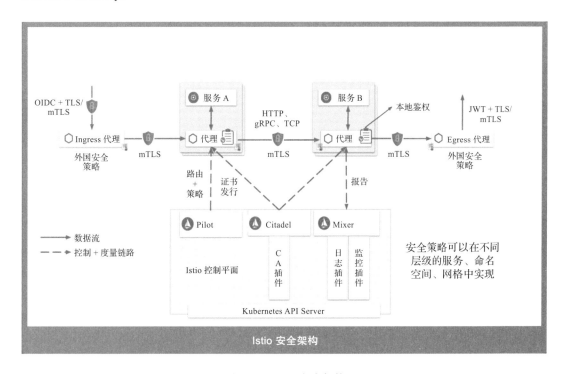

图 4-45　Istio 安全架构

（2）Calico 零信任方案

作为针对容器、虚拟机以及基于主机的本机 Workload 的开源网络和网络安全解决方案产品，Calico 支持很多平台，包括 Kubernetes、OpenShift、Docker EE、OpenStack 和裸金属服务。零信任最大的价值就是即使攻击者通过其他各种手法破坏了应用程序或基础架构，零信任网络也依然具有弹性。零信任架构使攻击者难以横向移动，也更便于我们发现攻击者的有针对性的踩点活动。

如图 4-46 所示，在容器网络零信任体系下，Calico+Istio 是目前热度较高的解决方案。对比 Calico、Istio，我们会发现两者存在一定的差异，比如，Istio 主要是针对 Pod 层 Workload 的访问控制，而 Calico 针对的则是 Node 层的访问控制。

接下来，我们重点讲解 Calico 组件和 Istio 的部分技术细节。Calico 构建了一个 3 层可路由网络：Felix、Dikastes 和 Envoy。Felix 是运行在 Node 上的守护程序，在每个 Node 资源上运行。Felix 负责编制路由、ACL 规则和该 Node 主机上所需的任何内容，以便为该主机上资源的正常运行提供所需的网络连接。运行在 Node 上的 IPTables 负责进行细粒度的访问控制。通过 Calico 设置默认 Deny 的策略，凭借自适应的访问控制来执行最小化的访问问控制策略，以构建容器下的零信任体系。Dikastes 和 Envoy 是可选的 Kubernetes Sidecar，通过双向 TLS 身份验证保护 Workload 到 Workload 的通信并增加相关的控制策略。

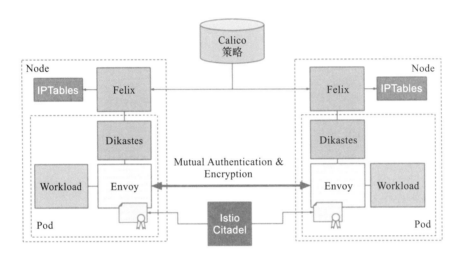

图 4-46　Calico+Istio 零信任解决方案架构图

（3）Cilium 零信任方案

Cilium 作为基于 Linux 容器管理平台（Docker 或 Kubernetes）的开源解决方案，主要用于解决应用服务间的网络连接安全问题。Cilium 采用 eBPF 内核技术建立微服务和内核之间的桥梁，为 Service Mesh 打造具备 API 感知和安全高效的网络层安全解决方案。eBPF 是扩展的伯克利包过滤器的英文首字母缩写。伯克利包过滤器是类 UNIX 系统上数据链路层的一种原始接口，提供原始链路层封包的收发。eBPF 很灵活，可以轻松地为 API 和进程提供安全保障，保护容器间的通信。

如图 4-47 所示，容器之间的通信可以进行细粒度控制，且容器支持的协议非常多，包括 Redis、Kafka、ElasticSearch、gRPC、HTTP、CouchDB 等。传统的防火墙还是工作在第三层或第四层上，所以在特定端口上运行的协议要么完全受信任，要么完全被阻止，无法对协议内容进行细粒度的控制。而 Cilium 可以针对上述协议进行细粒度访问控制。例如，HTTP 协议可以做到允许所有的 GET 方法访问路径 /public/.* 的所有 HTTP 请求，而其他所有不符合这条规则的请求则全部拒绝。由此可见，Cilium 可以做到非常细致的协议层访问控制。

图 4-47　容器之间的通信

（4）阿里巴巴 Workload 鉴权零信任方案

随着 Service Mesh 架构的不断演进，阿里巴巴已经开始落地实践 Workload 场景下的服务鉴权能力。面对如何打造符合业务架构的 Workload 间的服务鉴权能力这一问题，我们将其拆解成了三个子问题，具体说明如下。

1）如何定义 Workload 的身份，如何实现一套通用的身份标识体系

阿里巴巴内部使用 SPIFFE 项目中给出的 Identity 格式来描述 Workload 的身份，格式如下：

```
spiffe://<domain>/cluster/<cluster>/ns/<namespace>
```

不过，在工程落地的过程中我们发现，这种维度的身份格式粒度不够细，并且与 Kubernetes 对于 Namespace 的划分规则有较强的耦合。阿里巴巴的业务规模庞大，且场景繁杂，不同场景下 Namespace 的划分规则并不完全一致。因此，阿里巴巴对格式进行了调整，在每个场景下都梳理出了一组能够标识一个 Workload 示例所需要的必备属性（例如应用名、环境信息等），并将这些属性携带在 Pod 的 Labels 中。调整后的格式如下：

```
spiffe://<domain>/cluster/<cluster>/<required_attr_1_name>/<required_attr_1_
    value>/<required_attr_2_name>/<required_attr_2_value>
```

配合这个身份格式标准，阿里巴巴在 Kubernetes API Server 中添加了 Validating Webhook 组件，对上述 Labels 中必须携带的属性信息进行校验。如果缺少其中一项属性信息，实例 Pod 就无法创建。Pod 的创建流程如图 4-48 所示。

在解决了 Workload 身份定义的问题之后，接下来就要思考如何将身份转换成某种可校验的格式，在 Workload 之间的服务调用链路中透明传输。为了支持不同的使用场景，我们选择了 X.509 证书与 JWT 这两种格式。

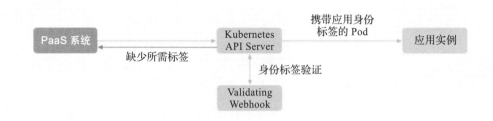

图 4-48　Pod 创建流程

对于 Service Mesh 架构的场景，阿里巴巴将身份信息存放在 X.509 证书的 Subject 字段中，以此来携带 Workload 的身份信息，如图 4-49 所示。

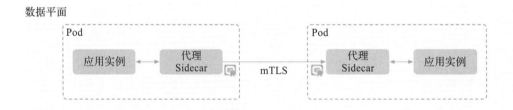

图 4-49　Service Mesh 架构场景下的 Pod 身份信息

对于其他场景，阿里巴巴将身份信息存放在 JWT 的 Claims 中，而对于 JWT 的颁发与校验，阿里巴巴采用 Secure Sidecar 来提供服务，如图 4-50 所示。

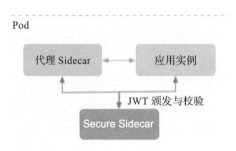

图 4-50　JWT 的颁发与校验

2）Workload 间访问的授权模型的实现

在项目落地的初期，阿里巴巴使用 RBAC（Role-Based Access Control，基于角色的访

问控制）模型来描述 Workload 间服务调用的授权策略。例如，应用 A 的某一个服务只能被
应用 B 调用，这种授权策略在大多数场景下没有任何问题，但是在项目的推进过程中，我
们发现这种授权策略不适用于某些特殊场景。

阿里巴巴考虑了这样一个场景，生产网内部有一个应用 A，职责是对生产网内部的所
有应用在运行时所需要使用的一些动态配置提供中心化的服务。这个服务的定义如下。

```
message FetchResourceRequest {
//调用方的应用名称
string appname = 1;
//资源ID
string resource_id = 2;
}
message FetchResourceResponse {
string data = 1;
}
service DynamicResourceService {
rpc FetchResource (FetchResourceRequest) returns (FetchResourceResponse);
}
```

在此场景下，如果依然使用 RBAC 模型，那么应用 A 的访问控制策略将无法描述，因
为所有的应用都需要访问应用 A 的服务。这样明显会导致安全问题，即调用方应用 B 可以
通过该服务获取其他应用的资源。因此，阿里巴巴将 RBAC 模型升级为 ABAC 模型以解决
上述问题，最终采用 DSL（Domain Specified Language，领域专用语言）来描述 ABAC 的
逻辑，并且集成在 Secure Sidecar 中。

3）如何选择访问控制执行点

在执行点选择方面，考虑到 Service Mesh 架构推进需要一定的时间，我们提供了两种
不同的方式，可以兼容 Service Mesh 的架构，也可以兼容当前场景。在 Service Mesh 架构
场景下，将 RBAC 过滤器和 ABAC 过滤器（访问控制过滤器）集成在 Mesh Sidecar 中，如
图 4-51 所示。

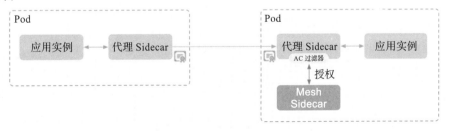

图 4-51 将两种过滤器集成到 Mesh Sidecar 中

目前，在当前场景下，我们提供了 Java SDK，应用需要集成 SDK 来完成所有的认证和授权相关的逻辑。与 Service Mesh 架构场景类似，所有 Identity 的颁发、校验、授权以及与 Secure Sidecar 的交互，均由 Secure Sidecar 完成，如图 4-52 所示。

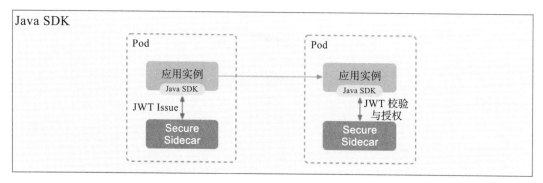

图　4-52

（5）阿里巴巴 HPTA 高性能透明认证零信任方案

阿里巴巴 HPTA 高性能透明认证方案主要是在网络层加入对应的身份，保证通信双方相互认证。阿里巴巴微服务之间的网络层通信认证，必须要经过验证才可以访问，而且为了提升安全等级，微服务之间的通信支持 mTLS、mTLS-Lite、HPTA 等协议。在一些高安全等级的场景下，要求微服务的互访必须通过双向 TLS 来进行身份认证和链路的加密，即 mTLS；在安全等级较低的情况下，虽然双向 TLS 身份认证还存在，但是链路可选择不加密，这种方式可用于满足不同安全需求的场景。阿里巴巴 HPTA 零信任方案深度拥抱开源社区，基于 Istio、Envoy 进行扩展，原生支持各类 xRPC、非 RPC 协议的互通隔离管控。

2. DevSecOps

2012 年，Gartner 首次提出了 DevOpsSec 的概念，但由于其缩写为 DOS，与 Dos（拒绝服务）类似，因此该术语在后续研究与实践过程中被调整为 DevSecOps。

在了解 DevSecOps 之前，可以先思考一个问题：安全的目标是什么？从表面上看，安全是为了系统免遭黑客入侵，不产生安全事件。而本质上，安全是为了预防资金损失。所以当安全投入的成本大于能够避免的资金损失时，安全就变得毫无意义。随着 DevOps 不断发展，传统 SDL（Security Development Lifecycle，安全开发生命周期）开始陷入两难困境。敏捷开发和持续交付是 DevOps 提高软件研发效率的关键，但恰好也是传统 SDL 的软肋，因为安全太"慢"了。安全需要对发布进行严格的检测。迭代加速后，安全检查就成为效率提升的瓶颈：DevOps 模式的迭代速度将周期压缩到了数周甚至数天，安全工程师已经难以投入足够的人力资源跟上迭代的步伐，安全投入的成本快速增加。同时，传统 SDL 并未关注运维安全，而 DevOps 使得开发人员开始承担运维人员的角色，运维导致的安全问题也逐渐增多，因此，DevSecOps 应运而生。DevSecOps 扩展了 DevOps 的愿景，将安全尽可能无缝地集成到 DevOps 流程中，使得安全不会成为业务快速发展的阻碍。

与传统 SDL 遇到的挑战一样，迭代速度快同样是 DevSecOps 需要解决的难题。迭代速度快，相应的，安全检查速度也要快，否则就会拖慢业务的步伐。安全为什么总是最慢的呢？主要有如下三点原因。

❑ 安全工作由安全工程师负责，在进行安全检查时需要安全工程师了解业务实现，与开发人员沟通可能存在的安全问题。这其中，了解业务与沟通占据了安全检查的绝大部分时间。

❑ 安全检查过于滞后，在开发人员完成编码与测试之后，安全工程师才介入检查，如果这时候发现安全问题，开发人员需要推倒重来，重新回到编码测试流程。

❑ 强调发布前解决一切安全问题，在传统 SDL 流程中，每个环节发现的问题都需要解决之后才能进入下一环节，这也导致了一些危害程度较低的问题阻塞了迭代流程的流转。

综上所述，效率问题很难通过简单运用一两种技术就能得到轻松解决，这需要一系列的理念、流程与技术相互配合，以形成完整的 DevSecOps 解决方案。为了应对敏捷开发、持续迭代带来的挑战，DevSecOps 同时从人、流程和技术维度入手，在提高敏捷性的同时保护系统免受攻击。下面我们围绕这三个维度来阐述如何建设 DevSecOps。

（1）人（角色与责任）

顾名思义，DevSecOps 就是要将安全角色纳入 DevOps 中，开发人员需要承担起安全的责任，人人都为安全负责，进而加快安全检查与处置的速度。在传统软件研发流程中，开发、测试、运维是相对独立的角色，分别承担着编码、测试、部署的职责，每个环节都有着清晰的边界，不同的角色负责不同的阶段，整体流程按部就班地进行。随着业务的逐渐复杂化，为了适应快速变化的需求，我们引入了敏捷开发，打破了开发与测试的边界，开发人员开始承担起测试的职责。而 DevOps 在这方面更进了一步，在 DevOps 中，开发、测试、运维不再割裂开来，测试人员与运维人员专注于自动化测试部署的流程与工具建设，为开发人员提供持续交付的能力，而开发人员则承担了编码、测试、部署的职责，并负责主导项目的进程，交付速度也由此得到成倍提升。在 DevSecOps 中，安全工程师不再是独立于流程之外的审计师，而是将能力赋能于开发，制定高层安全策略，提供自动化工具以识别架构、代码、配置与运行时的风险，并提供改进与恢复措施。开发人员作为整个流程的主导者，职责也再次扩大。

职责的改变意味着安全不再只是安全工程师的职责，安全事件也不再由安全兜底，而是责任共担，成为每个成员的责任。开发人员需要承担起实施安全策略的责任，而安全工程师则专注于设计流程与提供自动化工具，通过在上层定制安全策略将安全融入整个DevOps 流程中。

（2）流程

DevSecOps 主张将安全融入 CI/CD 的各个环节，以低侵入的方式覆盖全流程，以适应 DevOps 的快速迭代。在流程的设计上，我们总结了四个关键要素：安全左移、安全右移、默认安全、安全编排自动化与响应（Security Orchestration，Automation and Response，SOAR）。DevSecOps 融入 CI/CD 各环节的示意图如图 4-53 所示。

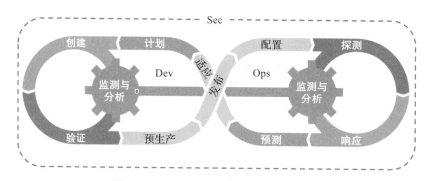

图 4-53 DevSecOps 融入 CI/CD 各环节

- **安全左移**。在研发周期中，安全问题左移一个研发阶段，修复成本就会提升十倍。从研发角度来看，在编码阶段修复一个安全漏洞可能只需要修改一行代码，而上线后就需要经过定位、修复、验证、灰度等多个阶段，这就造成了秒级与天级的时间差距。而安全左移的原则就是尽可能地在早期覆盖安全检查。如果能在编码阶段进行白盒扫描，就不要等到上线前；如果能在测试环境进行黑盒扫描，就不要拖到上线后。

- **安全右移**。所谓安全右移，实际是为了做到恰到好处的安全。从 DevOps 实践中我们可以看出，可以允许代码存在非致命瑕疵，在线上发现问题并快速迭代修复，这可以极大地提升迭代的效率。安全也是一样，安全右移，意味着针对非严重安全问题，不一定要阻塞迭代，而是可以将部分安全能力后置到线上，通过监视、观察、分析日志数据快速发现和修复问题，换句话说，线上防御手段可以使开发人员无须过多关注部分安全问题。由此可见，右移的初衷仍然是为了降低成本。

- **默认安全**。默认安全的应用，降低了开发人员对安全组件、学习组件配置及使用组件进行选型而产生的成本，可以使用默认安全配置的底层产品（虚拟主机、容器、数据库、中间件等基础产品）、安全框架、统一登录认证、KMS、WAF、RASP 和零信任网络等服务来避免过多地关注常见的安全问题，防止开发人员犯下低级错误，即实现所谓的"依赖即安全"。随着云原生的普及，基于默认安全的云服务所搭建的系统可以天然避免大部分传统安全问题，这也是云原生 DevSecOps 的优势之一。

- **安全编排自动化与响应**。2017 年，Gartner 统一了编排、事件响应、威胁情报平台，提出了安全编排自动化与响应的概念，将其作为连接各环节的桥梁。借此，安全工程师能够从全局视角观察 DevOps 流程，动态调整策略，解决新发现的安全问题，引导开发人员进行快速修复，以自动化形式加速 DevSecOps 的轮转周期，提升安全问题收敛效率。

（3）技术

要实践 DevSecOps，只有流程是远远不够的，还需要技术支撑。这其中的关键就是构建自动化的安全检测与防御工具链，而工具的自动化程度、误报率、漏报率都影响着整体流程的效率甚至是可行性。在工具的设计与实现中，我们应该充分考虑流程嵌入的场景，如果误报率高或者自动化效率不足，则应考虑旁路接入，防止阻塞流程。接下来，我们将介绍 DevSecOps 会用到的典型技术。

正如前文所述，DevSecOps 的技术核心是建设自动化的安全检测与防御工具链。这里我们以最典型的工具为例，介绍 DevSecOps 流程中会用到的安全技术以及在实践中需要注意的关键指标。

- **SAST（Static Application Security Testing，静态应用程序安全测试）**。SAST 即白盒扫描，通过污点跟踪对源代码或二进制程序进行静态扫描。白盒扫描的优点在于可以无视环境随时进行，覆盖漏洞类型全面，且可以精确定位到代码段。但缺点也同样明显，由于路径爆炸问题，白盒在路径处理上并不一定与实际情况相符，且误报率较高。这也使得在应用白盒扫描时，需要精选规则，高危优先，否则将严重阻塞交付流程。同时，白盒扫描应尽可能地前置，在代码提交前甚至 IDE 编写时就实时发起增量扫描，扫描控制在数分钟甚至数秒内完成。

- **DAST（Dynamic Application Security Testing，动态应用程序安全测试）**。DAST 即黑盒扫描，通过默认人的行为直接对系统发起请求，在请求过程中通过污染入参进行模糊测试，然后通过系统返回信息或者侧信道方式判断是否存在安全问题。相比 SAST，DAST 有着极低的误报率，且与代码语言无关，不需要针对代码做适配研发。但 DAST 也有缺点，主要体现在它难以覆盖复杂的交互场景，且扫描过程会对业务造成较大干扰，产生大量的报错和脏数据，使得研发测试难以进行。因此 DAST 往往基于测试流量进行被动扫描，以覆盖所有逻辑，且扫描在低峰期进行，以减少对业务的干扰。

❑ IAST（Interactive Application Security Testing，**交互式应用程序安全测试**）。由于 SAST 与 DAST 均有着无法克服的缺点，因此 IAST 应运而生，这也是目前契合 DevSecOps 理念的检测工具。作为一种全新的测试工具，IAST 将 SAST 和 DAST 相互结合，通过插桩等手段在运行时进行污点跟踪，进而精确发现安全问题。如果在被动模式下运行 IAST，那么在开发测试过程中就可以完成安全扫描，不会像 DAST 一样可能导致业务告警进而干扰测试。同时，由于基于污点跟踪检测模式，因此 IAST 可以像 SAST 一样准确定位到问题点。由于准确率高且误报率低，因此越来越多的企业逐渐采用 IAST，并将其嵌入到 DevOps 流程中。

❑ SCA（Software Composition Analysis，**软件成分分析**）。对于软件开发而言，代码复用是基本的原则之一。大量三方组件的应用也使得软件供应链问题日渐成为系统的安全短板，而使用含有已知漏洞的组件也一直是 OWASP 排行前十的安全问题之一。SCA 就是在这个背景下产生的。SCA 通过分析三方组件版本并与漏洞库做对比，及时发现存在漏洞的依赖组件。同时，借助 SCA 积累的供应链资产，系统也能在应急时快速定位，推动业务快速修复。

❑ RASP（Runtime Application Self-Protection，**运行时应用程序自我保护**）。RASP 其实可以看作 IAST 的孪生兄弟，IAST 可以通过深入观察系统运行时的内部状态发现安全问题，而 RASP 则是通过程序上下文和敏感函数检测攻击行为来阻止攻击，实现运行时应用程序的自我保护。与 IAST 相同，RASP 同样也需要对应用进行插桩操作，这不可避免地会带来稳定性风险，并影响系统性能，因此在使用时应遵循低侵入的原则，只对高风险行为进行拦截。

3. 云原生安全可信

（1）可信计算技术

可信计算（Trusted Computing，TC）是一项由 TCG（Trusted Computing Group，可信计算组织）推动和开发的技术。可信计算的核心目标之一是保证系统和应用的完整性，从而确定系统或软件运行在设计目标期望时的可信状态。

以阿里云云服务器 ECS（Elastic Compute Service，弹性计算服务）可信虚拟机可信为例，可信就是在每个云服务器实例启动时检测 UEFI（Unified Extensible Firmware Interface，统一可扩展固件接口）及操作系统的完整性和正确性，保障使用云服务器时虚拟硬件固件配置和操作系统没有被篡改过，所有系统的安全措施和设置都不会被绕过；在启动后，对用户指定的关键应用进行实时监控，若发现应用被篡改就立即采取止损措施。

具体来说，可信计算技术在如下几个方面对安全进行了提升。

- ❑ 操作系统安全升级，如防范在 UEFI 中插入 rootkit、在操作系统中插入 rootkit，以及病毒和攻击驱动注入等。
- ❑ 应用完整性保障，如防范在应用中插入木马。
- ❑ 安全策略强制实现，如防范安全策略被绕过或篡改、强制应用只能在特定的计算设备上使用、强制数据只能进行某几种操作等。

可信主要是通过度量和验证的技术手段来实现，度量就是采集所检测的软件或系统的状态，验证则是比对度量的结果和参考值是否一致，如果一致则表示验证通过，反之则表示验证失败。

度量分为静态度量和动态度量两种。静态度量通常是指在系统启动时对启动链中各环节的度量。度量是逐级进行的，通常是先启动的软件对后一级启动的软件进行度量。度量值验证成功标志着可信链从前一级软件向后一级的成功传递。以操作系统启动为例，可信操作系统启动时要基于硬件的可信启动链，对启动链上的 UEFI、loader、OS 的 image 进行静态度量，静态度量的结果通过云上的可信管理服务来进行验证，以判断系统是否有被改动过。

（2）加密计算技术

在传统可信计算的基础上引入加密计算技术，可以通过运行时可信执行环境进一步解决运行时关键代码与数据的保护问题。

从数据安全的角度看，数据的生命周期可以分为三种不同的状态：存储中、传输中、使用中。目前已经有很多种被证明行之有效的技术来保护第一种和第二种状态，例如加密存储、TLS 的安全传输等。但长期以来一直缺少安全可靠的技术来保护第三种场景，数据在运行时可能会受到威胁。

加密计算技术通过硬件加密运算指令建立可信任的执行环境（Trusted Execution Environment，TEE），以保护处于运算中的数据及代码。这种新技术的诞生使数据的三种状态形成一个安全闭环，从根本上解决了数据安全的问题。处理器的数据安全能力可以彻底隔绝"非信任"的恶意代码甚至硬件设备的攻击，从而有效杜绝黑客现存的攻击手段，并提供安全的信任基础。只有处理器授权的代码才能在 TEE 环境中得到执行和访问数据，且无法从 TEE 之外进行读取和修改。

SGX (Software Guard Extensions，软件保护扩展) 是 Intel 公司推出的一组安全指令级扩展，以处理器安全为基础保障，提供加密的执行环境。SGX 指令的访问控制机制可以实现不同程序间的隔离运行，从而保障代码和数据不受恶意软件破坏。图 4-54 展示了 SGX 技术的概念。SGX 提供了处理器保障的加密执行环境，即使拥有操作系统最高特权级别，也无法访问和篡改其他程序运行时的保护内容。同时，基于指令集的扩展与独立的认证方式，应用程序可以灵活调用这一安全功能，并实现远端的信任验证。

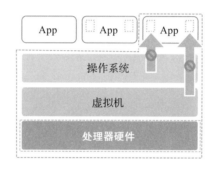

图 4-54　SGX 技术概念图

阿里云已经于 2018 年正式推出了支持加密计算技术的裸金属服务器，之后还推出了支持可信计算的 ACK 容器和端到端全链路加密的数据库服务。

4.13　本章小结

云原生所覆盖的领域与技术方向几乎影响着整个企业研发体系的方方面面，不同的阶段、不同的业务场景都有相应的技术及解决方案。那么，在实际的技术选型过程中，应该如何选择最符合我们业务需求的技术进行组合，并最大程度释放技术红利呢？这些将在后续章节详细讲解。

阿里巴巴云原生架构设计

如今，在技术架构设计领域有很多不同的规范体系，例如国际开放组织（The Open Group）提出的 TOGAF（The Open Group Architecture Framework，开放组体系结构框架）、Zachman 框架、IEEE 1471 软件体系架构标准、ISO 42010 系统和软件工程之架构描述等。这些规范体系从软件架构的定义、设计等不同角度，帮助软件行业提升了架构设计的规范性和工作效率，并总结了大量的工程实践方法，以避免在架构设计过程中因过于注重局部技术问题，而忽视架构本身与企业整体的关系，从而帮助架构师从整个企业的角度实现更高的投入产出比。

以国内具有较大影响力的 TOGAF 9 为例，该标准从企业架构框架的角度，为企业提供了规划、设计、实施、管理企业信息技术架构的方法，其核心模块分为四个部分，即 TOGAF 架构开发方法（TOGAF Architecture Development Method）、TOGAF 内容框架（TOGAF Content Framework）、TOGAF 能力框架（TOGAF Capability Framework）、TOGAF 企业连续体和工具（TOGAF Enterprise Continuum and Tools）。其中，TOGAF 架构开发方法是描述开发和管理企业体系结构生命周期的方法，可根据企业需求进行定制，帮助企业实现满足组织业务和信息技术需求的企业架构。这些通用的方法，不仅适用于传统软件架构，也适用于采用云计算的软件架构，包括云原生架构。

但是，有一点需要注意，包括 AWS、阿里云、微软等在内的云计算服务公司，都没有完全按照这些软件架构标准来构建其云服务的软件架构体系。这完全不是出于偶然，因为这些公司充分意识到，基于云计算的软件架构应该是一种适用于非中心化组织的软件架构，而不是传统的基于中心化组织的软件架构。所以，传统的软件架构标准对于云原生架构而言，需要进一步定制和裁剪，才能更好地发挥价值。这也是本章所讲的软件架构设计模式会有传统软件架构设计方法用到的利益关注点，但是在具体设计方法上又有所不同的原因。

更值得重点关注的是，云平台其实就是大家平常提到的"技术中台"，而且是在技术、产品、服务、安全等各方面都更成熟的一个中台。使用云平台的各业务单元的技术人员，不再受到公司主流架构和主流技术栈的限制，也就是说，没有了中心架构组织（不管是实体的还是虚拟的）在技术上的限制。在这种没有中心的技术组织中，各业务单元的技术人员拥有充分的技术选择权，完全可以根据自己的能力情况和业务架构的技术特点，在云平台中选取最适合自己的云服务，并用最适合的语言来实现业务的快速开发。

这样的模式对于小公司来说意义不大，但是对于中大型（特别是超大型）组织来说却意义非凡。因为该模式可以让企业在统一技术规范及治理与快速业务迭代之间找到一个更好的平衡点：一方面可以通过大量的可观测性数据，从每次调用链路的依赖和 SLO 细节中查看业务的实际运行情况与架构控制目标之间的差距；另一方面又为业务单元提供了灵活的技术选择权，使其不再受限于"技术平台制约业务""平台更新发布慢"等。

5.1 云原生架构的四个不同成熟阶段

软件能力成熟度模型（Capability Maturity Model for Software，CMM），作为一种评估软件实施能力和帮助企业改善软件质量的方法，对于软件企业在软件的定义、实施、度量、控制和改善等各个阶段的管理工作都进行了详细描述。1987 年，美国的卡内基梅隆大学受美国国防部的委托，对软件行业提出的软件过程成熟度模型，随后成为国际上各软件企业都接受并推崇的软件评估标准。CMM 包含初始级、可重复级、定义级、管理级和优化级 5 个级别，共计 18 个过程域、52 个目标，以及 300 多个关键实践。

相对 CMM 而言，云原生架构的目标更简单，主要是帮助企业改善软件的架构，使其能够快速、有效地享用云计算提供的各种服务，提升软件的交付效率，降低软件的整体成本，提高软件的交付质量。在这个框架下，很多基础的软硬件环境等都由云厂商提供，且它们提供的云服务往往都包含业界最佳实践的产品及解决方案。云厂商所具备的大量行业属性的文档也可以作为模板供企业参考，以便企业能够更好地梳理相关流程，实施这些云服务。

因此，可以用更简单和更便于操作的方式对云原生架构进行成熟度的定级，如表 5-1 所示。

表 5-1　ACNA-T0：云原生架构成熟度的四个阶段

成熟度级别	描　　述
零级	通常是指还没有使用云计算的架构模式，将这种情况单独定义为一个级别，是为了区分云计算是否已成为被评估目标的运行环境
基础级	通常是指还处于初步上云和云原生架构设计的阶段，采用了一些维度的云原生架构，但每个维度尚处于初级或中级的阶段。比如，初步采用了微服务架构，并通过符合 OpenTelemetry 规范的可观测产品（如 Prometheus）建立了端到端可观测性的软件架构
发展级	通常是指已经稳定地把应用托管到了云上，对应用的软件架构进行了深度云原生化的设计，较多地采用了各个维度的云原生架构，甚至在少量维度上已经有处于高级阶段的设计。比如，在微服务架构中应用存储计算分离模式、EDA（Electronic Design Automation，电子设计自动化）模式，并对无状态的微服务应用 Serverless 模式的软件架构
成熟级	通常是指已经深刻理解了云计算的技术特点，整个应用的架构体系和流水线都是基于云计算构建的，且云原生架构的各个维度都处于中级以上的阶段。但比较遗憾的是，目前处于这个级别的软件架构还很少

5.2　ACNA 的概念

阿里巴巴为大量各行各业的企业客户提供了基于阿里云服务的解决方案和最佳实践，以帮助企业完成数字化转型，并积累了大量经验和教训。阿里巴巴将企业的核心关注点、企业组织与 IT 文化、工程实施能力等多个方面与架构技术相结合，形成了阿里巴巴独有的云原生架构设计方法——ACNA（Alibaba Cloud Native Architecting）。

（1）ACNA 的作用与目的

1）提升研发团队的能力，实现成本、进度计划、功能和质量等目标。

2）指导研发团队控制研发和运维过程，优化 IT 组织结构并打造更加高效的软件工程流程机制。

3）引导研发团队，在确定云原生架构的成熟度以及定位云原生化方面关键问题的过程中选择改进策略。

（2）ACNA 的实现步骤

1）确定企业当前所处的云原生架构成熟度级别。

2）了解会对改进生产质量和优化过程起关键作用的因素。

3）将工作重点集中在有限的几个关键目标上，从而有效达到优化现有研发流程的效果，进而持续改进产品。

ACNA 是一个 "4+1" 的架构设计流程，其中，"4" 代表架构设计的关键视角，包括企业战略视角（ACNA-S1）、业务发展视角（ACNA-S2）、组织能力视角（ACNA-S3）和云原生技术架构视角（ACNA-S4）；"1"表示云原生架构的架构持续演进闭环（ACNA-S5）。4个关键视角和1个闭环的关系（命名为ACNA-G1）如图5-1所示。

ACNA除了是一种架构设计方法，还包含对云原生架构的评估体系、成熟度衡量体系、行业应用最佳实践、技术和产品体系、架构原则、实施指导等。本书的其他章节将分别详细讲解云原生的技术和产品体系、架构原则、最佳实践等方面，这里主要介绍云原生架构的成熟度衡量体系和实施指导两个方面。

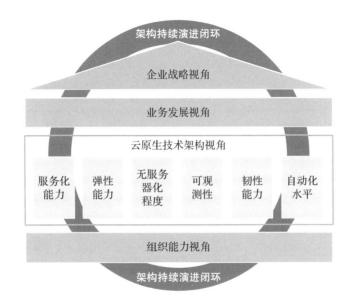

图 5-1　ACNA-G1：ACNA 架构设计流程关系示意图

5.2.1　ACNA-S1：企业战略视角

任何架构都必须服务于企业战略，云原生架构也不例外！与以往架构的升级有所不同，云原生架构的升级不仅是技术的升级，更是对企业核心业务生产流程（即通过软件开发和运营构建数字化业务）的一次重构，云原生架构升级的意义，如同工业时代用更自动化的流水线替换手工作坊一样深刻。

企业必须清楚业务战略与云 IT 战略之间的关系，即云 IT 战略只是对业务战略进行必要的技术支撑，还是云 IT 战略本身也是业务战略的一部分。通常，高科技公司会对云计算提出更高的需求，比如，通过大量使用云厂商提供的 AI 技术为用户提供智能化的用户体验，以及使用 IoT（物联网）和音视频技术为用户建立更广泛、生动的连接。

实际上，在数字化转型的今天，越来越多的企业认为云 IT 战略应该在企业业务战略中扮演技术赋能业务创新的重要角色，云 IT 已经变成了"Cloud First"，甚至"Cloud Only"，只是在全部采用公有云还是采用混合云的策略上存在一些差别。基于云 IT 战略，云原生架构可以帮助企业实现泛在接入技术，构建数字化生态系统，还可以从技术的角度确保数字化业务的快速迭代，构建面向用户体验管理的数字基础设施，持续优化 IT 成本，降低业务风险。

5.2.2　ACNA-S2：业务发展视角

阿里巴巴在为企业提供云服务和咨询的过程中发现，数字化业务对技术架构的主要诉求是保证业务连续性、业务快速上线、业务成本控制，以及科技赋能业务创新。业务连续性诉求主要是指数字化业务必须能够为用户持续提供服务，不能因为软硬件故障或 Bug 导致业务不可用，还要能够防止黑客攻击、数据中心不可用、自然灾害等意外事故发生。此外，当业务规模快速增长时，软硬件资源的购买和部署一定要及时，以便企业能够更好地拓展新用户。

市场瞬息万变，相较于传统业务，数字化业务具有更灵活的特性，这就要求企业具备更快的"业务到市场"的能力，包括新业务快速构建、现有业务快速更新等。云原生架构能够深刻理解企业对这些能力的诉求，并在产品、工具、流程等多个层面进行不同程度的处理。需要注意的是，这些诉求同时对组织结构带来新的要求，可能会要求应用进行彻底重构（比如微服务化）。

云计算必须为企业释放成本红利，帮助企业从原来的 CaPex 模式转变为 OpEx 模式，即不用事先购买大批软硬件资源，而是用多少支付多少；同时，大量采用云原生架构也会降低企业的开发和运维成本。有数据显示，通过容器平台技术可使运维支出成本降低 30%。

传统模式下，如果要使用高科技赋能业务，则会经历一个冗长的选型、POC、试点和推广的过程，而如果选择使用云厂商和第三方提供的云服务，则可以更快速地应用新技术进行创新。因为这些云服务具备更快的连接速度和更低的试错成本，且在不同技术的集成上具备统一平台和统一技术依赖的优势。

5.2.3　ACNA-S3：组织能力视角

云原生架构升级是对企业的整个 IT 架构的彻底升级，每个组织在进行云原生架构升级时，必须根据企业自身的情况量体裁衣，其中，组织能力和技术栈处于同等重要的地位。云原生架构涉及的架构升级对企业中的开发、测试和运维等相关人员都带来了巨大的影响，技术架构的升级和实现需要企业中相关组织的积极参与和配合。特别是在架构持续演进的过程中，需要类似"架构治理委员会"这样的组织负责云原生的规划和落地，并不断检查和评估架构设计与执行之间是否存在偏差。

此外，云原生架构的设计还需要考虑组织结构的改变。前面提到一个非常重要的云原生架构原则就是服务化（包括微服务、小服务等），这个领域的一个典型原则就是康威定律，要求企业的技术架构与沟通架构必须保持一致，否则会导致畸形的服务化架构，甚至导致组织沟通成本上升和"扯皮"现象增多的问题。

企业需要考虑的另外一个很重要的问题就是，企业接受改变的程度如何，或者说，企业能够快速进行组织结构调整，并保持业务稳定性的能力如何。云原生架构升级要求大量的企业 IT 人员也进行技术体系的升级和岗位职能的重新设计，这势必导致原本处于稳定和舒适区的技术领导者和底层员工必须破而再立，所以组织改变的风险不得不慎重考虑。

5.2.4　ACNA-S4：云原生技术架构视角

从技术架构的维度看，ACNA 认为架构维度包含七个重要的领域，具体说明如下。

（1）服务化能力

用微服务或小服务构建业务，分离大块业务中具备不同业务迭代周期的模块，业务以标准化 API 等方式对模块进行集成和编排；服务间采用事件驱动的方式集成，减少相互依赖；通过可度量建设不断提升服务的 SLA（Service Level Agreement，服务等级协议）能力。

（2）弹性能力

利用云资源的特性，根据业务峰值和资源负载情况来自动扩充或收缩系统的规模，业务不再需要进行容量评估、按量付费。

（3）无服务器化程度

在业务中，应尽量使用云服务，而不是自己持有第三方服务，特别是自己维护开源软件的模式；应用的设计应尽量变换成无状态模式，把有状态的部分保存到云服务中。进一步采用 Serverless 技术体系重构应用运行时，让软件的底层运维逐渐"消失"。

（4）可观测性

IT 设施需要得到持续治理，任何 IT 设施中的软硬件发生错误后都要具备快速修复的能力，以避免影响业务，这就需要系统具备全面的可观测性，内容涉及对传统的日志方式、监控、APM、链路跟踪、服务质量（Quality of Service，QoS）度量等多个方面。

（5）韧性能力

韧性能力除了包括服务化中常用的熔断、限流、降级、自动重试、背压等特性之外，还包括高可用、容灾、异步化等特性。

（6）自动化水平

关注开发、测试和运维三个过程的敏捷性，推荐使用容器技术自动化软件构建过程、使用 OAM 标准化软件交付过程、使用 IaC（Infrastructure as Code，基础设施即代码）和 GitOps 等自动化 CI/CD 流水线和运维过程。

（7）安全能力

关注业务的数字化安全，在利用云服务加固业务运行环境的同时，采用安全软件生命周期开发，使应用符合 ISO 27001、PCI/DSS、等级保护等安全要求。安全能力是基础维度，要求在架构评测中关注，但它不会参与评分。

5.2.5　ACNA-S5：架构持续演进闭环

云原生架构演进是一个不断迭代的过程，每一次迭代都要经历从企业战略、业务诉求到架构设计与实施这样一个完整的闭环，整体关系（命名为 ACNA-G2）如图 5-2 所示。

下面就来详细介绍架构持续演进闭环的关键输入和实现过程。

1. 关键输入

1）企业战略视角（ACNA-S1）：包括数字化战略诉求、技术战略（特别是云战略）诉求、企业架构诉求等，建议量化描述创新效率提升百分比、IT 成本降低值、风险成本降低值等。

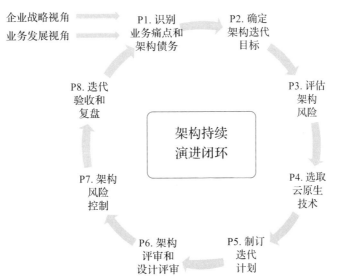

图 5-2　ACNA-G2：架构持续演进闭环

2）业务发展视角（ACNA-S2）：包括新业务（特别是数字化业务）的技术诉求、BI/AI（商业智能 / 人工智能）诉求、IoT（物联网）诉求、用户体验诉求等，建议量化描述业务迭代速度提升值、用户体验改善百分比、业务开发效率提升百分比等。

2. 关键过程

1）识别业务痛点和架构债务（ACNA-S5-P1）：明确并量化业务痛点（比如，云上云下一套部署、端到端的可观测性等）；技术债务依据各企业的具体情况而有所不同，通常包含容器化改造、CI/CD 完善、微服务改造、老应用下线、遗留系统集成方案、非 x86 架构的转移等。

2）确定架构迭代目标（ACNA-S5-P2）：建议每次迭代不超过 1 年，并通过 OKR（Objective and Key Result，目标与关键成果法）的方式，在目标中描述本次迭代的业务目标，在关键成果中量化业务价值和技术价值。注意，在确定迭代目标的时候，要充分识别架构升级的利益相关者（Stakeholder）及其价值诉求，避免出现项目很成功但是得不到业务方认同的情况。

3）评估架构风险（ACNA-S5-P3）：风险和价值往往是一对矛盾体，不要因为风险大而不做云原生架构升级，也不要因为迫切升级而忽视风险，建议在风险和价值间获得平衡。P3阶段的重点是识别风险类别和风险点，它们会根据企业所在行业和企业自身特性的不同而不同。风险类别通常包括组织风险、市场风险、技术风险、设计实现风险、实施落地风险、运维风险、IT 文化风险、财务风险、数据风险、合规风险等。

4）选取云原生技术（ACNA-S5-P4）：P4 阶段需要从云原生技术栈（ACNA-T5，参考5.4.1 节）中选取在本次迭代中需要采用的云原生技术，也需要把采用该技术可能造成的风险和带来的价值放在首位考虑。

5）制订迭代计划（ACNA-S5-P5）：P5 阶段需要充分考虑是否每个里程碑都能够得到各参与方的认同，一定要避免先闭门开发然后期望产出一个高价值产品的情况，因为像云原生架构升级这样的项目，需要与各参与方深度合作，且在执行过程中很可能出现改变计划和目标的情况。

6）架构评审和设计评审（ACNA-S5-P6）：P6 阶段作为改变企业整个生产流水线的重要架构升级，需要在技术上进行架构评审和重要设计评审，让重要设计在各参与方之间得到认同，这也是减少整体风险的重要手段。

7）架构风险控制（ACNA-S5-P7）：在 P3 阶段确定了风险点之后，就需要马上设定这些风险的监控方法和预警阈值，并在架构升级的过程中不断监控这些阈值的变化情况，做到实时风险评估和预警。整体而言，在整个实施过程中，企业需要建立"识别—监控—评估—预警—改进"的风控闭环。

8）迭代验收和复盘（ACNA-S5-P8）：为了让云原生架构升级的下一个迭代取得成功，即使本次迭代已经成功验收，也需要团队客观、深入地对本次迭代的得失进行复盘，特别是在组织能力、项目和产品的管理能力等软技能。

5.3 云原生架构成熟度模型

云原生架构成熟度模型是一种能够帮助企业找到当前软件架构与成熟的云原生架构之间的差距，从而在后续的架构优化迭代中进行针对性改善的评估模型。ACNA 参考 CMM（Capability Maturity Model，能力成熟度模型）的定义，从主要的架构维度定义了云原生架构的成熟度模型。我们需要注意到，ACNA 的云原生架构成熟度评估模型不会帮助企业从通用技术架构、应用架构或信息架构的维度进行评估，因此它并没有帮助实施者梳理架构的核心利益相关者和架构交付合同。同时，评估模型本身也没有对团队核心人员技能以及组织的流程、文化和流水线建设进行评估，而是从基于云的现代化应用这一特定的软件技术架构进行评估。虽然这样的评估范围相对较小，但是更专业，可操作性更强。

此外，ACNA 云原生架构成熟度模型的评估对象不是企业或架构实施人员，而是某个具体软件所采用的架构。因此，对于一个企业而言，可能部分软件的评估结果是零级（初始级），部分软件的评估结果是中级（发展级），这完全取决于每个软件自身的架构情况。

5.3.1 6 个评估维度

ACNA 云原生架构设计共包含 6 个关键架构维度（Service + Elasticity + Serverless + Observability + Resilience + Automation，简写为 SESORA），在此我们先定义关键维度的成熟度级别，如图 5-3 所示（命名为 ACNA-T1）。

结合云原生架构的四个不同成熟阶段，我们定义了整个架构的成熟度模型，如图 5-4 所示。

指标维度	ACNA-1 （0分）	ACNA-2 （1分）	ACNA-3 （2分）	ACNA-4 （3分）
服务化能力 （Service）	无 （单体应用）	部分服务化 & 缺乏治理 （自持技术，初步服务化）	全部服务化 & 有治理体系 （自持技术，具备治理能力）	Mesh 化的服务体系 （云技术，治理最佳实践）
弹性能力 （Elasticity）	全人工扩缩容 （固定容量）	半闭环 （监控 + 人工扩缩容）	非全云方式闭环 （监控 + 代码伸缩， 百节点规模）	基于云全闭环 （基于流量等多策略，万 节点规模）
无服务器化 程度 （Serverless）	未采用 BaaS	无状态计算委托给云 （计算、网络、大数据等）	有状态存储委托给云 （数据库、文件、 对象存储等）	全无服务器方式运行 （Serverless/ FaaS 运行全部代码）
可观测性 （Observability）	无	性能优化 & 错误处理 （日志分析、应用级 监控、APM）	360 度 SLA 度量 （链路级 Tracing、 Metrics 度量）	用户体验持续优化 （用观测大数据提升业务 体验）
韧性能力 （Resilience）	无	十分钟级切流 （主备 HA、集群 HA、 冷备容灾）	分钟级切流 （熔断、限流、降级、 多活容灾等）	秒级切流、业务无感 （Serverless、Service Mesh 等）
自动化水平 （Automation）	无	基于容器的自动化 （基于容器做 CI/CD）	具备自描述能力的自动化 （提升软件交付自动化）	基于 AI 的自动化 （自动化软件交付和运维）

图 5-3 ACNA-T1：云原生架构成熟度模型：关键指标维度

云原生架构 成熟度	零级	基础级	发展级	成熟级
级别和定义	完全传统架构 （未使用云计算或者 云的技术能力）	≤10分	11～15分 且无ACNA-1级	≥16分 且无ACNA-2级

第一步：根据SESORA对6个维度分别评分并汇总
第二步：根据分值分段获得评级结果

图 5-4 云原生架构成熟度模型

5.3.2 评估模型的实施指导和工作表

评估模型实施指导的整个工作流程（命名为 ACNA-T2）如表 5-2 所示。

表 5-2 ACNA-T2：云原生架构评估模型实施指导的工作流程

步骤	相关人员	工作内容	产 出
P0	架构评估人员 评估项目负责人	与评估项目负责人一起选择待评估软件，确定评估参与人员，制定评估计划	《评估计划》
P1	架构评估人员 软件架构师 核心开发人员 测试负责人 运维负责人	根据云原生架构评估的 6 个维度，由架构评估人员对其他参与人员发起架构访谈，主要是获得架构设计、开发、测试、运维领域的主要设计模式，以及架构模式的应用情况，并获取量化成果	《架构模式》 《架构量化成果》
P2	架构评估人员	参考云厂商的技术和服务能力，分析所获得的架构模式及量化成果，产出架构应用报告，并与评估项目负责人共同发起对云原生架构应用报告的评审	《架构应用报告》 《报告评审结果》
P3	架构评估人员	参考后面的评估维度和各维度标准，逐一进行能力评估，产出云原生架构成熟度评估结果	《成熟度评估表》
P4	架构评估人员	根据架构应用报告和当前成熟度评估结果，结合访谈中获得的各利益相关者的期望，给出架构发展建议	《架构发展建议》

为了统一 ACNA 评估模型的产出，我们给出了统一的《云原生架构评估表》（命名为 ACNA-T3），以让用户对结果有一致的认知，如表 5-3 所示。

表 5-3 ACNA-T3：云原生架构评估表

ACNA 云原生架构评估表			
被评估软件			
评估时间			
架构评估人员			
成熟度级别			
发展建议			
SESORA 维度	采用的技术和模式	评估得分	得分依据
服务化能力			
弹性能力			
无服务器化程度			
可观测性			
韧性能力			
自动化水平			

5.3.3　服务化能力的评估

服务化能力的评估（命名为 ACNA-T4-1）如表 5-4 所示。

表 5-4　ACNA-T4-1：服务化能力评估表

项　目	说　明
"服务化能力"的意义	本评估维度根据软件是否采用了"基于微服务 / 小服务 / 宏服务等服务架构模式"进行架构设计和分布式组件划分、是否以 API 架构定义组件之间的契约和复用，以及应采用什么样的服务治理体系来管理大规模的服务
识别的主要技术和模式	• 服务化架构：微服务、小服务、宏服务 • 服务治理框架：Spring Cloud、Dubbo、Istio 等 • 微服务网关、无侵入式微服务架构、服务注册、CQRS（Command Query Responsibility Segregation，命令查询职责分离）、事件驱动、每个服务拥有一个独立的数据库、流量染色和控制、零信任安全、容器化
ACNA-1 评估依据	被评估软件没有采用任何服务化架构，通常是单体应用
ACNA-2 评估依据	被评估软件通常具备如下特征。 • 采用了服务化架构 • 有服务注册机制 • 采用了 HTTP 等标准化协议，但是缺乏 IDL（Interactive Data Language，交互式数据语言）机制来规范服务间的契约 • 采用了负载均衡器或者软负载机制协同服务流量，未采用流量染色打标机制控制动态流量 • 未采用每个服务一个独立数据库的模式，存在大颗粒度的数据影响 • 未采用微服务网关等控制入口流量的策略
ACNA-3 评估依据	在 ACNA-2 的基础上，被评估软件通常具备如下特征。 • 采用了 IDL 作为服务间的接口契约 • 采用了流量染色打标机制控制动态流量 • 采用了每个服务一个独立数据库的模式 • 采用了微服务网关等作为流量策略，包括灰度升级
ACNA-4 评估依据	在 ACNA-3 的基础上，被评估软件通常具备如下特征。 • 采用了 CloudEvents 标准作为消息间的接口契约 • 将基于 Istio 和 Envoy 的 Service Mesh 产品作为微服务平台，采用了统一的流量治理中心 • 采用了基于流量染色打标的高级应用，比如，在线压测、按业务维度灰度、高可用、服务分组 / 单元控制、容灾切换、故障自动隔离等
注意事项	评估的核心依据是服务治理能力，这些能力往往不是微服务框架本身所提供的，因为还没有一个微服务框架可以提供完整的微服务治理能力，特别是流量治理能力。比如，在线压测（在生产环境中用真实流量对客户业务进行模拟测试），该能力是工程质量问题快速收敛和有效容量评估的利器，但是对于透明在线压测的开发，由于涉及端到端的流量染色打标、Mock 体系、影子数据处理等复杂技术和工程手段，目前还没有任何开发框架能够提供相关的功能

5.3.4　弹性能力的评估

弹性能力的评估（命名为 ACNA-T4-2）如表 5-5 所示。

表 5-5　ACNA-T4-2：弹性能力评估表

项　目	说　明
"弹性能力"的意义	弹性能力实际上已成为现代化应用的首要特征，它不仅是应用应对海量突发业务流量的技术能力，也是构建更高可用和更低成本应用的重要能力
识别的主要技术和模式	评估时主要关注如何识别资源峰值，自动扩容还是手动扩容，以及可应对多大规模的集群弹性能力
ACNA-1评估依据	完全没有弹性，当业务规模扩大时，需要重新进行系统扩容，甚至重新进行系统设计和升级
ACNA-2评估依据	不仅要对系统资源使用情况进行监控（比如峰值时 CPU 的使用情况），还要对业务 TPS/ 吞吐率等进行监控。通过分析监控结果，可帮助企业判断系统是否达到资源上限、是否需要人工将新机器部署到现有集群，整个过程无须重新进行系统设计和升级
ACNA-3评估依据	•从系统资源监控、业务指标监控到扩容，都是自动完成的 •不仅可以扩容，也可以缩容 •可以自动扩缩容的集群节点规模达到了百节点以上
ACNA-4评估依据	•扩缩容的策略不仅要考虑资源的使用情况和业务指标情况，还要考虑流量染色打标信息，比如，临时对某个地区的业务进行扩容 •分钟级的扩缩容能力可达上万节点的规模，该能力通常需要依托云厂商从虚拟机、容器到应用集群管理的深度优化
注意事项	弹性能力仍然需要基于云计算环境进行评估，即使是 ACNA-2 也是如此

5.3.5　无服务器化程度的评估

无服务器化（Serverless）程度的评估（命名为 ACNA-T4-3）如表 5-6 所示。

表 5-6　ACNA-T4-3：无服务器化程度评估表

项　目	说　明
"Serverless"的意义	无服务器化是一种新兴技术，为现代化应用的运行和运维提供了一种全新的且更经济的模式。虽然目前还处于高速发展阶段，但是未来会有大量应用运行在 Serverless 平台上
识别的主要技术和模式	主要需要识别 BaaS 的使用程度和有状态部分的处理，特别是应用是否采用了计算存储分离和事件驱动的架构模式
ACNA-1评估依据	通常是非云架构，且自有数据中心没有采用云底座
ACNA-2评估依据	这种模式实际上是完全的 re-host 模式（只使用了云厂商的虚拟机、存储、网络等 IaaS 服务），没有使用 PaaS 服务，甚至数据库都是基于虚拟机自行搭建和运维的

（续）

项　目	说　明
ACNA-3 评估依据	除了 IaaS 层以外，大量使用云服务中的 PaaS 来替换原来自建和自持的软件组件（比如，用 RDS 替换自建 MySQL、用 Redis 服务替换开源 Redis 等）。此外，应用还做了计算存储分离，把所有有状态的部分都交给了云服务，解决了有状态的跨可用区的高可用问题及跨地区的容灾问题
ACNA-4 评估依据	在大量使用 BaaS 的基础上，主体应用采用 FaaS 或者 Serverless 化的云服务（比如，阿里云的 SAE 云服务）方式运行，具备极强的弹性能力，而无须关注应用的部署、升级和运维
注意事项	评估时需要识别应用主体是否采用了 Serverless 模式，而不是评估少量非核心模块的应用

5.3.6　可观测性的评估

可观测性的评估（命名为 ACNA-T4-4）如表 5-7 所示。

表 5-7　ACNA-T4-4：可观测性评估表

项　目	说　明
"可观测性" 的意义	完善的可观测性，是现代化应用的另一个典型特征，是让应用整体的运维和 IT 治理从策略驱动变成数据驱动的重要基础
识别的主要 技术和模式	评估时需要从 logging、tracing、metrics、alert、report 五个方面进行评估，评估 IT 流程是否关注性能优化、错误处理、事件处理、故障处理和用户体验改善
ACNA-1 评估依据	通常连应用日志都没有，需要通过使用界面来获知系统是否异常
ACNA-2 评估依据	被评估的应用通常具备如下特征。 • 可通过日志信息获得 IaaS、PaaS、应用的详细运行信息，包括状态值、时延、并发量、容量、异常 / 错误、Inbound/Outbound 调用等 • 在监控上可以获得 IaaS、PaaS 和应用的调用级信息，统计信息，异常信息，以及基于规则配置的主动告警等 • 利用 APM、Profiling 机制对应用性能进行分析和调优
ACNA-3 评估依据	在 ACNA-2 的基础上，被评估的应用通常具备如下特征。 • 日志信息实现了对应用的全覆盖，任何事件或者故障都可以在日志中找到相关信息 • 通过 OpenTracing 机制实现端到端链路的可观测性 • 对任何服务都具备丰富的 metrics 度量指标，包括服务名称、版本、参数值、header 信息、染色标、状态值、时延、异常或错误信息、建连或断连信息、错误率、容量等 • 完整和实时的服务依赖信息
ACNA-4 评估依据	在 ACNA-3 的基础上，可以利用海量的可观测数据来处理大数据。 • 利用可观测数据建立基于 AI/ML（人工智能 / 机器学习）的事件处理机制 • 将 AI/ML 结果反馈到系统的控制层面（特别是流量控制策略组件），以形成更高效的 IT 治理策略 • 可观测数据与主动故障隔离和自动化运维相结合，形成 AIOps 或者 NoOps • 基于可观测数据的全面依赖治理 • 覆盖用户服务的全生命周期，可观测数据能够完全重现用户在系统中的数字化体验旅程

（续）

项　目	说　明
注意事项	可观测性评估的要点：是否全面覆盖了所有技术栈组件。因为缺乏全方位观测的大数据，所以本身很难产生业务价值的，缺乏的数据不仅需要人工干预排查，而且可能会导致 AI/ML 出错，甚至产生误导。 因此，阿里云使用"监控覆盖率"这个指标来衡量软件系统的可监控程度，用"监控发现率"来衡量故障中有事前告警的监控系统的占比

5.3.7　韧性能力的评估

服务化能力的评估（命名为 ACNA-T4-5）如表 5-8 所示。

表 5-8　ACNA-T4-5：韧性能力评估表

项　目	说　明
"韧性能力"的意义	韧性代表了现代化应用在分布式环境下体现出来的持续服务能力，即应用的高可用性、MTBF（Mean Time Between Failure，平均故障间隔时间）、RTO（Recovery Time Objective，恢复时间目标）和 RPO（Recovery Point Objective，恢复点目标）等指标
识别的主要技术和模式	应用架构中通常需要采取多种高可用策略，比如主备模式、N-M 模式、集群模式等；同时需要采用限流、降级、熔断、重试、隔仓、背压、事件驱动、响应式（Reactive）架构、单元化设计、同城双活、异地多活、两地三中心、混沌工程等多种高可用架构模式
ACNA-1 评估依据	没有任何高可用设计，若发生节点故障则会导致业务中断，通常还需要人工来处理
ACNA-2 评估依据	这类应用通常采用了传统的高可用设计模式，包括主备模式、集群模式、N-M 模式、冷备容灾等，其中一些设计还采用了同城双活等容灾模式。 由于传统模式采取的高可用设计模式并不多，因此当集群出现异常时，往往会因为缺乏丰富的韧性策略（比如，通过限流可以避免整个系统出现超负荷而不可用的情况），而需要较长的时间（10 分钟以上）来发现和实施流量切换操作
ACNA-3 评估依据	这类应用采用了更多现代化的设计模式，主要包括限流、降级、熔断、重试、隔仓、背压、事件驱动、响应式架构、单元化设计等模式；这些设计不仅体现在服务上，也体现在所有 BaaS 上。 丰富的韧性策略提升了系统应对故障的能力，增强了高可用能力（比如，基于流量和可观测数据的高可用切换），可以将系统的异常反应能力提升一个数量级，达到分钟级别。此外，混沌工程可以主动模拟各类系统故障，使系统的故障演练实现常态化，提升系统的故障响应能力
ACNA-4 评估依据	ACNA-1~ACNA-3 的各阶段都是沿着高可用和容灾的技术路线不断提升技术能力，而 ACNA-4 则是彻底采用新的架构来升级对韧性问题的解决能力。这些典型的新架构包括 Serverless 架构、Service Mesh 架构等，云厂商通过将韧性设计中的大量架构模式收敛到云服务底层，同时对应用进行实现计算存储分离、事件驱动、响应式架构等设计，可以将故障的高可用处理时间进一步缩短到 10 秒以内
注意事项	评估时，一方面需要考察被评估软件采用的主要技术和架构模式，另一方面需要度量这些技术和架构模式所体现出来的量化韧性指标

5.3.8　自动化能力的评估

自动化能力的评估（命名为 ACNA-T4-6）如表 5-9 所示。

表 5-9　ACNA-T4-6：自动化能力评估表

项　目	说　明
"自动化能力"的意义	在生产流水线、软件交付和运维过程中体现出来的高度自动化能力，是现代化应用的一大特征。要具备这个能力，软件不仅需要采用新的技术和架构，还需要对开发和运维的整个理念进行升级（比如采用 GitOps、DevOps 等），这样才能够通过自动化的方式彻底实现软件的持续集成和持续交付，最终实现软件随时可以安全发布的目标
识别的主要技术和模式	在 SESORA 的 6 个维度中，自动化能力维度是相对难以量化衡量的，我们只能尽量通过主要的技术特征和技术理念（例如，容器化、GitOps、声明式 API、OAM 等）来区分各个阶段
ACNA-1 评估依据	没有自动化能力，整个生产流水线、软件交付和运维都是由参与人员根据手册进行手工操作
ACNA-2 评估依据	利用容器的镜像能力打包整体应用，采用不可变基础设施的理念，结合 Ansible、Terraform 等工具和脚本构建 CI/CD 流水线、软件交付和部署的平台和流程
ACNA-3 评估依据	在 ACNA-1 的基础上，利用 GitOps、OAM、声明式 API 等技术和理念，将开发人员和运维人员的关注点分离，用 YAML 描述应用组成、交付特征、交付和部署目标，所有变更都具备版本化管理和脚本"重现"能力，利用这些理念、脚本和云服务，将软件交付和运维中的核心流程（持续集成、持续交付、服务开通、配置变更、错误处理等）全部自动化
ACNA-4 评估依据	随着大量软件数据的采集和应用（比如，可观测数据的大量采集和分析），整个软件的交付和运维过程也会被 AI/ML 赋能和提效，形成 AI/ML 辅助的软件交付、AIOps、NoOps。比如，软件变更的异常检测除了用 SIT（System Integration Testing，系统集成测试）、UAT（User Acceptance Testing，用户验收测试）、冒烟测试、Liveness Probe（存活探针）和 Readiness Probe（可读性探针）等方法外，对于大量未知的可能故障，还可以通过 AI/ML 技术学习和分析新上线软件的各类用户体验指标、系统运行指标、可观测性指标、资源状态指标等的非正常异动来进行主动发现
注意事项	ACNA-2 相较于 ACNA-1 的提升，不是体现在技术和理念应用上，其主要差异在于自动化能力是否覆盖了交付和运维中的核心流程，新技术和理念的正确应用是提升自动化能力的关键举措

5.4　如何向云原生架构迁移

前面提到过，要想充分利用云的价值，必须采用 re-build 方式重构应用，彻底实现云原生架构。ACNA 架构设计是一套已被验证切实可行的方法，它只有与企业战略和业务发展相关联后才能够在新的技术架构升级中获得 CXO 级别的 Sponsor 支持，并获得各内部业务单元利益相关者的价值认同。结合企业的时间、财务、人力等资源的预算，以及可以承受的风险，ACNA 架构设计可以采用敏捷迭代的方式持续演进。

5.4.1　技术栈迁移评估表

架构迁移中的一项非常重要工作就是正确的技术选型，即在新的云原生技术栈中考虑应选择哪些技术替换原来技术领域中已不再适用的那些技术。CNCF 的 Landscape（https://landscape.cncf.io/）给出了一份技术清单，如图 5-5 所示。

CNCF 的这份 Landscape 是一份很细的清单，在云原生的每个技术领域里都为云原生用户提供了多个选择。但需要注意的是，这份清单中的一些技术还处于早期阶段，同时，还有，一些优秀的国内开源项目（比如，处理分布式事务的 SEATA）并没有出现在 Landscape 中。

对于大多数使用云的企业而言，在云原生架构迁移的过程中，我们建议采用有商业化保障的开源产品和开放标准，因为这些开源技术是成熟可用的，可以让商业化公司（通常是云厂商）来解决从开源到商业化的技术复杂性问题，帮助企业承担所有的风险。

5.4.2　组织和文化的改变

即使企业对于云原生架构有坚定的决心、充分的预算、足够的技术准备，通往云原生的成功之路仍然可能充满艰辛。在这样的情况下，通常小公司和新应用更容易成功，因为它们的历史负担往往更少，云原生架构所带来的技术价值更能够解决它们的痛点，因而显得更有吸引力。相反，在 on-premise 架构中成功运营多年的公司各方面的建设已经很成熟，对云原生架构的短期诉求不强（长期诉求仍然明确），如果遗留系统的迁移成本很高，它们就更不想迁移到云原生架构上。

综上所述，企业要想成功地进行云原生架构迁移，必须同时具备自顶向下的决策力和自底向上的推动力。两种力量合力推动，除了可以解决前面提到的问题之外，更看重的是长期价值，而不是短期的投资回报。云原生架构的演进是一个长期的过程，其主要会受到企业的迁移成本和投资，以及企业对组织文化变革的接受度的影响。不少大型企业在云原生架构迁移的过程中，re-host 和 re-platform 阶段相对较快，因为不用涉及应用改造；但到了 re-build 阶段，由于改造应用的投入与业务迭代的投入是一种争用关系，加上还会涉及成功运行多年的生产流水线、运维体系、研发和运维的生产关系等，因此 re-build 的过程通常显得非常艰难。

云原生架构的决策者们还应意识到，相较于人的改变而言，技术的改变是更简单的。在人们面临新事物的时候，会体现出很强的惯性思维。如果让一组硬件工程师和一组软件工程师去开辟一个全新的业务，前者会有更多的硬件烙印，而后者会有更多的软件痕迹。工程师们在接受云原生及其技术、架构和产品的时候，也需要一个过程。特别需要注意的是，如果一些岗位在新的技术体系中不再存在，或者价值大幅度降低时，决策者们需要特

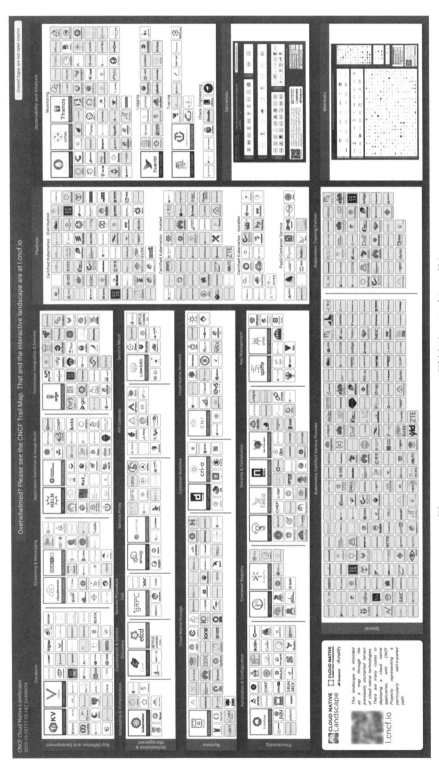

图 5-5　CNCF Landscape（更新于 2020 年 10 月）

别关注，除了必要的知识升级和岗位改造，岗位被淘汰、替换也是一种可能的选项。所以，决策者们需要让新的 IT 组织结构与技术架构相匹配，而工程师们也需要加速学习云原生技术，例如，按业务服务域划分开发、运维等岗位职责，设置 SRE（Site Reliability Engineer，网站可靠性工程师）岗位负责全局可靠性，使开发、运维形成 DevOps 关系，将测试人员升级为全局质量和效能工程师等。

5.4.3　现有产品的迁移路径

对于拥有大量自研（包括基于开源技术研发）产品的企业而言，迁移到云原生架构除了要进行技术选型之外，还需要考虑一件非常重要的事情，那就是如何将这些自研的技术产品迁移到云服务上。比如，不少企业都有基于 Dubbo、Redis、MySQL、RocketMQ、Kafka 等开源产品的应用，一些企业甚至基于这些开源产品开发了封装层或运维工具，以简化企业中技术使用的复杂性，提升运维效率。而迁移到云平台后，这些封装层或运维工具，是否还需要存在呢？如果企业自己还开发了一些产品（比如，内存数据库、RPC 框架、消息中间件、分布式存储访问层），那么又该如何将这些产品迁移到云原生架构呢？

对于这类企业，负责云原生架构迁移的技术决策者或架构师们通常需要在如表 5-10 所示的三种模式中做出选择（命名为 ACNA-T6）。

表 5-10　ACNA-T6：现有产品的迁移路径

模　式	说　　明	适　用　场　合
模式 A： 完全用云服务	将现有技术产品下线，源代码和开发运维流程全部基于云服务重构	模式 A 适用于现有技术产品与云服务在开源 SDK 和开放协议标准两个方面都完全兼容的情况，比如，将自建 RocketMQ 换为云消息服务、将自建 MySQL 换为 RDS 或 PolarDB
模式 B： 开发适配层	在现有技术产品和云服务之间，开发一个适配层，用于屏蔽云服务对现有源代码和开发运维流程带来的差异	模式 B 适用于现有技术产品无法与开源 SDK 或开放标准兼容，但可以开发一个成本不高、性能影响不大的适配层的情况
模式 C： 不用云服务	保留现有技术产品，而不是用云服务替换	模式 C 适用于现有技术产品完全属于自研，而开发适配层在技术上完全不可行，或者成本非常高的情况

5.4.4　项目实施关键点

在项目的实施阶段，从项目管理的角度看，云原生架构迁移和其他技术改造项目并没有本质上的不同。云平台是一个 7×24 小时都可用的基础设施，降低了项目的依赖管理复杂度，让云原生架构迁移项目显得更加轻量和敏捷，因此 ACNA 的架构持续迭代法也同样可以作用于项目实施。这里需要再次强调的是，不要指望云原生架构迁移一次就可以"生个金娃娃"，迁移需要分成多个迭代持续演进，并且在每个迭代中强调要兑现的业务价值和技术价值，通过不断获得的成功来激励整个项目的利益相关者，加强大家在这轮大的技术升级中的决心和信心。

此外，得益于公有云随时可用和云原生技术的开放特性，对于一些期望在迁移前做一次 POC 验证的企业来说，不仅可行，而且 POC 过程更短，成本更低。对应期望在私有云或者混合云中实施云原生架构迁移的企业来说，甚至可以先选用公有云来做 POC。对于涉及代码开发的应用，只要采用云服务支持的开源产品，POC 过程就会被简化，因为新修改的 POC 代码既可以运行在公有云上，也可以在自有环境中进行验证。

云原生架构迁移的项目周期太长会产生副作用，可能会存在一些"过渡态"的情况，即在项目的实施的过程中会开发用于过渡的产品或流程，一旦整个项目完成，这些过渡的产品或流程就会被正式的产品或流程替换。大部分经历技术升级或改造的项目都会出现这样的情况，因此，针对多轮迭代和"过渡态"产品或流程带来的额外成本这一问题，需要依据风险和价值进行平衡。

5.5　架构风险控制

云原生架构迁移与其他技术演进一样充满风险，必须谨慎地进行架构风险控制，无论是 re-host 模式、re-platform 模式还是 re-build 模式。前面在 ACNA-S5 架构的持续演进中，我们建议设立架构控制委员会来作为风险控制的总体责任人，识别升级过程中的风险类别和风险点，建立"识别—监控—评估—预警—改进"的风控闭环。主要风险及相应的风险控制策略建议如下。

1. 风险意识不足

（1）风险描述

风险意识不足是风险控制过程中最大的风险，无论是云原生架构迁移的决策者还是实施者都应有风险意识。常见的意识不足体现在：没有意识到这是一次深刻的技术升级，是从组织、生产流程、生产工具、开发到运维的一次全面升级。

（2）风险控制策略

无论是决策者、项目管理者、架构师、开发人员、运维人员等，都需要进行充分的学习和讨论，并在项目管理中将风险控制放到高优先级的位置。

2. 组织变化没有匹配

（1）风险描述

云原生架构升级时没有对组织结构进行相应升级，或者没有设立专门的架构控制委员会，最终导致云原生架构升级缺乏与之匹配的组织结构和文化。

（2）风险控制策略

成立专门的架构控制委员会，梳理云原生架构，特别是服务化架构、DevOps 等理念对当前组织结构带来的影响；决策者将组织结构和组织文化调整作为专项工作。

3. 业务价值不明显

（1）风险描述

把云原生架构升级仅看作技术升级，而没有让业务方充分体会到架构升级的业务价值。

（2）风险控制策略

严格按照 ACNA 方法论，在设定架构迭代目标时就与业务方对齐公司战略和业务诉求，从成本、产品上市时效能力、用户体验、技术赋能业务等多个维度体现业务价值。

4. 改造成本太高

（1）风险描述

一次性升级过多的云原生架构，会让企业无法承担当期升级成本，最终导致升级效果达不到预期，或者项目以失败告终。

（2）风险控制策略

制定相对长远的云原生架构升级计划，采用多次迭代、持续演进的策略，优先解决业务价值较大的问题。

5. 忽略技术债务

（1）风险描述

企业当前的架构往往都是落后于业务诉求的，大多都有累积的、待解决的技术债务，比如，安全问题、性能问题、架构问题等。如果忽略这些历史技术债务，那么很容易就会让新方案陷入原有债务中，进而导致新方案缺乏全局视野，造成新的技术债务。

（2）风险控制策略

严格按照 ACNA 方法论进行操作，项目开始前充分访谈和摸底，从多个利益相关者那里梳理出历史技术债务，作为架构升级的输入材料之一。

6. 技能掌握不足

（1）风险描述

任何好的方案，最终都依赖于执行人员的技能水平。如果云原生架构升级的实施者没有经过充分的培训，或者没有足够专业的咨询师和云服务集成商参与，最终都会导致"方案好而实现差"。

（2）风险控制策略

项目负责人充分评估实施人员的技能水平，当内部人员的技能水平不足时，通过引入外部的专业咨询师和云服务集成商来弥补。

7. 与遗留系统缺乏集成

（1）风险描述

无论是完全新建系统，还是通过 re-host 模式迁移系统，都会涉及新系统和老系统集成的问题，风险往往不是来自新系统，而是来自老系统。

（2）风险控制策略

设计云原生架构升级的整体方案时，需要清楚地规划出哪些老系统要被完全替换为新的云服务，哪些老系统要从云服务中扩展出来，哪些老系统只能保留，并在账号体系、基础数据、生产流水线、运维流程等方面保持新老系统互通。

5.6　本章小结

在第 5 章，我们为大家介绍了云原生架构的四个成熟阶段，并深度解读了阿里巴巴云原生架构设计方法及其五个核心要素。同时，我们也完整讲解了在架构设计落地后，如何通过云原生架构成熟度模型进行效果评估。

随着相关技术的落地，云原生全面影响着企业整个研发流水线、软件交付方式、运维方式。那么对于这些不同环节的相关从业者，云原生又将对其产生哪些影响，这些影响将对相关从业者有着怎样的意义？接下来，我们将在第 6 章为大家详细讲解云原生对于相关从业者的影响。

云原生落地实践对不同岗位的影响

随着云原生理念与云原生技术的不断完善和发展，越来越多的行业开始落地实践云原生技术，这对不同岗位的技术从业者产生了不同程度的影响。不管是对 IT 主管还是对一线开发人员和运维人员来说，从业务逻辑到技术选型，整个技术栈都发生了天翻地覆的变化。为了更好地迎接云原生时代的到来，大家有必要深入了解云原生落地实践对不同岗位的影响。

6.1 CXO 和 IT 主管

很多企业对技术类 CXO（包括 CTO、CIO、CISO、CDO 等，本文均称为 CXO）和技术主管这些技术领导者的能力要求是全面而严苛的，技术领导者不仅要能够兼顾技术管理的各个方面，还要以维持公司业务为核心职责。因此，CXO 和 IT 技术主管既要拥有宽广的技术视野、出色的技术判断力甚至高层架构设计能力，还要具备良好的产品意识，以应对不断变化的内外部环境。

6.1.1 外部环境

作为企业的 CXO 和 IT / 研发主管，这些高层角色首先必须意识到：云原生是云计算发展的必然趋势，云原生重塑了企业数字化转型的基础技术平台，云原生架构是构建现代化企业应用的基础技术架构。无论是对于互联网应用、企业交易类应用、大数据应用，还是对于人工智能类型的负载等来说，云原生架构都非常重要。

其次，对于技术管理者特别关注的问题，比如开源开放、国产化等，CXO 和 IT 主管需要看到，大多数云原生相关技术和标准来源于各主流开源基金会的项目，这些技术和标准构成了开源开放的技术体系。各大云供应商推出的云原生服务也都兼容了相应的技术和标准。开源的云原生技术和产品非常符合企业客户"无厂商锁定"的诉求，当更换云服务提供商（Cloud Service Provider，CSP）或独立软件提供商（Independent Software Vendor，ISV）时，企业不用担心会出现技术上无法切换或者迁移成本太高的问题。

国产化日益成为国家和企业的刚需。企业需要选择符合国产化标准的云原生产品，包括云原生产品的自主可控能力、贡献的源代码（通常体现在运维、API、组件扩展等方面）、国产化服务器支持等。同时，像中国信息通信研究院、中国电子技术标准化研究院等单位也为企业提供了相关评测，以帮助企业选择符合国产化标准的商业化产品。

6.1.2　内部环境

在企业内部，CXO 和 IT 主管必须结合企业实际情况，利用云原生技术推动企业的技术升级，并实现技术和业务价值。

首先，在战略和组织层面，利用第 5 章介绍的 ACNA（Alibaba Cloud Native Architecting）架构设计方法评估和制定企业的云原生战略和实施路径，并使之成为企业整体战略的一部分，以帮助和加速企业的数字化转型。此外，云原生战略与企业中台战略一样，不仅是对技术的一次全面升级，也是对企业 IT 组织结构、组织文化的升级。如今越来越多的企业已经意识到了这一点，以阿里巴巴为例，其不仅早在 10 年前就启动了云原生相关技术和产品的研发，2020 年云栖大会期间关于成立"阿里巴巴云原生技术委员会"的消息，更是让外界看到集团推动阿里巴巴与蚂蚁集团全面云原生化的决心。

其次，由于云原生技术是对企业应用开发方式的全方位重构，CXO 和 IT 主管需要思考如何利用容器、微服务、Serverless、Service Mesh 等技术重写应用，利用 DevOps 重塑企业的研发和运维流程，利用 GitOps、IaC 和声明式架构重新定义企业的流水线和运维方式，利用可观测性和 SLA（Service-Level Agreement，服务等级协议）升级原来的监控系统，利用云原生的以身份为中心的安全体系保障企业安全。

所有的技术升级的目的都是为了给企业带来实际价值，因此 CXO 和 IT 主管利用云原生进行技术升级时，需要关注以下几点。

❑ 运行成本及 ROI（Return On Investment，投资回报率）。

❑ 广泛使用 BaaS（Backend as a Service，后端即服务）和弹性所带来的直接成本节约。

- □ 基于云原生的新技术、新工具、新流程带来的效率提升。
- □ 稳定性、SLA 提升带来的间接成本优化（风险下降、用户体验改善等）。

6.2　架构师 / 咨询人员 / 系统规划人员

对于架构师 / 咨询人员 / 系统规划人员等企业的技术中坚力量来说，云原生技术及架构在架构演进及风险控制、技术选型、构建现代化应用、IT 服务流程重塑、新工具应用、安全规划等工作中产生了深刻的影响。

1. 架构演进及风险控制

云原生架构演进的根本在于改变软件运行的基础设施环境——云平台，让上层的软件架构从"稳态"到"打破原稳态并构建新稳态"。这需要架构师 / 咨询人员 / 系统规划人员谨慎评估企业的组织能力、开发和运维人员的技能水平、开发周期、成本预算、遗留系统集成、业务诉求等，并利用 ACNA 架构方法进行风险控制，以保障云原生架构在企业中平稳实施并持续发挥价值。

2. 技术选型

技术选型涉及两个方面，一方面是选择哪些领域的云原生技术和架构，另一方面是如何在同一领域、多个类似的技术或产品中做取舍。对于前者，建议企业根据云原生架构成熟度模型的评估维度，按架构迭代周期逐步选择与企业诉求和能力相匹配的技术领域（比如，有的企业会选择"容器 + 微服务 + 互联网中间件"构建企业中台）。对于后者，建议企业在开源和开放的基础上，选择有商业化支持（至少有同领域成功商业化实施的案例）的产品和服务，比如云平台提供的微服务、容器等系列服务。

3. 构建现代化应用

基于云原生构建现代化应用，企业可以实现业务敏捷性，以应对瞬息万变的市场挑战，为应用赋予动态扩展和强韧性的能力。企业核心架构师通过重写和重构企业核心软件，将云原生技术和架构迭代过程应用到这些核心软件的新一代研发中，让新应用具备现代化应用的特点。由于企业云原生化会带来应用架构的彻底升级，因此建议尽量选择对系统重写而非重构，从而最大限度地减少对历史技术债务的偿还，同时可以减少系统的遗留包袱，加速新应用的现代化过程。

4. IT 服务流程重塑

企业在升级云原生技术后，整个 IT 服务流程也需要进行云原生升级，其中包括事件管理、问题管理、变更管理、发布管理和配置管理，这些流程本身的定义都是完善的。由于云原生技术定义了新的工具、方法和标准，因此整个升级过程变得更加自动化，处理流程也得到了简化。比如在事件管理流程中，可观测性工具的使用大大减少了监控的负担，因为基于Kubernetes的云事件管理可以比较好地覆盖从虚拟主机、容器、PaaS服务、集成服务到应用层面所有事件的集中采集、存储、分析、告警、关联性分析和可视化展示过程，从而提升服务台以及后续的事件处理效率。

5. 新工具应用

云原生技术体系中关联了大量的新工具，这些工具可以极大地提高云交付、云集成、云运维的效率。如果企业缺少这些工具，会面临自动化程度不足、IT信息碎片化、运维风险高等问题。因此，架构师/咨询人员/系统规划人员需要为企业的CI/CD（持续集成/持续交付）过程、微服务实施、PaaS/SaaS服务的云开通与集成、企业CMDB（Configuration Management DataBase，配置管理数据库）集成、企业监控集成、账号/权限/认证集成等场景选择甚至开发适用的工具，以提升企业的运维自动化水平，降低运维风险。

6. 安全规划

在数字化转型的背景下，虽然数字资产的价值得到不断挖掘，但是风险也在不断加大。云原生倡导的DevSecOps、零信任模型和大量云安全服务，对权限控制、服务级动态隔离、请求级访问控制等安全策略进行了细粒度升级，从而实现了从代码开发到应用运维的端到端流程的安全控制。这个过程要求企业升级安全规划，以实现从云基础设施到应用安全的同步规划。

6.3 开发人员

云原生技术与架构对广大技术开发人员（设计、开发、测试等技术人员）的影响非常大，具体体现在以下6个方面。

1. 技术栈

从前端到后端的整个技术栈开发人员都将因为采用云原生技术而获益：开发环境逐步从本地IDE变成云端IDE，并在IDE中预集成云服务（比如，使用Cloud Toolkit，在IDE中实现应用部署），使整个代码的编写和调试效率更高；服务于前端的后端（Backend for Frontend）层因为采用Serverless架构和大量的PaaS云服务而简化技术栈，使开发人员从后端运维中解放出来；后端研发人员需要关注会大量用到的技术，比如容器、微服务、

Serverless、Service Mesh、PaaS 云服务等。

2. 分布式设计模式

云原生技术体系包含了大量已经存在的分布式设计模式，并将这些设计模式融合到开源产品和云服务中，从而极大地降低了架构师和开发人员的工作强度。比如，微服务以及 Service Mesh 等可以预置灰度模式、熔断、隔仓、限流、降级、可观测性、服务网关等架构模式。而诸如事件驱动架构模式（Event-Driven Architecture，EDA）、读写分离模式、Serverless 模式、CQRS（Command Query Responsibility Segregation，命令与查询责任分离）模式、BASE（Basically Available，Soft state，Eventual consistent）模式等则需要从应用架构层面引入，无法对应用做到透明。

3. 业务开发

云原生技术和云服务采用得越多，开发人员在非功能特性开发方面所花费的精力就越少，从而有更多的时间和精力关注业务本身的功能性设计。基于 Service Mesh 和 Serverless 开发的应用，开发人员甚至不用关心服务器的运维，不用不断升级依赖软件，不用处理灰度热升和自动回退的复杂性，无须采用在线流量压测来减少集成测试和冒烟测试的工作量。

4. 测试方式

传统的基于预测来设计测试案例的方式，效率太低，解决方法是利用主动故障注入和混沌工程进行疲劳测试，真实地模拟现实世界可能发生的故障。而在线流量录制和回放的测试方法可以快速形成测试案例并提升回归的有效性。更关键的是，这些测试方法都是直接在生产系统中进行的，没有事先在测试环境中经过测试，像 NetFlix、亚马逊、阿里巴巴等互联网公司都在大量采用这些测试方式，以降低大规模分布式环境带来的故障风险。

5. 软件研发和运维流程

对于从传统瀑布模型到变为敏捷开发方式的企业而言，DevOps 和 DevSecOps 对研发流程的改变更为明显，其不仅要求企业做到安全地持续发布，还要求企业重新定义和规范研发人员接触的研发流程和研发工具，实现开发和运维岗位的一体化，设立专注于提升工程稳定性、效率和质量的岗位，可以说是重新定义了研发和运维的组织、流程和文化。

6. 学习场景

云平台是数字社会的基础设施，是新基建的重要组成部分。很多最先进和最新的 IT 技术、理念都会在云平台上有所体现（比如本书讲到的大量云原生技术）。这些新技术背后的开源项目以及围绕开源项目的大会、聚会、讨论区、技术博客等，是广大技术人员学习和提升技能的绝佳场所。此外，云计算相关的技术媒体往往会提供大量云原生领域的新技术和新解决方案，开发人员通过学习可以拓宽视野，提升技术能力。（这些技术媒体通常会提供在线文档、直播、视频录像、技术文章、博客等资源。）

6.4　运维人员

包括SRE（Site Reliability Engineer，网站可靠性工程师）在内的运维人员，作为软件成功运行的保障者，也会受到云原生技术和架构的深刻影响，特别是在技术栈、运维工具、监控和错误处理、SLA管理、AIOps等方面，具体说明如下。

1. 技术栈

运维人员的技术栈改变，一方面是由于运维的软件采用了云原生技术栈构建而被动引起的，另一方面则是基于主动利用云原生技术和工具构建新的集成、监控、自动化、自愈、性能管理、高可用管理、安全管理、SLA管理、IT资产管理、事件管理、配置管理、变更管理、发布管理、补丁管理等工作和流程而带来的。这里典型的应用场景是利用Kubernetes Operator实施自动化的资源创建、交付和实例迁移操作。

2. 运维工具

云原生架构特别强调通过IaC和声明式运维来实现运维过程的高度自动化，即使是在拥有几百上千台机器的复杂分布式系统中，也可以自动化处理部署、升级、回滚、配置变更、扩/缩容等操作。而GitOps作为IaC的一个核心落地理念，不仅包含了对系统目标态的描述，而且贯穿了整个变更过程，既符合DevOps的透明化原则，也具备声明式运维的优点。

3. 监控和错误处理

从用户反馈和发现系统指标异常到采取多种运维手段确认、分析并解决问题和故障，是日常错误处理的重要工作范畴。可观测性强调了一次业务的执行能够从多个分布式服务、容器、虚拟主机、网络、BaaS服务中获得日志、度量和追踪信息，从而提高监控能力和错误处理效率。云原生技术不需要运维人员从多个分布式节点收集和关联这些信息，而是由Prometheus和Grafana帮助完成多维度信息的关联性分析、告警和可视化展示。

4. SLA管理

有了度量指标信息后，我们可以结合调用关系中得到的依赖关系，对业务服务和PaaS组件进行SLA管理，进而对全局的服务和IT资产进行SLA管理。在没有类似于Service Mesh和可观测性这些基础设施和能力的情况下，传统的监控系统只能尽量从不同格式的日志中去获取这些度量指标信息。如果软件没有打印度量指标信息，监控系统就无法获取；同时，由于缺乏全链路的依赖关系，SLA 管理不能做到上下游的关联分析，从而导致系统不能第一时间感知某个服务或组件是否达成其 SLO（Service Level Objective，服务等级目标）。这些问题在云原生系统中得到了很好的解决，进而可以帮助运维人员提升系统的 SLA 管理水平。

5. AIOps

AIOps 是指在运维中利用机器学习和人工智能技术主动分析和预防故障，同时加快故障处理速度。当在大量业务服务和技术组件中实施可观测性操作后，系统将会产生大量的日志、度量和追踪数据，通过实时的机器学习和人工智能技术对这些数据进行分析，可以辅助变更前后异常检测、多个事件的关联性分析和"假阳性"消除、根因分析、自动化异常节点摘除和应急恢复等操作。

6.5　软件交付工程师 / 系统集成工程师

作为软件交付链条中的重要角色，软件交付工程师和系统集成工程师也会因为应用了云原生技术相关的软件，而改变工作方式。

1. 标准化交付

交付过程中最大的困难之一，就是不同的客户具有不同的 IaaS 环境，包括不同的服务器或虚拟主机技术、网络环境、存储产品、操作系统和基础软件库等。IaaS 环境的不同不仅使得交付软件产生了不同的版本，而且在不同的交付阶段也会发生变化，这又进一步提高了交付管理的复杂度。容器和不可变基础设施不仅能够屏蔽 IaaS 组件的不同，而且在容器的运行环境发生变化时，可以通过不同的镜像形成不同的配置版本，而不是原地修改升级的方式（这种方式会丢失版本的配置信息，或者使不同版本的配置变得难以管理），从而标准化软件的交付过程，隔离 IaaS 层的频繁变化对上层应用配置变化的"传染"，以达到提升软件交付效率的目的。

2. 自动化交付

软件集成和交付的另外一个难点在于，需要提供相应的软件配置、安装或部署手册（相关人员需要学习这些手册），然后适配标准部署与不同环境部署之间的差异。在这个过程中，安装脚本只是辅助性工作，因为它并不需要知道手册中的知识。云原生 OAM（Operation Administration and Maintenance，操作维护管理）通过 YAML 文件从应用的角度对软件的运行环境、构成以及运维特征进行元数据级别的描述，同时描述软件部署的终态以及可以适配的配置变化。脚本是可以读取和理解 YAML 文件的。同时，我们可以看到，同一个软件在典型场景中的部署是可以被标准化、开源以及共享的（比如，Redis 在阿里云 ECS 上的部署过程）。这不仅可以自动化常用软件的交付过程，而且可以共享典型环境的交付经验，从而提升交付水平。

3. 云交付和云集成

云计算为软件提供了一个新的运行场所，以及一种新的交付形式。同时，云计算也是一个软件交付的 POC（Proof of Concept，验证性测试）场所。软件与云的集成成为一种新的软件集成模式，形成了新的 CSI（Cloud System Integration，云集成商）。系统先与部署在公有云中的软件进行小范围集成，然后通过云原生交付工具将公有云中的环境一键式地复制到私有云环境中。这在简化集成复杂性的同时，降低了集成和交付的成本。

4. 持续交付

软件的持续交付是 DevOps 过程中的必要环节。通过影响范围小且频繁的交付，DevOps 可以使软件的交付过程变得更加自动化、版本化，可以重复且自动地执行升级和回退操作。持续交付可以保证软件始终有一个最新且可用的版本，即一旦代码或配置发生了变更，就可以立即生成新的版本并校验这一新版本的可用性，从而提升软件的交付效率。

5. 广泛的工具链和知识体系

云原生技术体系是开源的，拥有广泛应用的开源组件产品和开放的知识体系。通过这些产品和知识，软件集成工程师和软件交付工程师可以快速学到最新的云原生技术，获得最合适的云原生工具链，并在自己的环境中进行快速验证。不仅如此，企业通过互联网渠道获得所用产品的基础技术知识，也能在一定程度上降低软件交付过程中的培训成本。

6.6 从数据库管理员到数据库架构师

数据库管理员（DataBase Administrator，DBA）在传统商业数据库和开源数据库产品体系中扮演着举足轻重的角色。他们是保证整个软件系统稳定性的关键一环。云原生技术和产品的发展，也深刻地影响了数据库管理员。他们的工作方式正在发生巨大的转变，关注重点从底层系统建设逐步转向业务系统架构设计、从基础稳定性逐步转向业务结构优化、从如何用好数据库软件逐步转向如何用好云原生产品体系等。与此同时，企业对于运维对象、运维平台、技术能力的要求也发生了巨大的变化。

1. 运维对象

随着云原生架构的不断演进，曾经遥不可及的 DaaS（Database as a Service，数据库即服务）已成为现实。云数据库提供了开箱即用的 PaaS 化服务，并通过云原生资源池化技术提供了计算资源池、存储资源池等丰富的云原生数据库产品。这使得数据库管理员的运维对象从主机、网络、数据库转变为数据库服务。数据库管理员不再需要关注从 IDC（Internet Data Center，互联网数据中心）到主机资源的交付。这些基础服务都会由云平台完成。云平台将发挥供应链的规模化效益和虚拟化技术，提供远低于自建 IDC 成本的优质服务。在云计算时代，数据库管理员借助云计算的 IaaS 化服务能力，在日常工作中卸下了基础资源运维的工作负担，从而可以有更多精力关注数据库服务对业务的支撑能力，将运维对象的重心转向数据库服务。

2. 运维平台

在商业数据库时代，数据库管理员的基础能力是用好单一的数据库产品，建设基础运维平台，实现数据安全、服务高可用、备份恢复、性能监控、问题诊断等基础功能。即使是在开源数据库时代，大多数公司的数据库管理员也是围绕着上面所列举的几个方面，或从零自研或基于开源运维组件进行定制化修改，这耗费了大量的人力、物力资源，而且很难获得持续的运维能力。一旦有核心运维人员流失，企业很有可能会出现平台难以为继的局面。而在云原生架构下，数据库 PaaS 平台提供了丰富的运维能力支持，因此数据库管理员不再需要从零开始建设运维平台，从面向基础组件的运维转向面向数据库服务的运维，得以基于云平台提供的丰富 OpenAPI 实现业务支持能力的定制化开发，将如何为业务提供稳定的数据库服务支持作为运维平台的首要目标。同时，伴随云平台基础能力的逐步提升，新技术借助 OpenAPI 体系的优势，使得面向数据库服务的运维平台能力能够得到持续提升。因此，我们需要意识到，只有转变运维平台建设的目标，才能够充分发挥云原生架构平台化的优势。

3. 技术能力

云原生时代丰富的云服务带来的技术和架构优势，将传统数据库管理员从基础问题中解放了出来。企业更需要具备基于云服务进行业务数据架构设计能力的架构师，而非传统意义上的运维数据库管理员。因此，数据库管理员需要尽快完成转型。在云原生架构下，过去很多需要数据库管理员花费很大精力去解决的问题都迎刃而解。典型的例子是数据安全问题，数据安全向来是数据库管理员工作的重中之重，他们将巨大的精力都投入磁盘容灾、机房容灾、数据备份等数据安全保障工作中。云原生时代的多 AZ（Availability Zone，可用区域）以及分布式存储架构，在解决数据安全问题方面具有天然优势。再比如容量规划问题，数据库容量规划一直是一个很难把握的难点。在业务模型发生变化的时期，如在大促等场景中，很容易出现系统容量不足的问题。云原生系统借助资源池化技术，发挥云原生存储计算分离架构的弹性能力优势，可以将扩展周期从原来的"天"级别大幅缩短为"秒"级别；共享存储技术更是可以在秒级别实现读节点拉起，实现系统读容量的扩展。相信在不久的将来，伴随 CPU 池化、内存池化、多点可写技术的突破，数据库容量弹性能力将更加强大。

另外，SQL 优化一直是数据库管理员日常工作中很重要的一部分。指导业务开发人员编写符合数据库特性的 SQL 一直占据着数据库管理员很大的工作比例。在云原生时代，云原生的自动优化系统基于机器学习和专家经验实现数据库自感知、自修复、自优化、自运维及自安全的云服务，可以帮助数据库管理员降低数据库管理的复杂度、消除人工操作引发的服务故障，从而有效保障数据库服务的稳定性、安全性及高效性。

在云原生时代，云服务在很大程度上解放了数据库管理员，同时也要求数据库管理员尽快完成个人能力的转型，加速从数据库管理员向数据库架构师的转变，从而更加深入地参与到业务系统的架构设计中，帮助开发人员用好云数据库的特性。

6.7　本章小结

云原生技术从业务流程、技术选型、技术栈等诸多方面影响着相关技术角色的日常工作，而云原生技术所带来的影响还远不止上述这些。在云原生已成为未来必然趋势的大环境下，不同岗位的技术从业者也要遵循云原生所强调的专注业务并不断演进，学习和接纳云原生的理念与技术，从而通过云原生技术和产品更好地释放云计算的价值，更好地支持相关业务的发展。第 7 章将介绍各个行业头部企业在云原生探索过程中的最佳实践。

第 7 章 *Chapter 7*

不同行业的云原生架构实践

随着云原生理念和云原生技术的普及，越来越多的企业展开了基于云原生架构的实践和探索。本章选取了 4 个不同行业的典型案例，与大家分享企业在业务探索过程中遇到的挑战，以此展示云原生架构的实践过程以及获得的最终收益。

7.1 完美日记的云原生之路

随着互联网发展愈发多元化，以完美日记为代表的国货美妆品牌开始崭露头角，它们正借助互联网的力量全面崛起，将品牌理念和产品以更直接、更生动的方式展现给消费者。依托互联网电商起家的完美日记，凭借"小黑钻口红""动物眼影盘"等爆款彩妆，出现在了越来越多女性消费者的化妆台上，仅用三年时间就成为美妆行业的黑马。凭借产品较高的颜值和性价比优势，完美日记实现了彩妆销量迅猛增长，被众多消费者誉为国货之光。

依靠对消费者精准的定位，以及"爆品＋平价＋全渠道"的营销策略，完美日记的用户规模和产品销量增长惊人。但是在业务高速发展的同时，技术运维面临着更加严峻的挑战。面对"双 11"电商大促、"双 12"购物节、小程序、网红直播带货带来的浏览量爆发式增长和业务创新的挑战，如何确保业务能够稳定顺畅地运行，成为完美日记的最大技术难题。

如今，电商大促、直播带货等营销方式层出不穷，短短几秒钟的购物体验，对消费者来说是一场狂欢，对于系统而言却是异常严峻的考验。如何确保系统能够在突发流量的情况下稳定、顺畅地运行？下面列举几个比较突出的挑战。

❑ 系统开发迭代快，线上问题较多，定位问题耗时较长。

❑ 频繁大促让系统稳定性保障压力很大，第三方接口和一些慢 SQL 会导致严重的线上故障。

❑ 压力测试与系统容量评估工作频繁，缺乏对常态化机制的支持。

❑ 系统大促所需的资源与日常资源相差较大，需要频繁扩缩容。

针对这些问题以及对未来业务的规划，阿里云与完美日记进行了深度沟通与研讨。这一过程主要包括识别业务痛点和架构债务、确定架构迭代目标、评估架构风险、选取云原生技术、制定迭代计划、架构评审和设计评审、架构风险控制。双方讨论后认为现有系统可以基于云原生架构的设计原则，从弹性能力、自动化能力、韧性能力、可观测性等多个维度进行升级。完美日记引入了阿里云容器服务 ACK、Spring Cloud Alibaba 微服务架构、性能测试服务（Performance Testing Service，PTS）、应用高可用服务（Application High Availability Service，AHAS）、链路追踪等产品，对应用进行容器化改造部署，搭建分布式应用微服务，优化配套的测试、容量评估、扩缩容等研发环节，针对业务痛点，进行云原生升级。

❑ 通过容器化部署，利用阿里云容器服务的快速弹性优势，实现大促时对资源快速扩容。

❑ 提前接入链路追踪产品，以跟踪分布式环境下复杂的服务调用，定位出现异常的服务，帮助客户在测试和生产中快速定位问题所在并及时修复，从而降低问题对业务的影响。

❑ 使用阿里云性能测试服务，利用秒级流量拉起、真实地理位置流量等功能，以最真实的互联网流量进行压力测试，确保业务上线后稳定运营。

❑ 采集压力测试数据，解析系统强弱依赖关系和关键瓶颈，对关键业务接口、关键第三方调用、数据库慢调用和系统整体负载进行限流保护。

配合阿里云服务团队，在大促前进行弹性计算服务（Elastic Compute Service，ECS）、关系型数据库服务（Relational Database Service，RDS）、安全产品扩容、链路梳理、缓存和连接池预热、监控大屏制作、后端资源保障演练等操作，以保障大促期间系统平稳运行。

完美日记使用 ACK 容器服务快速建立测试环境，利用阿里云性能测试服务 PTS 进行即时高并发流量压力测试，以确认流量峰值；再结合应用实时监控服务（Application Real-Time Monitoring Service，ARMS）的可观测能力，跟踪和诊断压力测试过程中的性能问题；

最后通过 AHAS 对突发流量和意外场景进行实时限流降级，以保证每一次大促活动的系统稳定性和可用性。同时，ACK 容器的快速弹性扩缩容能力，能够为服务器节约至少 50% 的成本。

基于云原生架构的设计原则，完美日记优化了研发流程，实现了对业务的全面支持，其中包括有效地控制成本，即在非高峰期保持相对少量的节点，以支持日常业务在大促前进行资源的快速扩容，以及在大促后释放多余的资源，从而最大限度地节约成本。利用容器的高可靠、故障自愈和弹性伸缩等能力，减少运维的工作量。利用高可用服务产品的限流降级和系统防护功能，保障系统的关键资源，为用户提供顺畅的消费体验。通过性能测试服务和业务实时监控，对系统的单机能力及整体容量进行评估，提前预判系统所能承载的业务极限量，以确保未来可以对大促需求做出合理的资源规划和成本预测。

除了挑战应用的稳定性和可用性之外，促销抢购活动对于整个系统的弹性也是一次巨大的考验。对于数据库而言，促销抢购考验的是高并发处理能力，既需要满足快速响应、极速下单的需求，也要防止超卖。如果因为超卖导致延迟发货，在等待发货的日子里，消费者极有可能失去耐心而取消订单。这可能会在消费者心里留下一个发货慢的印象，影响后续回购意愿，这种情况对于消费者留存是非常不利的。

伴随着线下门店迅速扩张以及直播带来的巨大流量，面对业务量的爆发，完美日记的业务系统在数据库方面也遇到了库存不统一而导致的超卖、数据库吞吐量难以提升、升降配周期长、统计分析的 SQL 性能差等电商领域常见的问题，具体列举如下。

- ❏ 库存不统一，每个渠道都有独立的库存，每次大促都会发生库存超卖。
- ❏ 数据库的吞吐量难以提升，导致大促时需要在应用侧将流控限制在几百 TPS（Transactions Per Second，每秒事务个数）内。
- ❏ 大促前后，MySQL 升降配的时间都会很长。如果压测时容量评估不足，临时调整也基本上解决不了 MySQL 升配的问题。
- ❏ 大促时需要实时了解运营数据，但是使用 MySQL 运行统计分析的效果很差。
- ❏ 使用 Hadoop 做大数据分析需要调用很多组件，Hadoop 集群的运维也很麻烦。
- ❏ 应用发布新版本时，部分数据库没有经过调优，随着业务数据增多，有些数据库的运行速度会越来越慢，甚至影响用户体验。
- ❏ 开发、测试、运维、运营人员都可以直接登录数据库执行各种操作，这给数据安全和数据库的稳定性带来了很大的安全隐患。

针对上述痛点与挑战，阿里云基于云原生理念对完美日记的现有数据库架构进行了优化与演进。首先，利用阿里云 PTS 工具快速搭建全链路压测系统，以确认系统流量峰值，全面梳理每一个数据库的系统资源使用率和系统瓶颈。SQL 洞察和 CloudDBA 等工具可以对每一个实例进行调优，避免发生慢查询、高并发热点数据等问题。PolarDB+DTS+ADB 组成的混合事务和分析处理（Hybrid Transaction and Analytical Process，HTAP）解决方案能够满足完美日记运营人员对数据在线化的需求，8 组 C8 ECU（弹性计算单元）运行统计分析类 SQL 查询语句的每秒查询率（Queries Per Second，QPS）即可达到 100 次以上，全链路从写入到查询响应的时间基本上是秒级。

完成相关的技术演进与规划后，在 2020 年 4 月进行的完美日记 3 周年大促最后一天的压力测试中，订单系统下单速度提高到 1 万笔 / 秒，对应 PolarDB 数据库的写入速度为 1×10^4TPS。4 月 14 日活动当天，抢购活动开始的瞬间，系统涌进了几百万名用户，在几十秒内抢空了几十万件小狗盘眼影。每秒成交订单数再创历史新高，订单峰值比历史最高峰值提高了数倍，高峰业务流量比半年前提高了 50 倍。

7.2 突围数字化转型，云原生赋能特步新零售

特步成立于 2001 年，现已成为国内领先的体育用品企业之一，截至 2019 年上半年，特步门店超过 6300 家。2016 年，特步启动集团第三次战略升级，打造以消费者体验为核心的"3+"（"互联网 +""体育 +"和"产品 +"）战略目标，积极拥抱云计算、大数据等新技术，实现业务引领和技术创新，稳步推进集团战略变革。在集团战略的驱动下，阿里云中间件团队受邀对特步 IT 信息化水平进行了深度调研，以挖掘阻碍特步战略落地的潜在问题，具体列举如下。

❑ 商业套件限制了特步业务的多元化发展，如多品牌拆分、重组所涉及的相关业务流程及组织调整。由于特步的传统应用系统都是紧耦合的，因此业务的拆分和重组意味着必须重新实施和部署相关系统。

❑ IT 历史包袱严重，内部系统烟囱林立。阿里云通过调研发现，特步的烟囱系统多达 63 套，仅 IT 供应商就有三十余家。面对线上、线下业务整合覆盖的销售、物流、生产、采购、订货会等环节和场景，想要实现全渠道整合，需要将几十套系统全部打通。如何协同库存一直困扰着服装行业，特步同样也受到了这些问题的困扰。系统割裂导致数据无法实时更新，再加上受传统单体 SQL Server 数据库的并发限制，6000 多家门店的数据只能采用 T+1 的方式回传给总部，这直接影响了库存协同周转的效率。

❑ IT 建设成本浪费严重，传统商业套件的"烟囱式"系统导致需要重复进行很多不必要的工作，如功能建设、数据模型和维护工作。

阿里云根据特步的业务转型战略需求，为其量身打造了基于云原生架构的全渠道业务中台解决方案，在云端合并、标准化和共享不同渠道的通用功能，衍生出了全局共享的商品中心、渠道中心、库存中心、订单中心、营销中心、用户中心和结算中心。无论是业务线、渠道，还是新产品的诞生或调整，IT 组织都能够根据业务需求，基于共享服务中心现有的模块做出快速响应，以打破低效的"烟囱式"应用建设怪圈。全渠道业务中台遵循了互联网的架构原则，规划线上、线下松耦合云平台架构，彻底摆脱了传统 IT 系统拖业务后腿的顽疾，而且还灵活支持业务快速创新，将全渠道数据融通整合到共享服务中心平台上，为数据化决策、精准营销、统一用户体验奠定良好的产品与数据基础，让特步真正走上"互联网 +"的快车道。图 7-1 所示是特步全渠道业务中台总体规划示意图。

2017 年 1 月，特步与阿里云合作启动了全渠道中台建设，耗时 6 个月完成了包括需求调研、中台设计、研发实施、测试验证等多个模块的交付和部署，历经 4 个月时间，全国 42 家分公司、6000 多家门店全部上线。图 7-2 所示是特步全渠道业务中台总体规划示意图。

特步全渠道业务中台总体规划关键点如下。

❑ 应用侧：新技术架构全面承载了面向不同业务部门的相关应用，包括门店 POS（销售终端）、电商 OMS（Order Management System）、分销商管理供销存 DRP（Distribution Resource Planning）、会员客户管理 CRM（Customer Relationship Management）。此外，全渠道运营平台利用智能分析应用简化了配置管理。所有涉及企业通用业务能力的商品或订单，都可以直接调用共享中心提供的功能，让应用变得"更轻薄"。

❑ 共享中心：全渠道管理会涉及参与商品品类、订单寻源、共享库存、结算规则等业务场景以及与全渠道相关的会员信息和营销活动。这些通用业务能力将全部沉淀到共享中心，向不同业务部门输出实时、在线、统一、复用的能力。直接将特步业务中的所有订单、商品、会员等信息融合、沉淀到一起，从根本上消除数据孤岛。

❑ 技术层：为了满足高弹性、高可用、高性能等技术层面的需求，特步的核心交易链路通过 Kubernetes、EDAS、MQ、ARMS 和 PTS 等云原生中间件实现上述需求，每秒可传输 / 处理 10 万个事务，且支持无限扩容并发能力。利用阿里巴巴集团历经多年"双 11"考验的技术平台，稳定性和效率都得到了高规格的保障，开发人员也能够更加专注于业务逻辑实现，而再无后顾之忧。

❑ 基础设施：阿里云底层的计算、存储、网络等 IaaS 层资源。

❑ 后台系统：特步内部的后台系统，比如 SAP、生产系统、HR 和 OA 等。

业务前台									
门店零售 POS	分销订货 B2B	天猫淘宝 官方商城	特跑族 App	特购商城	CRM	分销商城 B2B2C	会员商城	WMS	智慧导购	私人定制

全渠道运营

全渠道运营支撑平台

渠道分销管理	门店零售运营	商品订单管理	会员营销管理	WMS	智能配补调	门店运营
采购管理	要货管理	库存可视	商品管理	会员资料	会员等级管理	库存管理	门店优先级	参数运营	门店运营
库存管理	库存管理	订单管理	订单适配	积分体系	升降级管理	库检管理	补货计算	补货人工调整	门店管理	导购管理
货权转移	调拨结算	发货管理	订单接入	O2O结算	会员日管理	会员标签管理	发货管理	销售预售	门店售罄率	绩效考核

业务中台

业务共享服务中心

一期

渠道中心	商品中心	库存中心	交易中心	结算中心	会员中心	营销中心	支付中心
基础服务	商品服务	出入库服务	订单服务	销售结算服务	注册服务	代金券服务	微信服务
组织服务	类目服务	盘点服务	跟踪服务	O2O结算服务	积分服务	红包服务	支付宝服务
门店服务	促销服务	库存可视	寻源服务	结算对账服务	批注服务	推送服务	银联服务

二期

数据中心
报表服务
统计服务
标签服务

后台

SAP	PLM	MES	HR/QA

图 7-1　特步全渠道业务中台总体规划示意图

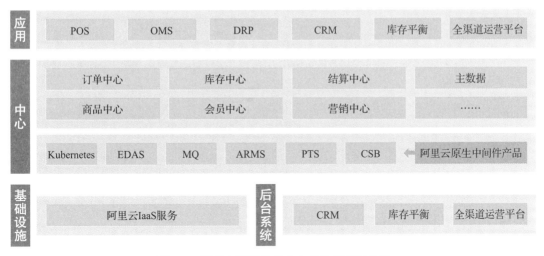

图 7-2　特步全渠道业务中台总体规划示意图

全渠道业务中台有效推动了特步核心战略升级,逐步实现了 IT 驱动业务创新。经过中台改造后,POS 系统从离线升级为在线。包括收银、库存、会员、营销在内的 POS 系统核心业务全部由业务中台统一提供服务,从弱管控转变为集团强管控,与消费者之间真正建立起连接,为企业精细化管理客户资源奠定了坚实的基础。全渠道业务中台实现了前端渠道的全局库存共享,库存业务由库存中心实时处理。借助全局库存的可视化能力,交易订单状态信息在全渠道实时流转,总部可根据实时经营数据直接对线下店铺进行销售指导,实现快速跨店商品调拨。中台上线后,售罄率提升 8%,缺货率降低 12%,周转率提升20%,实现了数据驱动业务增长。

IT 信息化驱动业务创新,通过共享服务中心,在云端合并及共享不同渠道的类似功能,打破低效的“烟囱式”应用建设方式,吸收互联网的领域驱动设计(Domain-Driven Design,DDD)原则,设计线上线下松耦合的云平台架构,不仅彻底摆脱了传统 IT 拖业务后腿的顽疾,而且可以灵活支撑业务快速创新。共享服务中心整合全渠道数据,进一步沉淀不同渠道、不同业务的相关数据,提炼出特步的核心数据资产,为企业培养稀缺的精通业务且懂技术的创新人才,使之在业务创新和市场竞争中发挥核心作用。业务部门对 IT 部门工作的认可度持续上升,目前,全渠道业务支持系统几乎全部自主搭建,80% 的前台应用已经全部运行在中台之上,真正实现了技术驱动企业业务创新。

阿里云在以云原生架构搭建渠道业务中台的同时注意到,在特步业务快速增长的过程中,数据库已经成为支持业务运转的重要一环,业务运营对数据库提出了如下要求。

❑ 线下零售具有数千家门店,订单量很大,对在线交易数据库的高并发写入、海量存储能力要求较高。

- □ 特步的业务属性决定了促销活动是常态，大促期间单日订单量最高可达几百万，需要一定的弹性能力以应对订单成倍增长所带来的流量压力，传统数据库的弹性能力是不够的。

- □ 传统数据库不能支持线上渠道扩张和线下门店快速增加所需要的扩展能力，一旦业务扩展系统遇到瓶颈，业务便无法快速上线，且整个系统的改造成本也比较大。

- □ 特步线下门店较多，业务量较大，门店、采购、销售订单、库存、调拨、进销存、财务等业务模块都需要通过报表支持业务决策，传统的关系型数据库不仅报表生成速度比较慢，而且不能支持运营活动和决策报表的快速输出，会影响业务行为和业务决策。

从上述要求中我们可以看到，不仅要实现稳健支持全国几千家门店的零售业务数据，而且需要确保门店快速扩展时，数据库具有良好的读写扩展性。对此，阿里云团队提供了如图 7-3 所示的解决方案。

下面针对架构重点内容进行介绍。

- □ DRDS（Distributed Relational Database Service，分布式关系型数据库服务）+ RDS 的分布式数据库解决方案可以支持 O2O（Online To Offline，线上到线下）全渠道业务中台系统上线，通过垂直拆分剥离各业务中心，使不同类型的业务数据可以存储在不同的 RDS 上，确保资源和访问隔离，从物理层面使整个数据库架构具备可扩展性。这套架构可以实现 POS 业务订单快速完成和快速发货，保证门店业务顺利接入业务中台。

- □ DRDS 水平拆分订单、库存、用户、渠道等数据并放在不同的物理 RDS 上，使系统具备高并发读写能力，当前架构可支持 15～20TB 的数据存储量，能够满足特步未来 2～3 年的数据存储和高并发读写诉求。

- □ DRDS 弹性升降配支持在 10～20 分钟内将 DRDS 的 QPS 增强到当前的 2～32 倍，从而大幅提升整个系统的高并发读写能力；同时，DRDS 的平滑扩容能力还可以扩展 RDS 的数据库数量，在 3～6 小时内将 RDS 的读写能力增强到当前的 2～24 倍。

- □ 对于订单中心这种访问量和数据量都很大的业务中心，阿里云采用水平拆分的方式，结合弹性升降配和平滑扩容支持特步将业务扩展至当前业务量的 5～10 倍。

- □ 从对数据的实时性要求和计算量大小两个方面来看，特步的门店、采购、销售订单、库存、调拨、进销存、财务等业务模块的报表可以分为两大类：第一类是实时性要求较高、计算量相对较小的报表，特步单独开设了一个 DRDS 来满足这类报表的需求，将数据通过 DTS（Data Transmission Service，数据传输服务）同步到报表 DRDS；第二类是对实时性要求不高，但是计算量大，聚合查询、排序、子查询等操作比较多的报表，主要采用 ADB MySQL（AnalyticDB for MySQL，阿里云分析型数据库 MySQL 版本）来满足这类报表的需求。

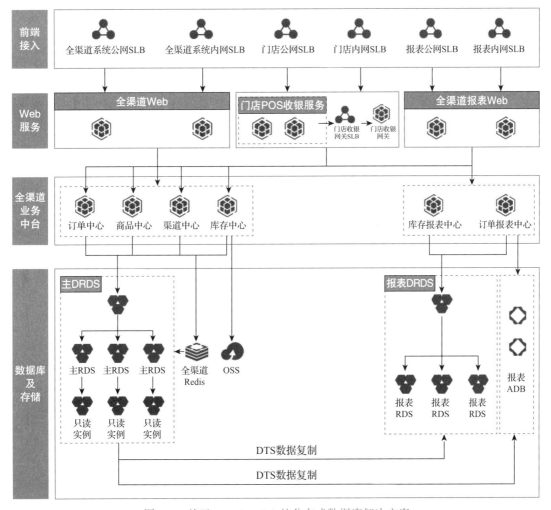

图 7-3　基于 DRDS+RDS 的分布式数据库解决方案

基于上述落地方案，特步很快就获得了相应的能力，从容支持渠道业务中台的正常运转，具体包括如下内容。

❑ 基于 DRDS+RDS 的分布式数据库解决方案 + 业务中台，提升客户数据链路的时效性和业务系统的吞吐能力，使订单、库存、商品、销售的数据能够实时地为业务端、业务中台和业务报表系统提供销售业务决策支持。

❑ 基于 DRDS+RDS 的分布式数据库解决方案，提升了客户业务系统数据的读写和存储的扩展能力。

- ❑ DRDS 的平滑扩容和弹性升降配功能，使客户的业务中台系统能够具备快速弹性升降配能力，可以在半天时间内将系统的总体存储容量提升至当前容量的 10 倍以上，以便从容、快速应对突发业务流量的需求；同时支持在大促活动之后的半天内将系统的容量降低至原有水平，有效节约成本。
- ❑ DRDS 和 ADB 的 OLAP（On-Line Analysis Processing，联机分析处理）能力支持快速响应上亿数量级订单的报表输出，大部分报表可以在 10 秒～30 秒的时间内生成，部分特别复杂的报表生成时间也只需要 1 分钟左右，从而使得业务行为和业务决策能够平滑对接，公司负责人可以通过报表快速进行业务决策。

7.3 落地云原生，联通构建新一代云化业务支撑系统

一直以来，作为国内三大运营商之一的中国联通，始终以新理念、新模式促进信息基础设施升级，推动网络资源优化演进，持续提升网络竞争力。随着用户规模的不断增长，中国联通 BSS（Business Support System，业务支撑系统）核心系统个性化业务复杂性日渐提升、系统压力不断增大，以 cBSS1.0 为核心的集中业务系统，在系统架构、支撑能力、业务运营等方面无法满足一体化运营发展要求。cBSS2.0 集中号卡系统作为"中国联通集团新一代云化业务支撑系统"的第一个试点，在架构、技术、研发和运营的创新上都进行了一次大胆的尝试和突破。同时，这也是电信行业第一个核心业务系统云化改造的重点工程，是云计算技术在电信行业的首次大规模应用。

电信运营商的核心系统是目前涉及用户数量最多，涵盖范围最广，也是技术最复杂的 IT 系统之一。电信级应用系统对基础平台的性能、可靠性和可扩展性的要求非常高，中国联通在新架构、新技术的选择上，一贯采取开放、务实的态度，一切从实际结果出发，坚持开放合作，以能够解决实际问题为出发点，选择最合适、最可靠的平台和技术。因此新技术、新平台一定要以实际的业务挑战为出发点。具体业务挑战如下。

- ❑ 现有系统难以满足个性化的业务模式和新业务场景的需求，客户与一线营业人员体验较差。
- ❑ 日常运营面临的新问题复杂多样，优化提升需求压力大。
- ❑ 传统系统架构的开放性、扩展性、体验性和稳定性有待提升，支撑能力与支撑模式无法满足 IT 一体化运营的业务需要。
- ❑ 外围对接系统众多。联通作为我国最复杂的号卡资源管理方和服务提供方之一，号

卡资源集中共享系统需要对接 cBSS、商城网厅、省分 BSS、北六 ESS（电子化销售服务管理系统）、总部 CRM（客户关系管理）、沃易购等四十余种外围系统。因为要向国内所有销售系统提供号卡资源服务，所以联通对号卡资源集中共享系统的性能和扩展性提出了非常严苛的要求。

❑ 面向全渠道。号卡资源集中共享系统除了要向自有渠道（营业厅、电子渠道）、社会渠道提供高效稳定的服务之外，也要考虑未来面向互联网渠道等新兴渠道开放服务的能力，这对号卡资源集中共享系统的服务能力和开放能力提出了更高的要求。

❑ 面向全国业务的高性能挑战，想要精准评估性能需求难度颇大。面向未来的互联网营销模式以及物联网等新业务领域可能会产生更高的需求，而传统架构存在无法横向扩展、同步调用流程长等问题。引入互联网分布式架构已成为非常迫切的需求。

❑ 号卡资源是中国联通的核心资源，号卡资源管理同样也是销售流程的关键环节，全国集中的号卡资源管理系统关系到全国销售业务的正常开展，引入互联网分布式架构的同时，应满足高可用诉求。

为了使这具有里程碑意义的新一代云化业务支撑系统顺利落实，中国联通与阿里云结合阿里云云原生 PaaS、阿里云飞天操作系统、阿里云云原生数据库以及中国联通天宫平台，共同研发了运营商级专有云平台"天宫云"，用于支撑中国联通的核心业务。合作过程中，阿里云从互联网架构、业务中台架构、云原生技术等方面出发，结合阿里云业务中台以及互联网技术上的最佳实践，打造出了完整的云原生架构技术方案，如图 7-4 所示。阿里云云原生 PaaS 平台为业务能力层和核心能力层及能力开放管理平台提供的基本技术支持具体包括：分布式服务框架、分布式消息服务、分布式数据服务、分布式监控等云原生技术服务，以及云管理能力、技术组件、云原生运维管理服务。

借助云原生架构，cBSS 业务系统基于"平台 + 应用"的三层分布式架构模式，采取高内聚、低耦合、易扩展、服务化的设计原则，由去中心化的服务框架为应用提供服务，由能力开放平台提供能力集成和能力开放服务。与此同时，为了充分发挥平台的线性扩展能力和服务化设计优势，平台纵向分为多个中心，各中心又分为多个模块，横向进行分层设计，从而实现业务需求的灵活响应和快速支撑，如图 7-5 所示。

部署架构的优势具体列举如下。

❑ 共享平台服务：平台组件服务独立部署，自身采用分布式设计，可共享使用全局应用和服务。

❑ 分层分中心部署：应用和业务服务通过分层、分中心、分区部署，具备了高度灵活、稳定、可扩展的特性。

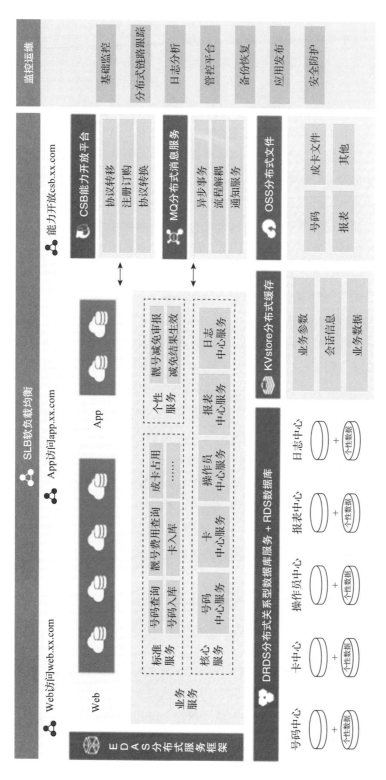

图 7-4 cBSS 业务系统云原生架构技术方案

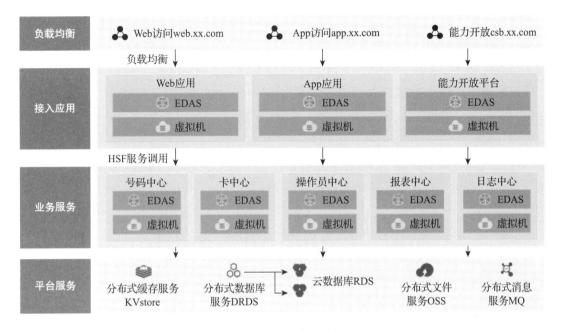

图 7-5　cBSS 业务系统划分

全新的 cBSS 系统彻底解决了号码资源在多省、多渠道、多系统共同管理时存在的问题。cBSS 系统有效地降低了业务冲突问题，解决了销售过程中传统架构瓶颈造成的各类业务问题。上层业务效率得到了显著提升，开卡业务的效率提升了 10 倍，单日选号访问量提升了 3 倍，需求响应时间缩短了一半。cBSS 系统还可以促进业务快速创新，促进微信红点业务（联通的相关业务）推广，推广一周后，每天的访问量由推广前的 1000 万，快速上升到超过 1.1 亿，完全满足了业务部门的销售策略支持需求。全新的 cBSS 系统可以实现集中管控，合理分配资源，彻底解决数据分散、号码利用率低等问题。

新的 cBSS 系统打破了原有架构的信息孤岛，使信息能够在云化系统中高效、安全地流通，不仅突破了传统 IT 架构的容量天花板，使业务可弹性扩展，而且实现了面向互联网创新业务的小、快、灵支撑，将技术真正赋能到一线业务中。

7.4　申通快递核心业务系统云原生之路

申通快递作为发展最为迅猛的物流企业之一，一直积极探索技术创新赋能商业增长之路，以期达到降本提效的目的。目前，申通快递使用 1300 多个计算节点来实时处理业务，日订单处理量已达千万级，物流轨迹处理量已达亿级，每天产生数据已达 TB 级。

过往申通快递的核心业务应用主要运行在 IDC（Internet Data Center，互联网数据中心）机房，原有 IDC 系统已帮助申通快递安稳度过了早期业务的快速发展期。但是伴随着业务体量指数级增长，业务形式愈发多元化，原有系统暴露了不少问题，传统的 IoE 架构中各子系统架构存在不规范的问题，系统稳定性较差、研发效率低下，这些都限制了业务高速发展。软件交付周期过长，难以实现网购平台大促期间对资源的特殊要求、系统稳定性难以得到有效保证。

申通快递在与阿里云进行多次需求沟通与技术验证后，最终确定采用云原生技术和架构，从 2019 年开始，将业务逐步从 IDC 迁移至阿里云。至 2020 年，核心业务系统已经在阿里云上完成了流量承接。

申通核心业务系统的原有架构是基于 VMware+Oracle 数据库搭建的。随着核心业务迁至阿里云，原有架构全面转型为基于 Kubernetes 的云原生架构体系。其中，引入云原生数据库，并完成应用基于容器的微服务改造，是整个应用服务架构重构的关键点。

1. 引入云原生数据库

阿里云为申通引入 OLTP（On-Line Transaction Processing，联机事务处理）和 OLAP（On-Line Analysis Processing，联机分析处理）型数据库，将在线数据与离线分析逻辑拆分到两种数据库中，改变了此前完全依赖 Oracle 数据库的状态。在处理历史数据查询场景下，Oracle 数据库无法支持的实际业务需求已得到满足。

2. 应用容器化

伴随着容器化技术的普及和发展，应用容器化可以有效解决环境不一致产生的问题，确保应用开发、测试、生产环境的一致性。与虚拟机相比，容器化让效率与速度都得到了提升，让应用更适合微服务场景，从而有效提升产研效率。

3. 微服务改造

由于过往很多业务是基于 Oracle 的存储过程及触发器完成的，系统间的服务依赖也需要 Oracle 数据库 OGG（Oracle GoldenGate）同步完成，这样带来的问题就是系统维护难度高，且稳定性差。阿里云帮助申通引入 Kubernetes 的服务发现机制，组建微服务解决方案，将 Oracle 中的业务逻辑变成更具备复用性的微服务架构，同时将业务按业务域进行拆分，让整个系统变得更易于维护。申通快递在综合考虑实际业务需求和技术特征之后，最终选择了"阿里云 ACK + 神龙 + 云数据库"的云原生解决方案，从而将核心应用成功迁移上阿里云。

核心业务应用整体架构包括基础设施和流量接入两个方面，涉及平台层、应用服务层、运维管理层等不同层面。应用正常运作所需的基础设施、全部计算资源均取自阿里云的神龙裸金属服务器。相较于一般的云服务器（ECS），Kubernetes 搭配神龙服务器能够获得更优的性能和更合理的资源利用率。在资源成本方面，云上资源按需取量，这一点对于拥有大促活动等短期大流量业务场景的申通快递而言极为重要。相较于线下自建机房、常备机器，云上资源随取随用，既方便又能节省大量资源和维护成本。在大促活动结束后，云上资源一旦使用完毕即可释放，管理与采购成本更低，资源使用效率更高。在流量接入方面，阿里云提供了两套流量接入系统，一套面向公网请求，另外一套用于服务内部调用。域名解析采用云 DNS（域名系统）及 PrivateZone，借助 Kubernetes 的 Ingress 能力实现统一的域名转发，以节省公网 SLB（Server Load Balancer，服务器负载均衡）的数量，提高运维的管理效率。

4. 平台层

基于 Kubernetes 打造的云原生 PaaS 平台优势非常明显，打通 DevOps 闭环，可进行统一测试、集成，预发、生产环境在资源隔离方面具有天然优势，机器资源利用率高，流量接入可实现精细化管理，集成了日志、链路诊断、Metrics 平台，统一了 APIServer 接口及扩展，可以很好地支持多云部署和混合云部署。

5. 应用服务层

每个应用都在 Kubernetes 上创建一个单独的命名空间，使得应用与应用之间实现资源隔离。规范定义了各应用的配置 YAML 模板，部署时可直接编辑其中的镜像版本快速升级；在本地启动历史版本的镜像可实现快速回滚。

6. 运维管理层

线上 Kubernetes 集群采用阿里云托管版容器服务，免去了运维 master 节点的工作，只需要制定 worker 节点的上线及下线流程。同时，业务系统均通过阿里云 PaaS 平台完成业务日志搜索，按照业务需求递交扩容任务，系统自动完成扩容操作，从而降低了直接操作 Kubernetes 集群带来的业务风险。

至此，申通快递通过云原生架构改造，在高效支持业务增长的同时，获得了更多远超以往的技术能力，具体包括如下几个方面。

（1）成本方面

使用公有云作为计算平台，申通不必因为业务突发增长需求，一次性投入大量资金采购服务器及扩充机柜。公有云实现了资源随用随付，为创新业务和技术调研场景提供了便利。另外，云产品的免运维特性可以有效节省技术运维成本，将资源投放到核心业务。

（2）稳定性方面

首先，云上产品提供了至少 3 个 9 以上的 SLA（Service Level Agreement，服务等级协议）以确保系统的稳定性。其次，相比较开源软件可能存在功能缺陷，造成故障隐患，云服务提供商专业、及时的后台维护，提升了云服务的稳定性。最后，在数据安全方面，云上数据可以轻松异地备份，阿里云数据存储体系下的归档存储产品具备高可靠、低成本、安全性、无限存储等特点，可以更好地保证企业数据的安全性。

（3）效率方面

借助与云产品的深度集成，研发人员可以一站式完成研发和运维工作。从业务需求立项、拉取分支开发、测试环境功能回归验证、最终部署到预发验证及上线，整个集成过程耗时可缩短至分钟级。

（4）排查问题方面

研发人员直接选择应用，通过集成的 SLS（日志服务）控制台快速检索程序的异常日志并定位问题所在，通过 ARMS 快速定位具体的微服务接口及异常代码，不仅免去了登录机器追查日志的烦琐，也极大地提升了问题排查的效率。

（5）赋能业务

阿里云提供了 300 余种云上组件，组件涵盖云计算、AI、大数据、IoT 等诸多领域，这些服务对研发人员而言开箱即用，有效节省了业务创新所产生的技术成本。

第 8 章 *Chapter 8*

云原生架构的发展趋势

如今，云计算已逐渐成为数字时代的重要基础设施。以容器为代表的云原生技术快速发展，使得云原生架构成为企业数字化转型的最佳路径，云原生架构所覆盖的领域也随之不断扩展。新一代的微服务和应用编程界面，将带来应用全生命周期托管和使用云服务方式的变革。云原生将带来全新的高效软件交付模式。本章将从容器和容器编排开始，分析未来云原生架构的发展趋势。

使用容器创建的无服务器架构，其基础设施日趋成熟，应用具备极致的弹性且易于管理。

8.1　容器技术的发展趋势

人们普遍认为，容器是云原生技术的基石。最近几年，容器技术得到了蓬勃发展和广泛应用。本节将从容器运行时技术、容器及容器编排在云原生架构中的核心作用以及容器覆盖的场景等几个方面，讨论容器技术的发展趋势。

1. 无处不在的计算需求催生新一代容器运行时

随着 5G、AIoT 等新技术的普及，随处可见的计算需求不断涌现。不同的计算场景对容器运行时有不同的需求。Kata Container、Firecracker、gVisor、Unikernel 等新的容器运行时技术层出不穷，分别解决了安全隔离性、执行效率和通用性三个不同维度的需求。OCI（Open Container Initiative，开放容器计划）标准的出现，使得不同的技术可以采用一致的方式管理容器生命周期，从而进一步促进容器引擎技术的持续创新。如图 8-1 所示，我们可以预见共享内核、独立内核和软硬一体化几个细分方向的未来趋势。

安全容器运行时

图 8-1　容器技术的未来趋势

基于 MicroVM 的安全容器占比将逐渐增加，以提供更强的安全隔离能力。虚拟化技术和容器技术的融合已是大势所趋。在公有云层面，阿里云容器服务已经提供了对阿里云袋鼠容器（基于 Kata Container 开发）引擎的支持，可以运行不可信的工作负载，实现安全的多租户数据隔离。在安全隔离场景中，双向隔离的概念显现出来，不仅用户无法侵入基础设施，基础设施服务也无法获取应用的数据。无论是阿里云还是其他云平台，都开始向用户提供可信执行环境的服务。但就目前的情形而言，完整的用户数据保护往往会对应用造成一些阻碍，并对性能造成巨大的消耗。在未来，一方面，芯片提供商需要从架构上提供更原生、非侵入化的保护机制；另一方面，也期待在系统软件层面实现弹性安全保护，使企业可以通过对运行时的配置，调整安全保护级别和性能。期待在不久的将来，通过整个镜像供应链的进化，最终实现可运行在可信执行环境且无须修改的用户镜像。

当前，基于软硬一体化设计的机密计算容器开始崭露头角。阿里云安全、系统软件、容器服务团队和蚂蚁金服可信原生团队共同推出了面向机密计算场景的开源容器运行时技术栈 Inclavare Containers，支持基于 Intel SGX（Software Guard Extensions，软件保护扩展）机密计算技术的机密容器实现，如蚂蚁金服的 Occlum、开源社区的 Graphene 等 Library OS（库操作系统）。这极大地降低了机密计算的技术门槛，减少了可信应用开发、交付和管理的工作量。

回到容器运行时技术本身，它是一种操作系统服务，或者说 Linux 二进制执行环境 ABI（Application Binary Interface，应用程序二进制接口）服务，可以通过改进 Firecracker、RustVMM 等虚拟化技术让 Linux 内核运行得更加轻快。

然而，这些虚拟化技术是否还可以再轻量化一些？是不是可以进一步降低 CPU 虚拟化本身的开销呢？谷歌发布的 gVisor 是一款新型沙箱解决方案，能够为容器提供安全的隔离措施，同时继续保持远优于虚拟机的轻量化特性，且在各个方面都与面向虚拟机的虚拟化存在明显差异。作为一个用户态内核，gVisor 在兼容性方面虽然有些缺陷，但它拥有一个与众不同的思路——用户态内核实现一部分操作系统功能和面向应用的接口，宿主机的内核为用户态内核提供一些服务，并管理这些用户态内核。换句话说，就是将宿主机和用户态内核看成一个整体，共同为应用提供服务，从而避免不必要的重复劳动。诚然，由于 Linux 架构和 Go 语言的一些局限性，开源的 gVisor 目前还无法提供足够强大的性能保障。随着技术的发展，如果能够定制一个宿主内核，也许就能够补足现在的短板。

值得关注的趋势还有 WebAssembly。作为新一代可移植、轻量化的应用虚拟机，WebAssembly 在 IoT、边缘计算、区块链等场景中有良好的应用前景。WASM/WASI（WebAssembly /WebAssembly System Interface）可实现容器跨平台，Solo.io 推出的 WebAssembly Hub 就将 WASM 应用通过 OCI 镜像标准进行统一管理和分发，更好地将 WASM 应用在 Istio 服务网格生态中。

2. 云原生操作系统的发展

随着 Kubernetes 逐渐成为容器领域的事实标准以及其在不同场景的不断发展，Kubernetes 已经成为云原生时代的操作系统。Kubernetes 的发展历程和特性与 Linux 有着诸多相似之处。如图 8-2 所示，对比 Linux 与 Kubernetes 的概念模型可以发现，它们都是定义了开放的、标准化的访问接口，向下封装资源，向上支持应用。

Linux 与 Kubernetes 都提供了对底层计算、存储、网络、异构计算设备的资源抽象和安全访问模型，可以根据应用需求调度和编排资源。Linux 的计算调度单元是进程，调度范围限制在一台计算节点上；而 Kubernetes 的调度单位是 Pod，调度范围是在分布式集群中，甚至可以跨越不同的云环境。

如图 8-3 所示，过往在 Kubernetes 上运行的主要是无状态的 Web 应用。随着技术的演进和社区发展，越来越多的有状态应用、大数据和人工智能应用负载正逐渐迁移到 Kubernetes 上。Flink、Spark 等开源社区以及 Cloudera、Databricks 等商业公司都开始加大对 Kubernetes 的支持力度。Kubernetes 的技术价值也会在以下四个方面集中展现。

图 8-2 Linux 与 Kubernetes 的概念模型对比

从无状态应用，到企业核心应用，到数据智能应用

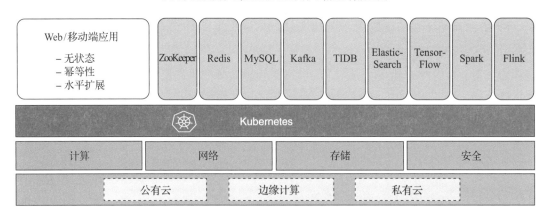

图 8-3 Kubernetes 逐渐成为云原生操作系统

（1）统一技术栈，提升资源利用率

多种计算负载在 Kubernetes 集群上统一调度，可以有效提升资源的利用率。Gartner 预测 "未来 3 年，70% 的 AI 任务会运行在容器和 Serverless 上"。AI 模型训练和大数据计算类工作负载需要 Kubernetes 提供更低的调度延迟、更大的并发调度吞吐率和更高的异构资

源利用率。阿里云正在与 Kubernetes 上游社区共同合作，在 Scheduler V2 框架上，通过扩展机制增强 Kubernetes 调度器的规模、效率和能力，使其具备更好的兼容性，可以更好地支持多种工作负载的统一调度。

（2）统一技能栈，降低人力成本

Kubernetes 可以在 IDC、云端、边缘等不同场景中进行统一部署和交付。云原生提倡的 DevOps 文化和工具集可以有效提升技术的迭代速度并降低人力成本。

（3）加速数据服务云原生化

由于计算存储分离具备巨大的灵活性和成本优势，数据服务的云原生化也逐渐成为发展趋势。容器和 Serverless 的弹性可以简化对计算任务的容量规划，结合分布式缓存加速和调度优化，可让数据计算类任务和 AI 任务的计算效率得到很大提升。

（4）容器 Serverless 化降低运维和资源成本

Serverless 和容器技术也开始融合并快速发展。Serverless 化容器，一方面可以从根本上解决 Kubernetes 自身的复杂性问题，让用户不再受困于 Kubernetes 集群容量规划、安全维护、故障诊断等运维工作；另一方面还可以进一步释放云计算能力，将安全、可用性、可伸缩性等需求下沉到基础设施中实现。

3. 动态、混合、分布式的云环境将成为新常态

Gartner 指出："到 2021 年，超过 75% 的大中型企业将采用多云或者混合云架构的 IT 战略。"上云已是大势所趋。但企业出于对数据主权、安全隐私的考量，会对某些业务采用混合云架构。还有一些企业为了满足安全合规、成本优化、提升地域覆盖性和避免云平台锁定等的需求，会选择多个云平台。混合云或多云架构已成为企业上云的新常态。

此外，边缘计算将成为企业云战略的重要组成部分，为应用提供更高的网络带宽以及更低的网络延迟和网络成本。企业需要具备智能决策能力，能够实时处理从云延展到边缘和 IoT 设备端的问题。

云平台逐渐成为企业数字化转型和创新的平台，在分布式云中，公有云的服务不受物理位置限制，而公有云平台的提供者会负责服务的运维、治理、更新和演变。

然而，不同环境的基础设施能力、安全架构的差异会造成企业 IT 架构和运维体系的割裂，提高云战略实施的复杂性，增加运维成本。在云原生架构下，以 Kubernetes 为代表的云原生技术屏蔽了基础设施的差异性，并逐渐成为企业多云管理的基础，推动了以应用为中心的混合云和分布式云架构的普及，从而可以更好地支持不同环境下应用的统一生命周期管理和统一资源调度。

8.2 基于云原生的新一代应用编程界面的发展趋势

Kubernetes 已经成为云原生的操作系统，容器则成为操作系统调度的基本单元。但对于应用开发人员而言，这些技术还远没有深入应用的架构，去改变应用的编程界面。不过这种变革已经开始了。

1. 应用生命周期全面托管

在容器技术的基础上，应用可以进一步清晰描述自身的状态、弹性指标，并通过 Service Mesh 和 Serverless 技术将流量托管给云平台。云平台将能够全面管理应用的生命周期，包括服务的上下线、版本升级、完善流量调配、容量管理等，并保障业务的稳定性。

2. 用声明式配置方式使用云服务

云原生应用的核心特点之一就是利用各种云服务（包括数据库、缓存、消息等）构建应用，以实现快速交付，而这些服务的配置实际上是应用的自身资产。为了能够让应用无缝地运行在混合云场景中，应用逐渐开始以基础设施即代码的方式使用云服务。正因如此，相关产品如 Terraform、Pulumi 受到了越来越多的应用开发人员的青睐。

基于云原生架构，Docker 和 Kubernetes 已经解决了应用部署、发布、扩缩容等棘手问题。但 Kubernetes 提供的基于容器的基础能力，并不能满足微服务更细粒度的需求。在这个阶段，业务逻辑仍然需要与中间件 SDK 耦合在一起，以便继续向应用提供其所需的分布式能力。随着应用在云上部署规模逐步扩大，将传统中间件的流量治理从业务中解耦并下沉为平台的能力，已成为一个新的趋势，这其中包括流量的路由、追踪、观测、回放、压测以及错误流量的注入等几个方面。

在容器调度之上出现了服务网格（Service Mesh）。服务网格通过边车模式进行部署，主要负责管理和调度平台中应用之间的流量，使流量治理与业务逻辑解耦，从而减轻业务对传统中间件的依赖。基于边车模式或者共享节点方式，服务网格可以向一个或多个应用主容器提供可复用的能力，使业务更专注于业务逻辑，这种方式在云原生领域已逐渐成为一种最佳实践。

如图 8-4 所示，分布式应用的流量只是其依赖分布式能力的切面。除了流量之外，分布式应用借助边车模式可以基于云原生架构管理状态、缓存、事务、配置，以及更好地利用云平台提供的存储、数据库、服务和消息资源。边车模式承载这些分布式能力之后，业务代码就会逐步与传统中间件解耦，改由部署在同一个 Pod 中的边车获得开箱即用的分布式中间件能力。应用变得更轻量，也更容易调度，从而可以很好地适应云原生架构下更频繁的调度节奏。由于边车提供了分布式状态存储与恢复的能力，因此同样适用于有状态的应用，应用甚至不需要关心状态存储的位置和潜在的并发问题。我们将这类集合了通用分布式能力的边车称为云原生时代的"分布式应用运行时"。分布式应用运行时可以通过无关语言的 API（基于 gRPC/HTTP）为应用提供接口，这一变化进一步简化了应用代码的逻辑和应用研发的职责，并且解决了分布式应用框架与语言绑定的问题，成为真正的多语言的分布式应用运行时。

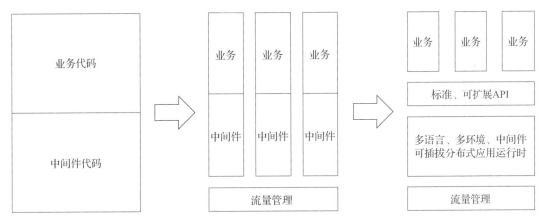

图 8-4　分布式应用架构演进

综上所述，生命周期管理、运维管理、配置范围的扩展和管理，以及与语言无关的编程框架，这些共同构成了应用与云平台之间崭新的编程界面。这一变革的核心逻辑是将应用中与业务无关的逻辑和职责剥离到云服务并形成标准，让应用开发人员更专注自身业务，而不是关注底层分布式问题。业务可以灵活选择合适的开发语言、框架和技术，不再需要绑定语言和框架。同时，通过标准的协议和数据交换格式向业务暴露分布式能力，使业务有能力在不修改代码的前提下，在不同的云平台之间实现迁移。

8.3　Serverless 发展趋势

自 2015 年年底 AWS 发布 Lambda 以来，Serverless 关键字的搜索量及行业关注度呈现不断增长的趋势。同时，国内外各大云平台也纷纷推出了 Serverless 产品，并将其推至核心位置。而随着云原生架构的普及，越来越多的应用架设在云上，云原生和应用之间必然会产生更丰富的化学反应。

1. 从离线业务到在线业务

按请求次数计费和按启动到结束的响应时间计费之间存在天然的矛盾，这也导致了以 FaaS 为代表的 Serverless 技术最初都是从对响应时间不敏感的事件驱动类离线业务入手。但实际上，交易、游戏等在线场景蕴藏着更广阔的市场潜力。如今，用户稍微付出一点额外成本，便能使用 AWS Lambda Provisioned Capacity、Azure Functions Premium plan 以及阿里云 Function Compute 的部分产品特性，满足更低响应时间的需求。这种方式对于在线业务来说，无疑是更适合的。

2. 加速推动基础设施和服务 Serverless 化

业务代码托管给 Serverless 平台后，即可享受自动弹性、按请求计费等功能。如果基础设施和相关服务不具备实时扩缩容的功能，那么业务整体就不具备弹性了。我们已经看到，AWS 围绕 Lambda 对 VPC（Virtual Private Cloud，虚拟私有云）网络、数据库连接池等资源进行了大量的实时弹性优化，阿里云的缓存服务和消息服务也在积极演进这方面的技术，以提升弹性能力，满足越来越严苛的业务需求。相信其他云平台也会继续跟进，使整个行业加速基础设施和各类云服务的 Serverless 化。

3. 实现最佳性能功耗比和性价比

虚拟机和容器是取向不同的两种虚拟化技术，前者安全性强、开销大，后者则正好相反。Serverless 计算平台一方面要求最高的安全性和最小的资源开销两者兼得，另一方面还要保持对原有程序执行方式的兼容，例如，支持任意的二进制文件。这些要求使得适用于特定语言虚拟机的方案变得不再可行。AWS Firecracker 通过对设备模型的裁剪和对 Kernel 实时操作系统加载流程的优化，实现了百毫秒级的启动速度和极小的内存开销，一台裸金属实例可以支持数以千计的实例运行。结合应用负载感知的资源调度算法，虚拟化技术有望在保持稳定性能的前提下，将超卖率提升一个数量级。

实现最佳性能功耗比和性价比的另一个重要方向是支持异构硬件。长期以来，提升 x86 处理器性能越来越难。而在 AI 等对算力要求极高的场景中，GPU、FPGA、TPU 等架构处理器的计算效率更具优势。随着异构硬件虚拟化、资源池化、异构资源调度和对应用框架的支持逐渐完善，异构硬件的算力也能通过 Serverless 的方式得到释放，从而大幅降低用户的使用门槛。

4. 更小的镜像实现更快的分发速度

Serverless 平台要求应用的镜像足够小，以实现快速分发，同时要求应用的启动时间极短。虽然在这些方面 Java 与 Node.js、Python 等语言之间还存在一定的差距，但我们可以看到 Java 社区所做的努力，其通过 Java 9 模块和 GraalVM Native Image 等技术不断"减肥"，主流框架 Spring 也开始拥抱 GraalVM，而且新的框架（比如 Quarkus 和 Micronaut）也在进行新的突破。基于 GraalVM Native Image 技术所做的一些测试显示，在首次请求响应时间上，Native Image 相比于传统 JVM 至少降低了两个数量级，同时在内存占用上，也至少降低了两个数量级。在 Serverless 领域，Java 今后的表现令人期待。

5. 解决 FaaS 状态传递的中间层研究

由于函数之间串联需要状态传递，函数处理需要与外部存储进行频繁交互，因此未来 Serverless 在函数场景下的最大挑战是由上述因素带来的时延放大问题。在传统架构中，这些过程在一个程序进程内部就可以处理完毕。解决这些挑战需要用到可计算中间层（加速层），可计算中间层是未来学术研究和产品攻坚的方向之一。

8.4　采用云原生技术的软件交付模式

随着云原生架构的普及，如何在云原生架构上对软件进行统一、高效的交付与管理，已成为不可避免的问题。以 Java Web 网站为例，应用本身就是由多个微服务组成的，同时还需要处理大量的外部依赖。这种情况下要想在云上实现交付是非常困难的。作为云上开发人员，首先需要花费大量时间设计应用的整体部署架构，然后才能大致搞清楚这个应用到底需要开通哪些云服务。但这依然无法避免如下这些让人头疼的问题。

- ❏ 因为操作流程的失误，一些需要预先申请的云资源不到位，需要返工。
- ❏ 某个云服务的配置不合理，需要重新配置。
- ❏ 在整个上线应用的过程中，需要不停地在各种云产品控制台之间来回跳转。
- ❏ 需要手工处理删除应用时遗留的各种云资源。

除了过程繁杂，云端应用管理的另一个困境是开发人员总是要不停地开通和配置各种云服务。尤其让人头疼的是，这些工作几乎都是一次性的，上线另一个应用组件时，之前的工作需要全部重新做一遍，甚至有的时候为了接入一个新的云服务，必须重新开发整个应用。出现这种情况，是因为对于应用所依赖的云服务来说，它们的开通与配置工作是不可复用的，这就导致了大量的重复劳动，对接工作需要在应用管理过程中重复进行。

这些困扰云端应用开发人员和运维人员的典型"症状"，也体现了两个当前云应用管理过程中"耗时""耗力"的问题。

- ❏ 应用本身：不能以统一、自描述的方式定义应用与云资源的关系。
- ❏ 云基础设施本身：没有一种统一、标准、高效的方式交付给应用使用。

相比之下，将一个软件交付到手机端这个流程的体验可以说是非常顺畅和简洁的。那么将软件交付到手机和交付到云，两者之间的区别是什么呢？对于手机来说，在标准的硬件（或者说手机的"标准化基础设施"）上，智能手机已经为使用者提供了一个"标准化的接入层"。以 iPhone 为例，这个标准化接入层就是 iOS 操作系统，它对上暴露出 Unix 风格的操作系统接口来屏蔽掉底层资源细节。而在云上，这一层就是 Kubernetes 和云服务本身的 OpenAPI，但这显然还不是全部。

无论是作为应用开发人员还是最终用户，我们都不会直接与 Unix 操作系统接口打交道。这是因为在"标准化的接入层"之上，iPhone 还为使用者提供了一整套"标准化应用架构与管理体系"。这套体系既包括了对操作系统接口的 Library 化封装（即模块化的 SDK），也包括关于应用组织和打包的交付规范，以及以此为基础提供的 IDE 等一系列开发工具，甚至是编程语言，这才使得基于 iOS 之上的应用管理呈现出"如丝般顺滑"的用户体验。

反观云计算，我们会发现目前云平台是缺少"标准化的应用架构与管理体系"这一层能力的。云上应用并没有统一的标准方式来描述自己与云资源的关系，以及对接云平台的基础设施服务。这就是为什么我们在手机上安装一个应用可能只需要几秒，而在云平台提供的能力已如此强大的今天，要在云上交付和升级一个 Java Web 网站却还要花费数小时甚至更长时间的原因。

为了尽量填补这两种体验之间的鸿沟，类似 OAM 这样的云原生标准应用定义项目应运而生。OAM 项目是云原生时代的应用标准定义与架构模型。OAM 为云端应用管理者提供了一套描述应用的规范，应用管理者只要遵守这个规范，就可以编写出一个自包含、自描述的应用定义文件。这个应用定义文件实际上由应用组件和应用特征两部分组成，具体说明如下。

1. 应用组件

软件开发人员通过一个声明式描述定义要部署和管理的应用：是 Java Web 网站、容器还是函数？这个应用是通过 Kubernetes 还是云服务器运行？需要注意的是，这个应用描述是基于开发人员的视角对应用本身的开发和运行方式进行叙述，不包括任何与应用运维和基础设施相关的细节。

2. 应用特征

软件的部署和运维是通过另一个声明式描述来定义这个应用的运维特征的。比如，如何设置安全组策略？路由访问策略的规则是什么？水平扩展的策略是什么？可以看到，这些应用特征实际上是对应用运维细节和基础设施能力的叙述。

所以说，在 OAM 规范下，在云上管理一个应用，实际上都是通过上述两个声明式描述配合完成的。在实际操作中，应用开发人员提交他所编写的应用描述，运维人员负责定义和管理各种各样的应用特征，云平台或应用架构师负责按照应用描述中的需求绑定合适的应用特征。

8.5 云原生大数据发展趋势

2020 年 8 月 IDC 曾预测，中国大数据相关市场的总体收益将达到 104.2 亿美元，较 2019 年同比增长 16.0%，增幅领跑全球大数据市场。2020 年，大数据硬件在中国整体大数据相关收益中继续占据主导地位，占比高达 41.0%；大数据软件和大数据服务收入占比分别为 25.4% 和 33.6%。预计到 2024 年，随着技术的成熟与融合以及数据应用和更多场景的落地，大数据软件收入占比将逐渐增加，大数据服务相关收益占比则将保持平稳趋势，而大数据硬件收入的占比则将逐渐减少。硬件、服务、软件三者的比例将更加接近。考虑到市场规模不断增大的态势以及 2020 年年初新冠肺炎疫情影响等因素，我们对未来的大数据技术发展趋势做出了如下几点预测。

1. 大数据实时化

自 2000 年至今，大数据依次历经探索期和高速发展期，目前已进入数据普惠时代。从数据价值的角度来看，早期系统大多专注于解决数据规模的问题，通过批处理和机器学习等技术从海量数据中挖掘价值。时至今日，人们越来越重视在更短的时间内从对数据的洞察中挖掘更多价值。在很多场景中，数据的价值会随着时效性的降低而直线下降。在这个背景之下，数据实时化技术应运而生，并在近几年飞速发展，未来也一定会继续保持这一发展速度。从技术的角度来看，数据实时化主要分为两个技术流派，一是集中在流计算、实时计算领域的相关系统中，专注于在事件发生时即刻进行计算，从而实现较低的延迟；二是在 OLAP 领域的相关系统中，专注于提供更好的分析性能，在更短时间内对海量数据进行即时分析。当然，这两个技术流派并不冲突，在大部分场景下可以有机地结合在一起。

2. 数据湖仓一体化

伴随着数据全面上云的趋势，在大数据多样性和速度方面的挑战会逐渐加大，并超过大容量方面的挑战。企业中多种多样的数据汇聚在一起，对数据的使用和管理产生的需求越来越多。结合传统数据仓库和新兴数据湖技术，"湖仓一体化"架构将成为新趋势。这种新的架构也会促使以下两方面技术得到快速发展。

（1）元数据管理技术

元数据可以帮助企业和用户以更加全面的视角选择和分析数据，消除企业数据孤岛。使用标签对数据进行分类，可以发现数据资产之间的关系，甚至还可以通过智能化技术提供数据分析建议。

（2）多计算场景融合

从传统的角度来看，数据管理、ETL、数据分析和机器学习属于不同领域，需要分别进行管理。然而，随着数据孤岛被打破，对数据全生命周期的管理和更加智能的数据决策分析将会引发多种计算场景的交互融合。比如，数据的导入/导出和关键决策指标对流计算技术存在较大的依赖；数据归档、离线数据分析和传统机器学习则需要批处理和机器学习系统的支持。在某些应用场景（如金融风控）中，数据内部的关联分析将会引发一系列基于图的计算。在数据进一步融合之后，新型业务场景很有可能会模糊这些经典计算场景的边界，并对多模融合计算等新兴技术能力提出更高的要求。

3. 大数据与人工智能的进一步融合

大数据和机器学习这两大领域自诞生以来，一直处于相互依存的状态。一方面，机器学习相关技术在海量数据的分析和洞察中扮演着相当重要的角色；另一方面，海量数据也在一直支持着机器学习的理论和实践探索。

从技术系统的发展趋势来看，大数据和机器学习领域一直保持着松耦合的状态，双方都保留了与对方系统的对接和集成能力。未来，随着大数据和机器学习技术在更多场景落地，这两个领域的技术将会在产品和解决方案层面进行更有深度的融合，企业可以通过云平台以最低的成本使用业界最前沿的云服务实现最佳实践，从而有效降低研发成本，最大限度释放技术红利。

8.6　云原生数据库的发展趋势

Gartner 指出，全球数据库市场近五年一直保持着 20% 的年同比增长率，其主要增长来自云数据库市场。云平台在数据库市场的占比越来越高，越来越多的企业选择云平台提供的数据库服务。Gartner 预测，到 2022 年，全球 75% 的数据库都会运行在云上。可见，基于云平台构建数据库服务是未来的主流选择。

1. 数据库将实现"自动驾驶"

当前，云计算数据库服务解决了用户对数据库资源托管的需求，这其中包括数据库实例的自动创建、备份恢复、HA、监控告警、扩容缩容等能力，这些服务大大提升了用户的运维效率。

越来越多的新兴创业公司都开始选择云数据库，因为在这样的环境趋势下还自建数据库运维平台会耗费更多的时间、精力和财力。但这并不意味着当前的云数据库平台已经非常完美了。硬件、网络可能会出现故障，业务开发人员可能会写出糟糕的 SQL 语句，业务可能会出现突发的负载，数据库可能存在 Bug，容量预估需要专业的人员，等等，很多问题还需依赖专业的数据库管理人员进行紧急处理。

主流云平台已经开始研发数据库的"自动驾驶"能力，数据库拥有自动驾驶能力之后，将实现全自动稳定运行、慢 SQL 自动优化，数据库的容量可以根据负载自动弹性伸缩，突发负载可以智能选择限流或者扩容，安全漏洞可以静默修复，甚至做到数据库架构智能推荐，一体化解决数据库、缓存、搜索的问题。

如今，云平台已经积累了大量的数据库运行指标数据，结合专业的数据管理经验与机器学习能力，在不远的将来，数据库将实现"自动驾驶"。

2. 数据库与大数据技术的进一步融合

随着云计算基础设施能力的提升，在海量数据处理领域出现了数据库与大数据技术融合的趋势。数据库开始具备分布式计算能力，加上存储技术分离后，数据库技术能够处理的数据量越来越大，完全可以处理 PB 量级的数据。为了提升易用性，大数据领域技术全面支持 SQL，并且融合了数据库的优化器理论和技术，使其越来越像数据库的技术架构。未来这两个领域的技术会加速融合。

3. 面向 IoT 和 5G 的多模数据库将快速发展

凭借高带宽、低延时、大容量等技术优势，自动驾驶、远程医疗、智慧家庭、智慧城市、VR/AR 等产业将伴随 5G 技术的成熟迎来全面爆发，随之而来的是海量 IoT 设备及数据。IDC 预测，到 2025 年，全世界 IoT 连接设备数量将达到 416 亿台，产生的数据将达到79.4ZB。

虽然现在还很难想象未来 IoT 和 5G 的数据库全貌，但我们可以预料到，对海量数据的采集和存储、端＋边＋云的一体化数据计算能力是未来物联网产业的基础能力。在采集和存储方面，面向时序场景设计的数据库已经展现出更优的性价比。基于物联网的系统通常是数据密集型系统，终端设备会持续且稳定地产生大量的时间序列数据，我们需要考虑的核心问题是如何有效地管理这类数据。时序数据库能够高效地存储和管理时间序列、空间地理位置相关的数据，并基于这类数据提供可视化数据分析和诊断功能，因此可以说，时序数据库天生是为 IoT 业务而生的。伴随着 IoT 产业的爆发式发展，时序数据库或将迎来春天。

时序数据库实现了部分云端的存储功能，但是端上和边缘计算还需要进行一体化扩展，这些都是未来数据库要解决的问题，要能像关系型数据库一样有标准的建模理论和最佳实践。

随着新媒体与物联网的普及，文本、图像、视频类数据越来越多，数据库处理体现出了多模数据管理的能力。数据库不仅要能够处理关系型表格数据，还要能够处理新的数据模型。另外，在图像、视频、音频数据方面也会抽象出特征，支持向量化处理，并与人工智能相结合，产生更大的业务价值，同时，在数据管理、存储方面展现更高的性价比。

4. 安全成为云原生数据库的基本盘

一直以来，数据安全与隔离都是企业数据库的强需求。云平台提供的数据库服务必然会更加重视安全性。

作为安全性的重要组成部分，备份恢复技术格外重视效率与恢复成功率，RTO（Recovering Time Objective，恢复所需时间目标）是体现恢复效率的核心指标，传统数据库 RTO 与数据量呈线性关系，数据量越大，恢复时间越长。

云原生数据库采用了存储计算分离技术后，存储层有了比较完备的快照技术，通过定期快照点恢复，上百 TB 的数据库 RTO 可以达到分钟级甚至是秒级处理速度。由于传统的数据备份只会在恢复时才产生价值，因此很多企业在数据备份投入方面比较纠结。很多企业不重视备份，出现故障时无法恢复数据，这对于企业来说是灾难性的事件。

未来的数据备份系统会更加充分地挖掘备份数据的价值，备份数据可以直接查询和快速恢复，部分数据分析业务可以基于备份系统来构建。一些开发测试环境可以通过备份系统实现快速搭建，这样不仅可以提升备份数据的价值，同时还可以检验备份数据的有效性，避免备份数据失效。

与此同时，数据加密成为保障数据安全的基本技术，云原生数据库在传输加密与存储加密方面都已经发展得比较成熟了。未来将发展全链路加密技术，基于 SGX 等技术的硬件加密是目前探索的方向，从应用层到数据存储层都要保证数据加密，即使是管理员，在没有密钥的情况下也无法查看数据，这对于机密数据存储是非常有价值的。

8.7　本章小结

可以预见，在 IaaS 和 PaaS 技术逐步成熟的今天，企业越来越强调提升效率，云原生技术迎来了非常好的发展时机。总的来说，云原生技术将结合云的 IaaS 深度整合，全面帮助企业减轻软件从开发、测试、交付到运维的全生命周期的技术复杂度，同时云原生也在加速多项技术的融合，包括中间件和容器的技术融合、大数据和数据库的技术融合、开发和运维的技术融合、PaaS 层和 IaaS 层的技术融合。

企业的技术战略逐渐向业务架构及其治理方向转移。随着 DevOps 的深化普及，应用交付流程将会更加标准化。而云服务类型的增多也将催生新的开发模式和开发框架。所以企业需要尽早学习和接纳云原生理念和云原生技术，实现技术驱动业务增长。

Appendix A 附录 A

阿里云云原生产品介绍

在系统了解了云原生理念及相关技术后，相信大家对于云原生已经有了比较清晰的认识。附录 A 将为大家介绍阿里云旗下的云原生家族，以帮助各位在日常工作中完成技术选型，缩短技术变现时间。

A.1 云原生产品家族概览

阿里云云原生的各种 PaaS 产品和服务可以帮助企业实现应用的快速迭代、系统的快速弹性、分布式系统的容量可视化、应用架构的高可用性、数据的高效存储和计算以及 AI 赋能，让企业从容面对未来业务发展的不确定性。

图 A-1 所示是阿里云云原生产品家族，包括 DevOps 产品、容器产品、微服务产品、消息产品、Serverless 产品、云原生数据库产品、云原生大数据 /AI 产品以及云原生安全产品等。

阿里云云原生产品从诞生的第一天起，就以接口开放、价格普惠、丰富多样、简单易用为核心目标，为云上各种类型的企业提供服务。

为了迎接数字化时代的到来，企业都在拥抱云原生技术，希望云原生技术能够助力企业数字化转型。经过长期实践，阿里云认为企业的云原生化过程大概可分为三步：基础设施云化、核心技术互联网化和应用智能化。成功实施这三步将大大增强企业数字化转型的推动力。

（1）基础设施云化

在这一阶段，企业把自建 IDC 的应用平迁到阿里云的 IaaS 产品上，比如，阿里云的云服务器（Elastic Compute Service，ECS）、服务负载均衡（Server Load Balancer，SLB）、对象存储服务（Object Storage Service，OSS）。在基础设施云化阶段，企业的业务应用结构并不会发生改变，应用的开发模式、部署模式、运维模式都不会发生太大的变化，因为阿里云强大的 IaaS 弹性能力可以最大限度地帮助企业应对各种资源需求。

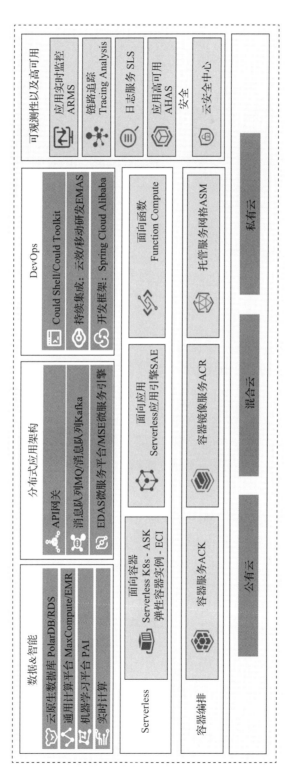

图 A-1　阿里云云原生产品家族

（2）核心技术互联网化

企业迁移上云后，不仅可以使用阿里云的 IaaS 产品，也可以尝试阿里云提供的各类云原生产品和技术，如容器、中间件、数据库、DevOps 等。采用这些技术和产品之后，企业的应用架构可以快速获得极强的可扩展性和高可用能力。

（3）应用智能化

利用云原生大数据产品，企业对于数据的处理能力将大大加强，数据经过同步、计算、分析和处理之后将再次回流到前台业务系统中，使数据赋能业务形成闭环。企业前台业务应用也可以通过云平台提供的各种 AI 能力变得更加智能。

企业使用云原生产品的深度，决定了其数字化转型的程度以及面向未来的能力。为了更方便大家进一步了解阿里云的云原生产品，下面会针对不同领域分别进行介绍。企业可以结合业务现状及演进路径，选择合适的云原生产品，充分享受云原生产品的技术红利。

A.2 容器产品

现代化应用架构的大前提是对应用进行容器化部署。企业会有多个业务，每个独立的业务都可能有对应的开发环境、测试环境和生产环境，因此相关的部署和维护成本会非常高。容器技术可以较好地帮助企业解决环境问题。

阿里云容器服务自 2016 年 5 月正式推出以来，历经 4 年多的时间，为公有云、边缘计算和私有云等环境提供企业容器平台，服务了全球上万家企业。

1. ACK 和 ASK

阿里云容器产品以容器服务 Kubernetes 版（ACK）和 Serverless Kubernetes 版（ASK）为核心，构建在阿里云的基础设施之上，封装了计算、存储、网络、安全等功能模块，并为企业提供标准化接口、优化能力和简化的用户体验。通过 CNCF Kubernetes 一致性兼容认证的 ACK 为企业提供了业务所需的一系列必备能力，如安全治理、端到端的可观测性、混合云等。

2. 容器镜像服务

容器镜像服务 ACR 作为企业云原生应用产品的管理核心，负责产品的多维度安全托管和多场景高效分发。企业可以使用 ACR 管理容器镜像、Helm Chart 等符合 OCI 标准的产品，保障存储、访问和分发安全。针对跨国公司全球多地域协作的场景，ACR 帮助企业同步多个国家或地区的镜像数据，使用全球统一域名智能就近拉取，提升分发和运维的效率。在安全方面，企业可以使用 ACR 云原生应用交付链，或者与 CI/CD 工具相结合，实现高效安全的云原生应用交付，加速企业创新迭代，构建完整的 DevSecOps 流程。

3. 服务网格

托管式的应用流量统一管理平台，兼容 Istio，支持统一管理多个 Kubernetes 集群的流量，为容器和虚拟机应用服务提供一致性的通信控制。整合阿里云容器服务、网络互连和安全能力，打造云端最佳服务网格环境，提供具备一致的流量控制和可观测能力的微服务，同时也可以在混合云场景下提供服务间的流量调度方案。

4. 边缘容器服务

随着 5G 和万物互联时代到来，传统云计算中心集中存储和计算的模式已经无法满足终端设备对于时效、容量、算力的需求，向边缘下沉并通过中心进行统一交付、运维和管控，已经成为云计算的重要发展趋势。以 Kubernetes 为基础的云原生技术与边缘计算相结合，可以很好地解决下沉过程中云边一体化协同、安全、边缘网络适配、异构资源适配等难题，极大地加速云计算的边缘化进程。

ACK@Edge 在 Kubernetes 的基础上，在边缘节点自治、边缘应用单元化管理、云边双向安全通信链路等方面进行了增强，在保留完整的云原生能力的同时，极大地满足了边缘计算场景的需求，并通过云管边架构实现了边缘管控成本零增加。结合阿里云在 CDN、IoT 领域的优势资源，企业可以通过 ACK@Edge 在海量远程设备上快速实现"云 - 边 - 端"一体化的应用分发。目前 ACK@Edge 技术已经大规模应用于在线教育、视频、CDN、新零售等领域。

A.3　DevOps 产品

阿里云 DevOps 系列产品包括云命令行、本地开发插件、应用开发框架以及持续集成平台（云效）等。这些工具帮助企业快速提升应用的迭代效率，以便更好地响应业务需求。阿里巴巴作为一家全球领先的互联网科技企业，DevOps 每年迭代部署百万次，而传统企业每年只有几十次的迭代部署次数。这个差距决定了两者对于市场的反应速度和效率之间的鸿沟。要想在未来市场获得先机，首先需要提高业务应用的迭代效率。

1. Cloud Shell 云命令行

就像本地操作系统提供的命令行工具一样，阿里云提供了网页版命令行工具 Cloud Shell，允许开发人员通过命令行管理阿里云资源。开发人员可以通过浏览器启动云命令行，在启动时，阿里云会自动为开发人员分配一台 Linux 管理机，并预装 CLI、Terraform 等多种云管理工具和 SSH、Vim、jq 等系统工具，开发人员可以非常容易地操作阿里云上的资源。

2. Cloud Toolkit 开发插件

目前，阿里云提供的 Cloud Toolkit 插件已经可以支持 InteliJ IDEA、Visual Studio Code、Eclipse、Maven 等平台，是一款免费的集开发、测试、诊断、部署为一体的本地 IDE 插件，可以帮助开发人员真正实现一键式研发部署，将部署效率提升 8 倍以上。在本地开发中，Cloud Toolkit 插件可以快速生成 Dubbo/Spring Cloud Alibaba 微服务框架的代码，提升代码的编写效率并获得对于前端、后端应用联调的代理功能。

3. Spring Cloud Alibaba

作为阿里巴巴开源中间件与 Spring Cloud 体系的融合，Spring Cloud Alibaba 于 2018 年 11 月正式发布了开源的微服务开发一站式解决方案，现已获得 Spring 官方认证的 Spring Cloud 发行版，并成为 Spring Cloud 生态中最活跃、开发体验最好的实现。Spring Cloud Alibaba 包含了开发分布式应用微服务的必需组件，包括 Dubbo、RocketMQ、Nacos、Sentinel、Seata 和 Arthas 等阿里巴巴开源软件，以及 Redis、OSS、ACM、MQ、MSE 和 EDAS 等阿里云商业软件。当然，Spring Cloud 原生自带的各个组件也可以在 Spring Cloud Alibaba 中无缝集成，方便开发人员通过 Spring Cloud 编程模型轻松使用这些组件开发分布式应用服务。

4. 云效 DevOps

云效是阿里云提供的企业级一站式 DevOps 解决方案，源于阿里巴巴先进的管理理念和工程实践，致力于成为数字企业的研发效能引擎。云效提供了"需求→开发→测试→发布→运维→运营"端到端的协同服务和研发工具。云效通过人工智能、自动化技术的应用，助力开发人员提升研发效能，以及持续快速地交付有效价值。

通过可视化的项目进展和协作，可以清晰地呈现出项目的各个关键阶段，团队成员不必在协同工作的进展上耗费时间。实践敏捷研发全流程，全面支持看板和 Scrum 敏捷方法，可围绕产品目标灵活规划每一个迭代冲刺。实时数据反馈使得计划调整变得更加及时，团队成员需要积极应对变化，持续交付价值。

流水线产品内置了数十种通用的流水线模板，因此能够快速创建流水线，提供可视化编排和结果展现。云效中内置了代码扫描、安全扫描和各种自动化测试能力，用于实现持续集成、验证和发布功能。创新采用人工智能技术对代码中的敏感信息进行监测，以防止密钥意外泄露。"AI 代码评审员"使用强大的算力挖掘代码隐藏缺陷，并从多个维度为代码评分，从而大幅提升代码评审效率。多副本高可用架构自动备份免运维，企业间数据隔离及三级权限管控，外加完善的安全机制实现事后可追溯。

A.4　微服务产品

在构建应用架构时，阿里云发现很多企业或合作伙伴常常采用单应用多模块的架构，所有业务逻辑都在一个大的应用里面。在业务快速发展、业务研发人员规模快速扩张时，这类应用架构模型会出现业务需求响应慢、系统容量小、系统故障多、变更困难等各种问题，传统的单体多模块大应用架构会变得难以满足企业的发展需求。而微服务架构则在很大程度上解决了这些问题，并让企业更加灵活地扩展组织和系统。

1. 企业分布式应用服务

企业分布式应用服务（Enterprise Distributed Application Service，EDAS）作为一个面向微服务应用的应用全生命周期 PaaS 平台，产品全面支持 Dubbo、Spring Cloud 等微服务框架体系最近五年的版本，为微服务提供深度的服务治理、链路跟踪、容量管理、高可用等能力，并在底层资源对接方面，提供 ECS 集群和 Kubernetes 集群的应用开发、部署、监控、运维等全栈式解决方案。

2. 微服务引擎

微服务引擎（Micro Service Engine，MSE）作为业界主流开源微服务框架 Spring Cloud、Dubbo 的微服务平台，产品涵盖治理中心、托管注册和配置中心、微服务网关等模块，一站式解决方案可以帮助企业快速提升微服务开发效率和线上稳定性。同时，MSE 还可以与阿里云的服务网格（ASM）结合，为多语言微服务客户提供包括服务治理、流量控制等能力的解决方案。

3. 应用配置管理

应用配置管理（Application Configuration Management，ACM）是一款应用配置中心产品，可用于实现在微服务、DevOps、大数据等场景下的分布式配置管理服务，保证分布式应用的配置实现快速推送和安全变更。

4. 云服务总线

云服务总线（Cloud Service Bus，CSB）主打微服务的集成与开放。在集成领域，微服务的应用需要与企业的许多传统应用做集成，比如要与 WMS（仓库管理系统）做集成，或者与后端的 SAP ERP 系统做集成。在服务的开放领域，针对微服务架构下 API 开放的特点，CSB 可以提供能与微服务环境的治理策略无缝衔接的网关服务，从而实现高效的微服务 API 开放。

5. 全局事务服务

全局事务服务（Global Transaction Service，GTS）用于实现分布式环境下（特别是微服务架构下）的高性能事务一致性，可以与多种数据源、微服务框架配合使用，实现分布式数据库事务、多库事务、消息事务、服务链路级事务及各种组合。

6. 应用实时监控服务

应用实时监控服务（Application Real-time Monitoring Service，ARMS）用于监控产品性能，包含应用监控、前端监控、App 监控、业务监控和云拨测（Cloud Automated Testing）等多个功能模块，涵盖了浏览器、小程序、App、分布式应用和容器环境等性能管理，能够有效帮助企业实现全栈式性能监控和端到端的全链路追踪诊断，使应用运维变得轻松又高效。

7. 链路追踪

链路追踪（Tracing Analysis，TA）为分布式应用的开发人员提供了完整的调用链路还原、调用请求量统计、链路拓扑、应用依赖分析等工具，能够帮助开发人员快速分析和诊断分布式应用架构下的性能瓶颈，提高微服务时代的开发诊断效率。

8. Prometheus 监控服务

Prometheus 监控服务是阿里云基于开源 Prometheus 构建的一款高效、稳定、低成本的监控服务，完全兼容开源生态的各种应用组件监控，提供了开箱即用的监控大盘和告警。对于阿里云提供的 Prometheus 全托管服务，企业无须部署和运维。

9. 性能测试服务

性能测试服务（Performance Testing Service，PTS）是一款云化测试工具，可提供应用性能测试、API 调试和监测等多种能力，紧密结合监控、流控等产品提供一站式高可用能力，可高效检验和管理应用性能。

10. 应用高可用服务

应用高可用服务（Application High Availability Service，AHAS）专注于提高应用及业务高可用的工具平台，目前主要提供应用架构探测感知、故障注入式高可用能力评测和流控降级高可用防护三大核心能力，各自的工具模块可以快速低成本地在营销活动场景、业务核心场景中全面提升业务的稳定性和韧性。

A.5　消息产品

传统应用架构在处理业务流程时，常常是同步流程，这种操作方式会在业务主流程中掺杂大量的非关键流程，导致整个业务流程运转效率低、客户操作响应时间长，且很容易出错。互联网架构会大量采用消息中间件，将一个业务流程的核心操作交给一个微服务完成，然后这个微服务会发送消息到消息中间件，其他业务系统只需要在消息中间件中订阅这个主题的消息，就可以进行扩展处理了。

引入消息中间件后，客户侧系统的响应时间大大缩短，客户体验得到提升；系统侧业务的主核心流程减少了不必要的变更，只处理核心内容，系统的稳定性得到大大提升。此外，系统扩展也将变得更加容易，只需要编写一个新的微服务来订阅和处理这个消息就可以了。阿里云云原生消息中间件提供了业界最丰富、最完整的消息系列产品，支持各种协议，以方便企业快速接入。

1. 消息队列 RocketMQ 版

消息队列 RocketMQ 版（Message Queue@ RocketMQ）是阿里云基于 Apache RocketMQ 构建的低延迟、高并发、高可用、高可靠的分布式消息中间件。该产品最初由阿里巴巴自研并捐赠给 Apache 基金会，服务于阿里巴巴集团长达 13 年，覆盖了全集团所有的业务，支持千万级并发、万亿级数据洪峰，并历年刷新全球最大的交易消息流转记录。

2. 消息队列 Kafka 版

消息队列 Kafka 版（Message Queue@ Kafka）是阿里云基于 Apache Kafka 构建的高吞吐量、高可扩展性分布式消息队列服务，广泛应用于日志收集、监控数据聚合、流式数据处理、在线和离线分析等业务，是大数据生态中不可或缺的中间件产品。对于阿里云提供的 Kafka 全托管服务，企业无须部署和运维，服务更专业、更可靠、更安全。

3. 消息队列 AMQP 版

消息队列 AMQP 版（Message Queue@ AMQP）是由阿里云基于 AMQP 标准协议自研的消息队列服务，完全兼容 RabbitMQ 开源生态及多语言客户端，可提供分布式、高吞吐、低延迟、高可扩展的云消息服务。

4. 微消息队列 MQTT 版

微消息队列 MQTT 版是阿里云专为移动互联网、物联网设计的消息产品，覆盖互动直播、金融支付、智能餐饮、即时聊天、移动 App、智能设备、车联网等多种应用场景。微消息队列 MQTT 版全面支持 MQTT、WebSocket 等协议，连接端和云之间的双向通信，可实现 C2C、C2B、B2C 等业务场景之间的消息通信，可支持千万级设备的消息并发，真正做到了万物互联。

5. 阿里云消息服务

阿里云消息服务（Message Notification Service，MNS）是一种高效、可靠、安全、便捷、可弹性扩展的 HTTP 分布式消息队列服务，能够帮助应用开发人员在他们应用的分布式组件上自由地传递数据、通知消息，以构建松耦合系统。

6. 事件总线

无服务器事件总线服务（EventBridge）支持阿里云云服务、企业自建业务应用、第三方 SaaS 应用，能够以标准化的 CloudEvents 1.0 协议接入应用之间的路由事件，帮助企业轻松构建松耦合、分布式的事件驱动架构。

A.6　Serverless 产品

一提到 Serverless，很多人会觉得这个词比较前沿，Serverless 的产品优势主要表现在更好的集成性和智能性，可以帮助企业免去很多繁杂的工作。举例来说，企业要想将应用部署到一台机器上，需要关注机器的地址、操作系统及技术，还要关注监控、扩容、故障处理。如果只关注应用本身，那么只需要发布即可，其他的都不用考虑，就跟自动驾驶技术一样。

1. 弹性容器实例

弹性容器实例（Elastic Container Instance，ECI）作为 Serverless 和容器化的弹性计算服务，无须管理底层 ECS（Elastic Compute Service）服务器，提供打包好的镜像即可运行容器，并且只需要为容器实际运行所消耗的资源付费。ECI 为企业提供完全兼容 Kubernetes 的 API 和运行环境，满足企业既希望通过 Kubernetes 原生的方式管理容器，又不想运维 Kubernetes 集群的诉求，使企业以 Kubernetes 原生的方式获得面向容器的 Serverless 能力。

2. 函数计算

函数计算（Function Compute，FC）是阿里云提供的事件驱动的全托管 Serverless 函数计算服务，企业无须管理服务器等基础设施，只需要编写并上传代码，函数计算就会准备好计算资源，并以弹性、可靠的方式运行业务代码。

3. Serverless 应用引擎

Serverless 应用引擎（Serverless App Engine，SAE）实现了"Serverless 架构＋微服务架

构"的完美融合，真正实现按需使用、按量计费，节省闲置计算资源，同时无须运维 IaaS，有效提升开发和运维的效率。SAE 还支持 Spring Cloud、Dubbo 等流行的微服务架构。

4. Serverless 工作流

Serverless 工作流是一个用来协调多个分布式任务执行的全托管 Serverless 云服务，致力于简化开发和运行业务流程所需要的任务协调、状态管理和错误处理等烦琐工作，使得企业能够将精力聚焦于业务的逻辑开发。通过顺序、分支、并行等多种方式编排分布式任务，服务会按照设定好的顺序可靠地协调任务的执行，跟踪每一项任务的状态转换，并在必要时执行用户定义的重试逻辑，确保工作流能够顺利完成。

A.7 数据库产品

基础软件产品包括操作系统、中间件和数据库，数据库是其中使用极其广泛的产品，在业务系统的运行过程中，应用会产生数据，这些业务数据大多都是需要存储的，而数据库是数据存储的主要载体，使用 SQL 语句进行交互，操作非常简单。随着云原生数据库的发展，各种数据库产品不断涌现，主要有关系型数据库、NoSQL 数据库、分析型数据库等。这些云数据库产品，可以为企业提供不同场景下的数据存储选择。

1. 云数据库 PolarDB

PolarDB 是阿里巴巴自主研发的下一代关系型分布式云原生数据库，目前可兼容 MySQL、PostgreSQL 和 Oracle 这三种数据库引擎，计算能力最高可扩展至 1000 核以上，存储容量最高可达 100TB。PolarDB 经过阿里巴巴"双 11"活动的最佳实践，让企业既能享受到开源的灵活性与低价格，又能享受到商业数据库的高性能和安全性。

2. 阿里云关系型数据库

阿里云关系型数据库（Relational Database Service，RDS）可提供稳定可靠、可弹性伸缩的在线数据库服务。基于阿里云分布式文件系统和 SSD 高性能存储，RDS 支持 MySQL、SQL Server、PostgreSQL、PPAS（高度兼容 Oracle）和 MariaDB 引擎，并且提供了容灾、备份、恢复、监控、迁移等多个方面的全套解决方案，可以彻底解决数据库运维的烦恼。

3. NoSQL 数据库

阿里云支持业界广泛使用的 NoSQL 数据库产品，比如 Redis、MongoDB、HBase、Cassandra 等，支持开源的客户端等各种接入方式，通过阿里云数据库的监控运维和容量管理服务，大大提升开源 NoSQL 数据库的运维管理能力，从而使得企业可以放心地专注于自身业务的研发。

4. 云原生数据仓库 MySQL 版

云原生数据仓库 MySQL 版（AnalyticDB @MySQL，ADB@MySQL）是支持高并发低延时查询的新一代云原生数据仓库，全面兼容 MySQL 协议及 SQL 2003 语法标准，可对海量数据进行即时的多维度分析透视和业务探索，快速构建企业的云上数据仓库。产品规格可按需选择——基础版成本最低，适合 BI（Business Intelligence，商业智能）查询应用；集群版可提供高并发数据实时写入和查询能力，适用于高性能应用；弹性模式版的特点是存储成本低，按量计费，适用于 10TB 以上数据上云的场景。云原生数据仓库 AnalyticDB PostgreSQL 版除支持 SQL 2003 语法标准外，还兼容 PostgreSQL 和 Greenplum，并高度兼容 Oracle 语法生态。ADB 具有存储计算分离、在线弹性平滑扩容的特点，既支持任意维度的在线分析探索，又支持高性能的离线数据处理，是面向互联网、金融、证券、保险、银行、数字政务、新零售等行业的具有较强竞争力的数据仓库方案。

A.8 大数据产品

1. 大数据计算服务

大数据计算服务（MaxCompute）是一种 TB 到 EB 级快速、完全托管的 SaaS 模式的云数据仓库，可以为企业提供完善的数据导入方案以及多种经典的分布式计算模型，能够更快速地解决海量数据的存储和计算问题，从而有效降低企业成本，并保障数据安全。

MaxCompute 天然符合云原生设计特点，采用 Serverless 架构，支持秒级弹性伸缩，可快速实现大规模弹性负载需求，已预置多种计算模型和数据通道能力，开通即可使用，包含大量简单易用的多种计算服务，通过联合计算平台为多套计算引擎提供支持。MaxCompute 采用智能化数据冷存技术，可以实现领先的数据存储分级自动智能化计算服务。智能计算优化可以大幅降低人工调优成本，支持开放生态，提供企业级安全管理能力。

MaxCompute 交互式分析 Hologres 是一款大数据生态无缝打通的实时交互式分析产品，支持对万亿级数据进行高并发、低延时、多维度分析透视和业务探索，可以让企业轻松、低成本地使用现有 BI 工具分析所有数据。Hologres 全面兼容 PostgreSQL 协议，具有 PB 级数据亚秒级查询响应能力，能够满足企业实时、多维分析透视和业务探索的需求。Hologres 可提供高性能、高并发实时写入与查询功能，具有亿级 TPS（Transaction Per Second）写入速度，写入即可查。Hologres 采用低成本存储计算分离架构，企业根据业务特性可动态升降配和扩缩容；支持直接读取和分析 MaxCompute 离线数据仓库中的数据，方便、快捷、经济。Hologres 具有安全、可靠的特性，默认多副本存储，采用分布式高可用架构，能够很好地保证企业的数据安全。

2. E-MapReduce

E-MapReduce（Elastic MapReduce，EMR）是阿里云云原生企业级开源大数据解决方案。E-MapReduce 针对整个 Hadoop 开源体系的大数据产品，提供了基于阿里云的大量云原生优化，以及打通阿里云上下游云产品的连接能力，有效降低了大数据的使用成本、迁移成本和学习成本，是一个开箱即用的开源云原生大数据平台。EMR 产品 100% 全面兼容开源大数据引擎组件，提供包括离线计算、流式计算、Ad-hoc 查询、机器学习、深度学习、权限控制等各类场的大数据及 AI 产品家族。EMR 深度集成阿里云生态系列产品，其中存储集成支持 OSS、SLS、云 Kafka，计算集成基于 ECS 和 ESS。EMR 为企业级数据平台提供了大量监控服务和告警机制，以保证整体集群的高可用性和高安全性。

3. 实时计算

实时计算（ACR）是基于 Apache Flink 构建的云原生企业级大数据实时计算平台。ACR Flink 版由 Apache Flink 创始团队官方出品，拥有全球统一的商业化品牌，是我国唯一进入 Forrester 象限的实时流计算产品。实时计算在 Apache Flink 核心功能的基础上还增强了企业所关注的集群稳定、性能优化、安全控制、系统监控和作业管理等功能。

4. DataWorks

DataWorks 是阿里云提供的一站式大数据开发与治理平台，All in One Box（一站式）提供专业、高效、安全、可靠的企业级云原生数据仓库开发与数据治理能力。DataWorks 端到端覆盖从全域数据集成到统一调度、统一元数据、对接阿里云众多计算引擎的一站式智能化开发工具，提供数据综合治理和数据服务的能力；无缝链接 MaxCompute、Flink、EMR、PAI 等引擎，是阿里云飞天大数据平台的核心操作系统，支持跨引擎、跨云、跨地域调度与跨存储查询；"零"代码生成数据服务 API 及服务编排，是企业构建云原生数据仓库、云上数据中台的坚实底座。

阿里云 Elasticsearch 兼容开源 Elasticsearch 的功能，以及 Security、Machine Learning、Graph、APM 等商业功能，致力于数据分析、数据搜索等场景服务，与开源社区背后的商业公司 Elastic 达成战略合作关系，为企业提供企业级权限管控、安全监控告警、自动报表生成等场景服务。

A.9 人工智能产品

1. 机器学习

PAI（Platform of Artificial Intelligence）是覆盖机器学习全流程的一站式机器学习平台产品，集数据预处理、特征工程、自动调参、模型训练、在线预测为一体，为企业提供低门槛、高性能的云端机器学习服务。PAI 相关技术脱胎于阿里巴巴集团内的上千个业务体系，经过复杂场景下 EB 级别真实业务数据的锤炼和沉淀，产品能力一直走在行业前沿。

2. PAI-Studio

全新升级的 PAI-Studio 2.0 基于云原生架构，既可以为企业提供低门槛的可视化机器学习建模能力，又可以通过 SDK、API 为企业提供灵活的编排能力与被集成能力。企业可以基于 PAI 成熟的算法和框架快速构建商品推荐、金融风控、图像识别等人工智能业务，真正实现"人工智能，触手可及"。

3. PAI-DSW

PAI-DSW（Data Science Workshop）是基于阿里云 Docker 和 Kubernetes 等云原生技术为企业提供的云端机器学习开发 IDE，支持交互式编程环境，适用于不同水平的开发人员。PAI-DSW 集成了开源 JupyterLab，并以插件化的形式进行深度定制化开发，企业无须进行任何运维配置，可以直接进行 Notebook 编写、调试及运行 Python 代码。同时，PAI-DSW 提供了丰富的计算资源，且可对接多种数据源。PAI-DSW 可以通过 EASCMD 的方式，将获得的训练模型部署为 RESTful 接口，对外提供模型服务，从而实现一站式机器学习。

4. PAI-DLC

PAI-DLC（Deep Learning Containers）是基于阿里巴巴容器服务 ACK 的深度学习训练平台，可以为企业提供灵活、稳定、易用和极致性能的深度学习训练环境。PAI-DLC 融合了 PAI 在深度学习方面的框架和网络优化技术，实现了近线性扩展的分布式计算能力。基于阿里巴巴业务实践以及深度优化过的 Tensorflow、PyTorch，PAI-DLC 将为企业提供无与伦比的稳定性、规模化能力及性价比。

5. 在线预测服务 PAI-EAS

在线预测服务 PAI-EAS（Elastic Algorithm Service）支持基于云原生异构硬件（CPU/GPU）提供模型加载与弹性推理服务。企业可以通过在线部署功能将模型快速部署为 RESTful API，然后使用 HTTP 请求的方式进行调用。同时，阿里云提供的弹性扩缩容、蓝绿部署等特性都可以以最低的资源成本获取高并发、稳定的在线算法模型服务。此外，PAI-EAS 集成了阿里巴巴自研的通用推理优化框架 Blade，支持多种优化技术，可以应用在不同的业务场景中，在保证模型精度的同时大幅提升推理的效率及性价比。

A.10　安全产品

1. 阿里云应用安全网关

阿里云应用安全网关（Web Application Firewall，WAF）是阿里云提供的一站式应用安全解决方案，包括 Web 入侵防护、0day 漏洞虚拟补丁、流量精细化管控、机器流量管理（Bot Management）、数据泄漏防护（API 安全）等，是 Web 应用在云上必备的安全网关。传统的 WAF 通过反向代理或本地硬件 / 软件的方式部署，企业需要考虑单独部署带来的接入架构选型、网络延迟、容灾调度、就近接入和回源负载均衡等复杂的运维问题。而云原生的应用安全网关直接集成在了 CDN、SLB、ECS 等云基础设施中，一键开启防护，企业只须关心安全运营问题，因此极大地降低了运维、带宽、硬件的成本，并且可以无缝集成云原生的 DevOps 能力（如日志、监控、API 等）。依托于云原生的数据和算力优势，阿里云应用安全网关也可以将威胁情报、人工智能防护、基线和行为检测等安全能力优势发挥到最大，让企业以更小的成本获取更好的防护效果。

2. DDoS 防护

阿里云云原生 DDoS（Distributed Denial of Service，分布式拒绝服务攻击）防护安全产品可在云产品上快速开启，不改变网络架构，透明交付 DDoS 防护。传统模式的 DDoS 防护主要分为两种：本地防护安全设备、部署反向代理防护 DDoS。对于本地防护安全设备的方式，企业需要采购 DDoS 防护所需的带宽，在网络架构中部署防护设备，对安全设备进行运维，并组建安全专家团队，以应对攻击模式的快速变化。部署反向代理模式虽然解决了需要采购带宽、防护设备等 IaaS 层资源和运维问题，但依然需要企业进行代理转发部署，并运维转发策略。对于部署反向代理模式，企业需要考虑代理引入的网络架构变化、网络延迟、容灾调度、就近接入和回源负载均衡等运维问题。

云原生 DDoS 防护不同于传统模式的 DDoS 防护架构。在云产品网络中，原生的网关和网络边界对流量进行识别和过滤，云产品架构中默认集成有关功能，企业可以一键开启，不需要运维和部署，不需要改变网络架构，也不需要关注如何接入。对于攻击阻断的位置，使用云内网关内生能力即可彻底阻断攻击，不需要像代理模式一样关注源站 IP 暴露的问题。同时，云原生 DDoS 防护在网络层面默认融合云网络 Anycast 近源清洗架构，在流量入口进行分布式清洗攻击，以达到最好的清洗效果。当网络发生故障时，云网络自身的容灾切换可以缓解故障产生的影响。此外，数据可以无缝集成云原生的 DevOps 套件，如云监控、SLS（日志服务）。

依托于云原生的存储、数据、算力优势，云原生 DDoS 防护可以快速分析海量威胁情报，并共享所有云上的攻防数据，让攻防协同化、智能化。基于历史流量基线，云原生 DDoS 防护可以形成 AI 自动化防护策略，形成"防护→数据→改善防护"的正向循环。

3. 云安全中心

云安全中心采用阿里云飞天架构，可自动化汇聚主机、网络、云产品、云平台的安全数据，实现 PB 级海量数据的实时识别、关联、分析、预警能力，为企业提供统一的安全态势管理平台，通过入侵检测、日志分析、事件调查、自动化攻击溯源、防勒索、防病毒、防篡改、合规检查等安全能力，帮助企业建立检测、响应、溯源、防御的自动化安全运营体系，解决云上及云外资产的基础安全防护，并满足监管合规要求。

4. 云防火墙

阿里云防火墙是业界第一款 SaaS 化云原生防火墙，其网络流量防御能力被 Gartner 认可为"优秀"，其云原生防护能力超强，堪为大量企业上云的首选。云原生防火墙通过托管的防火墙，可以实现一键开启，即刻防御，无须任何网络改造，具有内置的分布式高可用特点，云上可弹性扩展，大大简化了云上的网络安全部署与运维难度，性价比超群。企业能够通过配置 7 层网络防御，实现针对域名、协议的精准访问控制。云防火墙还提供恶意流量入侵检测和防御能力，可防御 VPC 和专线流量，降低混合云网络互联风险，并集成威胁情报，智能封禁外连恶意域名、IP 的行为。云防火墙提供流量分析和审计，让网络运行态势尽在掌握，并协助企业满足《信息安全技术网络安全等级保护基本要求》中对"安全区域边界"的防护要求。

A.11　小结

阿里云正不断提升每个云原生产品的深度和解决问题的能力，每一年阿里云都会发布一些新的产品和数千新的产品特性，解决企业在各种新场景下的各种问题，相信阿里云丰富的云原生产品矩阵会为各企业的数字化转型提供强有力的保障。

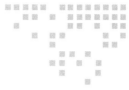

常见分布式设计模式

针对软件设计中普遍存在的各种问题，阿里云使用设计模式（Design Pattern）作为解决方案，如观察者（observer）模式、单例（singleton）模式和工厂（factory）模式等。分布式架构设计，尤其是微服务和云原生架构设计，同样会面临各种问题，而且这些问题更加复杂，甚至在一些场景中是无解的，只能在技术层面做出取舍。业界总结了很多分布式设计模式 / 模型，用来解决这些问题。在前面的章节中，我们花了不少时间对典型的架构设计进行了详细的阐述，但是无法覆盖分布式架构设计涉及的所有模式。这里我们对 29 种常见的分布式设计模式做简单介绍，供大家在技术选型时参考。

1. 访问令牌模式

访问令牌模式（Access Token Pattern）主要用于在服务调用时识别调用者的身份，然后基于调用者的身份信息进行访问控制、流量管控、计费等操作。典型的访问令牌如 JWT（JSON Web Token）。

2. Actor 模型

Actor 模型（Actor Model）是一个基于消息的异步通信模型，参与者（Actor）彼此独立且包含一个私有的消息队列，该消息队列用于接收并缓存其他参与者发过来的消息，然后依次处理队列中的消息，最后将结果转发给其他参与者。

3. API 网关模式

API 网关模式（API gateway pattern）是位于客户端和后端服务之间的桥接系统，主要用于协调、处理客户端的请求并返回相应的结果。API 网关主要负责服务路由、负载均衡、流量控制、身份验证和安全控制。网关统一采集的数据可为后续的计费、监控、分析、策略、警报和安全防护提供分析的基础。

4. 面向切面设计

面向切面设计（Aspect-Oriented Architecture）是一种通过预编译或者运行期动态代理的方式，实现统一维护程序功能的技术，如统一日志记录、权限验证、数据采集等。

5. 代理人架构

代理人架构（Broker Architecture）主要包括三个部分：代理人（broker）、客户端（client）和服务提供者（provider）。客户端不会与服务提供者直接通信，而是将服务请求发送给代理人，然后代理人将请求转发给服务提供者，最后再将处理结果返回给客户端。代理人架构可以解耦通信各方，通信透明且对服务提供者无感，增加可维护性，易于动态扩展。由于多了一层与代理人的交互，因此通信的效率会有所下降。

6. 浏览器 / 服务端模式

浏览器 / 服务端模式（Browser Server Pattern）由两部分组成：服务器和多个 Web 客户端。服务器为多个客户端提供服务。Web 客户端通过网络访问远端的服务器，如浏览器 / Web 服务器、电子邮件等。

7. 断路器模式

断路器模式（Circuit Breaker Pattern）是将受保护的服务封装在一个可以被监控的断路器对象中，断路器会监控服务最近失败的次数，当失败次数达到极限时，断路器就会跳闸，所有后继调用不会发往受保护的服务，而是由断路器对象直接返回错误。在跳闸后，断路器会定期探测服务是否恢复，一旦恢复，断路器就会重新打开，接受后继的调用。

8. 命令与查询责任分离

命令与查询责任分离（Command-Query Responsibility Segregation，CQRS）将对象的方法分为命令和查询两类，其中，命令会改变对象的状态，而查询只返回结果，不会改变系统的状态。命令和查询的职责分离能够提高系统的性能、可扩展性、稳定性和安全性。

9. 分布式跟踪

分布式跟踪（Distributed Tracing）是指在整个分布式系统中跟踪一个用户请求的过程，

包括数据采集、数据传输、数据存储、数据分析和数据可视化。通过分布式追踪可以了解用户交互背后的整个调用链，它是调试和监控微服务的关键工具。

10.领域驱动设计

领域驱动设计（Domain Driven Design，DDD）是将软件的实现连接到持续进化的模型中，以满足复杂的软件开发需求。领域驱动设计的前提是基于边界（bounded context）的领域进行划分，把项目的重点放在核心领域（core domain）上。在领域内，技术和域界专家以完善的概念模式迭代地解决特定领域的问题。

11. 事件总线模式

事件总线模式（Event-bus Pattern）是基于发布 / 订阅（Pub/Sub）模型的数据传输方式，其中事件可以为任意对象，通常是一个进程内部组件之间进行通信。事件发送方并不用了解事件消费方，使组件间能够更好地解耦。

12. 事件驱动设计

事件驱动设计（Event Driven Architecture）是基于事件的分布式异步架构设计，核心是事件的触发、订阅和传输。事件驱动设计为松散耦合方式，事件发起者并不知道哪些使用者在监听事件。在分布式情况下，事件主要由消息系统承载传输事件载体和维护订阅关系。

13. 异常追踪

异常追踪（Exception Tracking）是指追踪系统中发生的各种异常。我们都知道，系统可能发生错误，但是在某些情况下查找这些错误非常麻烦，如操作系统的内核、部署到客户机房的应用系统，或者运行在客户笔记本上的独立程序等，这就需要一套标准的异常采集和追踪系统，以便快速修复系统和软件中的问题。

14. 健康度检查接口

健康度检查接口（Health Check API）是服务对外部提供自身的健康度情况，这样当服务出现问题时，服务消费方可以快速定位问题所在。目前，大多数云服务厂商都会提供服务健康度报告。

15. 六边形架构

六边形架构（Hexagonal Architecture）又称为端口适配器模式。六边形架构将系统分为内部和外部，内部代表具体的业务逻辑，外部代表基础设施和其他应用等。内部和外部之间通过端口通信。端口代表协议，通常是以 API 呈现。端口的具体实现是适配器，负责对接具体的外部系统或内部逻辑。该架构可以非常容易地实现外部替换、依赖倒置、自动测试等功能。

16. Lambda 架构

Lambda 架构（Lambda Architecture）是一种数据处理体系，旨在通过批处理和流处理的方式处理大量数据。该架构通过批处理数据提供了全面而准确的视图，同时使用实时流处理提供了在线数据的视图平衡延迟、吞吐量和容错能力。Lambda 架构由批处理、速度（或实时）处理以及用于响应查询的服务层组成。

17. 分层模式

分层模式（Layered Pattern）是将复杂的系统拆解为结构化的子任务，每一个子任务服务于特定的抽象层，同时也为上一层的子任务提供服务，通常是四层架构：UI 表示层、服务接口层、业务逻辑层和数据访问层。

18. 日志聚合模式

日志聚合模式（Log Aggregate Pattern）是从整个公司的基础架构、应用程序、容器、数据库、移动应用等方面采集日志，并保存在一个中央位置。这些日志包含时间戳、来源、状态、严重性等信息，经结构化处理后，可以用于分析和搜索等。

19. 主从模式

主从模式（Master-slave Pattern）由两部分组成：主节点和从属节点。主节点负责将工作分配给对应的从属节点，并根据从属节点返回的响应给出最终的结果。典型的主从模式如数据库复制、进程内多线程调度等。

20. Metrics 聚合模式

Metrics 聚合模式（Metrics Aggregate Pattern）是从整个公司的基础架构、应用程序、容器、数据库、移动应用等方面采集 Metrics，并保存在一个中央位置，然后基于 Metrics 信息进行统一的查询和展现。

21. 微内核架构

微内核架构（Microkernel Architecture）有时也称为插件化架构，主要由微型核心和插件模块组成。插件模块运行在一个隔离的环境中，可以进行动态加载和卸载。微型核心可以加载不同的插件模块，以达到灵活扩展系统功能的目的，同时系统也是稳定和安全的。

22. 微服务架构

微服务架构（Micro Service Architecture）是指将系统划分为多个互相连接的微服务，

每个微服务完成某个特定的功能，最终由多个微服务共同完成系统的功能。

23. 多层分布式架构

多层分布式架构（Multi-tier Distributed Architecture）将整个分布式系统划分为多个层次，如接收外部请求的 Web 应用 /API 网关层，服务者核心业务逻辑的应用层，还有负责状态维护的数据存储层。每一层都负责特定的逻辑，最终组合完成整个分布式系统的架构。出于性能或者架构的要求，多层分布式架构可能会分成不同的层，如写服务会设计典型的三层结构，而查询服务可能只会设计 Web 层和数据索引服务层。

24. 反应式编程

反应式编程（Reactive Programming）是一种面向数据流和变化、传播和响应的声明式编程范式，可以很方便地表达静态或动态的数据流，而相关的计算模型会将变化的值通过数据流自动进行传播，数据流的监听方会做出相应的响应。

25. 无服务器架构

无服务器架构（Serverless Architecture）是一种新的云计算模型，是指以平台服务（PaaS）为基础，为构建程序提供一个微型架构，终端客户不需要部署、配置或管理服务器服务，代码运行所需要的服务器服务皆由云端平台提供。其中，最典型的场景就是 FaaS。有时无服务器架构也被称为 FaaS。

26. 边车模式

边车模式（Sidecar Pattern）是指将应用程序的部分功能独立出来，形成单独的进程并运行，然后通过进程间的通信完成功能调用。边车模式允许为应用程序添加额外的功能，但是不需要应用程序进行配置或更改代码。边车应用可为原应用程序提供如可观察性、监控、日志记录、断路器等功能。

27. 服务发现架构

服务发现架构（Service Discovery Architecture）主要包括服务注册和服务发现。服务注册是指服务提供者向服务注册中心登记其能提供的服务列表；服务发现是指服务消费者向注册中心查询能够提供某一服务的提供者信息，如 IP 和端口号，然后依据这些信息和服务提供者建立连接，完成服务的调用。

28. 面向服务架构

面向服务架构（Service-Oriented Architecture）是一种分布式运算的软件设计方法，软件的某一组件（调用者）可以通过网络上的通用协议调用另一软件组件（服务提供者）提供的服务接口。面向服务架构包含如下特性：服务会运行一定的商业逻辑，调用者并不需要了解该服务的背后实现，服务可能由其他服务组成。面向服务架构将服务定义和服务实现分开，服务运行在不同的服务器上，并通过网络被访问，这极大地提高了服务的复用性，从而提升软件的开发速度。

29. 项目模板结构

项目模板结构（Template Project Structure）是指依据项目模板或项目生成服务快速创建应用。项目模板除了可以快速创建应用之外，还可以保证新建的项目都遵循统一的规范，如统一的配置、日志记录、数据采集等，以便进行统一运维和推进规范。